电类专业通用教材系列

机床电气控制

主　编　王　洪

副主编　史中生　常　芳
姚永辉　孙香梅

主　审　唐海君

知识产权出版社

全国百佳图书出版单位

图书在版编目（CIP）数据

机床电气控制/王洪主编．—北京：知识产权出版社，2017.8（2024.2重印）

电类专业通用教材系列

ISBN 978-7-5130-4914-6

Ⅰ.①机… Ⅱ.①王… Ⅲ.①机床—电气控制—教材 Ⅳ.①TG502.35

中国版本图书馆CIP数据核字（2017）第114296号

内容简介

本书根据职业教育的特点和培养适应生产、建设、管理、服务第一线需要的技能型人才的目标，结合国家职业等级考核标准和职业技能鉴定规范编写。

本书主要内容包括：典型低压电器，异步电动机基本控制线路的安装与调试，异步电动机降压控制线路的安装与调试，异步电动机制动控制线路的安装与调试，双速电动机控制线路的安装与调试，绕线转子电动机控制系统的安装与调试，直流电动机调速系统的调试及故障处理，机床线路调试及故障处理等。

本书适用于各类职业院校电类和机电及相关专业，也可作为岗前培训和职业技能鉴定培训用书。

责任编辑：张雪梅　　**责任印制**：孙婷婷

封面设计：睿思视界

机床电气控制

主　编　王　洪

副主编　史中生　常　芳

　　　　姚永辉　孙香梅

主　审　唐海君

出版发行：知识产权出版社有限责任公司　　**网　址**：http://www.ipph.cn

社　址：北京市海淀区气象路50号院　　**邮　编**：100081

责编电话：010-82000860转8171　　**责编邮箱**：410746564@qq.com

发行电话：010-82000860转8101/8102　　**发行传真**：010-82000893/82005070/82000270

印　刷：北京中献拓方科技发展有限公司　　**经　销**：新华书店、各大网上书店及相关专业书店

开　本：720mm×1000mm　1/16　　**印　张**：14

版　次：2017年8月第1版　　**印　次**：2024年2月第2次印刷

字　数：315千字　　**定　价**：45.00元

ISBN 978-7-5130-4914-6

前　言

本书根据职业教育培养和造就适应生产、建设、管理、服务第一线需要的技能型人才的目标，结合国家职业等级考核标准和职业技能鉴定规范编写。本书适用于各类职业院校电类和机电类及相关专业，也可作为岗前培训和职业技能鉴定培训用书。

本书在编写过程中坚持理论知识适度够用、注重实际应用和技能培养的原则，从实际出发，精选内容，编写力求简明实用、图文并茂、深入浅出，注重培养学生的应用能力和分析问题、解决问题的能力。

全书共8个单元，单元1是典型低压电器，学习常用低压电器的基本结构、原理选用、维修知识；单元2是异步电动机基本控制线路的安装与调试，学习异步电动机基本控制线路的安装、调试；单元3、单元4是异步电动机降压、制动控制线路的安装与调试，学习异步电动机降压、制动控制线路的安装、调试；单元5是双速电动机控制线路的安装与调试，学习双速电动机控制线路的安装、调试；单元6是绕线转子电动机控制系统的安装与调试，学习绕线式异步电动机控制线路的安装、调试；单元7是直流电动机调速系统的调试及故障处理，学习直流电动机调速系统的基本原理、调试以及故障处理；单元8是机床线路调试及故障处理，通过学习典型机床线路调试、故障处理等综合应用知识，提高分析问题、处理问题的能力。

本书由湖南潇湘技师学院/湖南九嶷职业技术学院王洪任主编，史中生、常芳、姚永辉、孙香梅任副主编，全书由王洪统稿。具体编写分工为：孙香梅编写单元1，史中生编写单元2，常芳编写单元3、单元4，姚永辉编写单元5、单元6，王洪编写单元7、单元8。湖南潇湘技师学院/湖南九嶷职业技术学院唐海君教授主审本书。本书在编写过程中得到了湖南潇湘技师学院/湖南九嶷职业技术学院、河南省新乡职业技术学院和哈尔滨技师学院老师和领导的大力支持，同时参考了一些书刊并引用了一些资料，难以一一列举，在此一并表示衷心的感谢。

由于编者水平有限，编写经验不足，加之时间仓促，不足之处在所难免，恳请读者提出宝贵意见。

前言

目　录

单元 1 典型低压电器

工矿企业的各种生产设备主要依靠电动机来拖动，而电动机主要由各种低压电器组成的继电器-接触器控制系统实现控制，因此电器的结构、工作原理以及正确选用是学习和掌握后续控制线路的必备知识，也是今后从事各种机床及其他生产机械电气控制线路的安装、调试、维修的坚实基础。

课题 1.1　常用低压电器

学习目标

1. 通过观察，认识常见低压电器，知道低压电器的规格。
2. 会识读低压电器产品的型号。
3. 熟悉并掌握常见低压电器的图形和文字符号。
4. 熟悉常见低压电器的选用。

常用低压电器是一种能根据外界的信号和要求，手动或自动地接通、断开电路，以实现对电路或非电对象的切换、控制、保护、检测、变换和调节的元件或设备。常见低压电器可以分为配电电器和控制电器两大类，是成套电气设备的基本组成元器件。

低压电器种类繁多，用途广泛，构造各异。其主要分类有以下几种。

(1) 按动作方式分类

1) 手动电器：依靠外力直接操作进行切换的电器，如刀开关、按钮等。

2) 自动电器：依靠指令或物理量变化自动动作的电器，如接触器、继电器等。

(2) 按用途分类

1) 低压控制电器：主要在低压配电系统及动力设备中起控制作用的电器，如刀开关、低压断路器等。

2) 低压保护电器：主要在低压配电系统及动力设备中起保护作用的电器，如熔断器、热继电器等。

(3) 按结构分类

按结构可分为刀开关、刀形转换开关、熔断器、低压断路器、接触器、继电器和主令电器等。

1.1.1 低压开关

低压开关主要用于电气控制设备及电路中，实现对电源的隔离、控制与保护，常用的有刀开关、断路器等。

1. 刀开关

刀开关是一种结构简单、应用广泛的低压电器，常用的有开启式负荷开关（俗称胶盖闸刀开关）、封闭式负荷开关（俗称铁壳开关）和组合开关（又称转换开关），其外形如图 1.1.1 所示。

(a) 开启式负荷开关　(b) 封闭式负荷开关　(c) 组合开关

图 1.1.1 部分刀开关外形

(1) 刀开关型号意义

刀开关的型号意义示例如下：

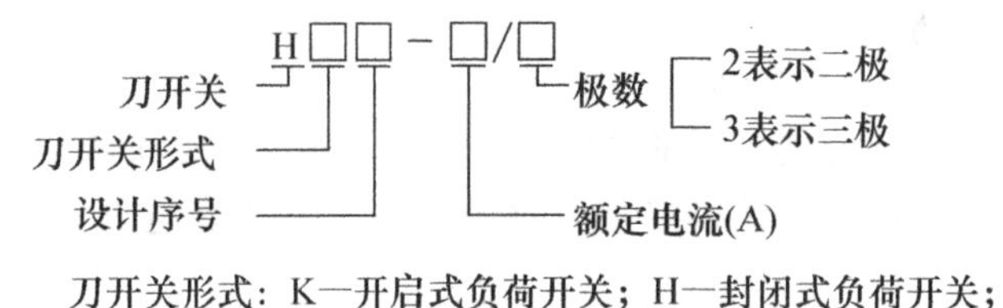

刀开关形式：K—开启式负荷开关；H—封闭式负荷开关；

Z—组合式负荷开关

(2) 开启式负荷开关

开启式负荷开关主要由进线座、静触头、动触头、熔丝、出线座、胶盖等构成，其外形结构和符号如图 1.1.2 所示。

1) 使用注意事项。

① 必须垂直安装在控制屏或开关板上，严禁横装或倒装。

② 接通状态时手柄应朝上。

③ 接线时，电源端在上，负载端在下，否则在更换熔丝时会发生触电事故。

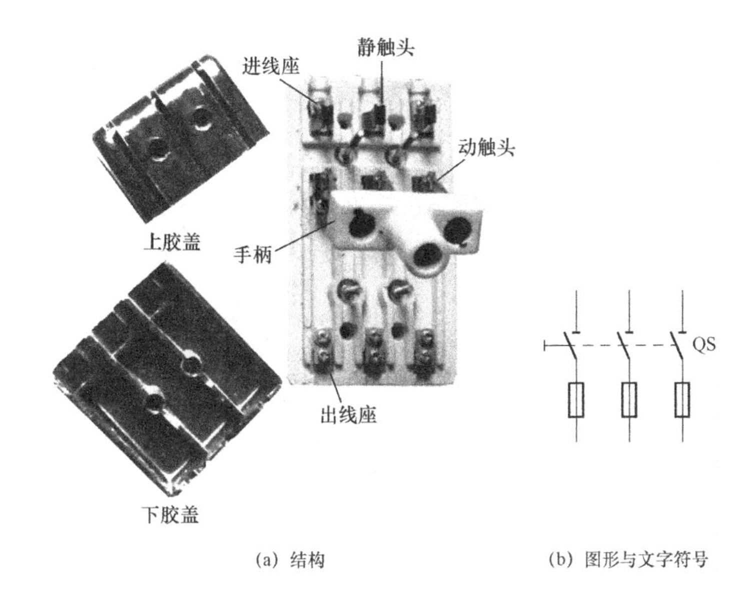

(a) 结构　　　(b) 图形与文字符号

图 1.1.2 开启式负荷开关

④ 用于控制电动机时，电动机功率应不大于 5.5kW，应将开关的熔丝部分用铜导线连接，并加装熔断器作短路保护。

⑤ 拉合开关时，必须盖好胶盖，操作人员应站在开关侧面，动作迅速、准确，以免造成人员和开关的灼伤。

2）选用。

① 用于照明线路时，额定电压选用 250V；如果是三相四线供电照明线路，额定电压应选用 380V。额定电流应等于或大于线路最大工作电流。

② 用于电动机直接起动控制，额定电压应选用 380V 或 500V，额定电流应等于或大于电动机额定电流的 3 倍。

（3）封闭式负荷开关

封闭式负荷开关主要由熔断器、速断弹簧、动触头、静触头、灭弧罩等构成，其外形及结构如图 1.1.3 所示，符号与开启式负荷开关相同。

1）使用注意事项。

① 必须垂直安装，且高度一般不低于 1.3～1.5m。

② 开关外壳必须可靠保护接地，防止意外漏电而造成触电事故。

③ 接线时，电源端接静触头，负载接在熔断器一边的接线端子上。

④ 用于控制电动机时，电动机额定电流应不大于 100A。

⑤ 拉合开关时，必须盖好开关盖，操作人员应站在开关侧面，动作迅速、准确。

2）选用。

① 用于照明线路时，选用的额定电压应大于或等于线路工作电压，额定电流等于或大于线路最大工作电流。

② 用于电动机直接起动控制，选用的额定电压应大于或等于电动机额定电压，额定电流应等于或大于电动机额定电流的 3 倍。

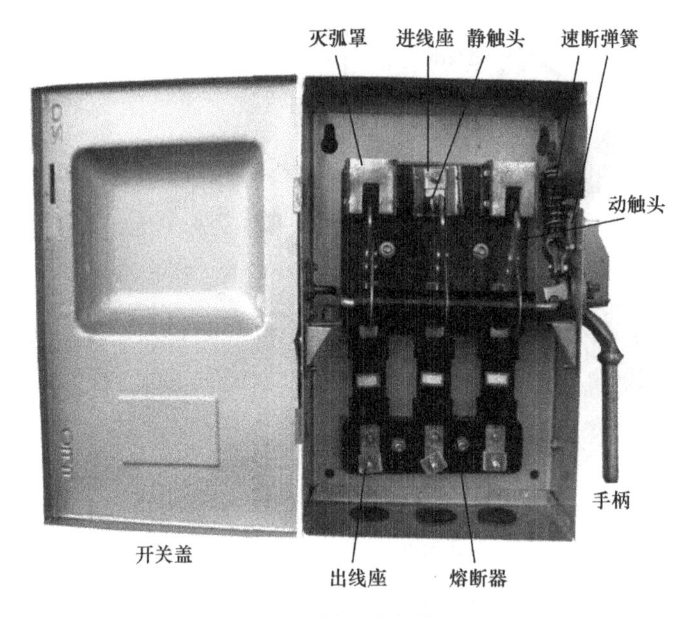

图 1.1.3　封闭式负荷开关

（4）组合开关

组合开关主要由动触头、静触头、凸轮、转轴、接线柱等构成，其外形、结构和符号如图 1.1.4 所示。

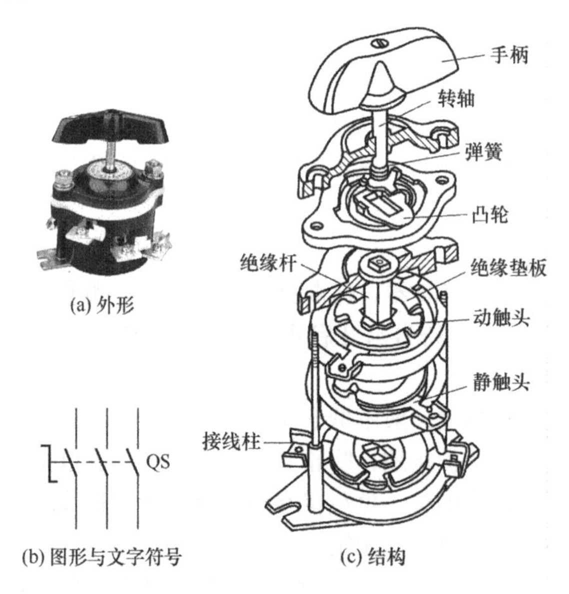

图 1.1.4　组合开关

1）使用注意事项。

① 安装在控制箱内，开关在断开状态时应使手柄在水平旋转位置。

② 开关外壳必须可靠保护接地，防止意外漏电而造成触电事故。

③ 接线时，电源端接静触头，负载接在熔断器一边的接线端子上。

④ 用于控制电动机时，电动机额定电流应不大于 100A。

⑤ 组合开关分断能力较低，不能分断故障电流，且操作次数不超过 15～20 次/h。

2）选用。组合开关应根据电压等级、触头数、接线方式、负载容量选用。用于电动机直接起动时，额定电流一般为电动机额定电流的 1.5～2.5 倍。

2. 断路器

断路器俗称自动空气开关，是低压配电和电力拖动系统中常用的一种电器，它集保护、控制于一体，可以实现短路、过载、欠电压保护。其外形如图 1.1.5 所示。

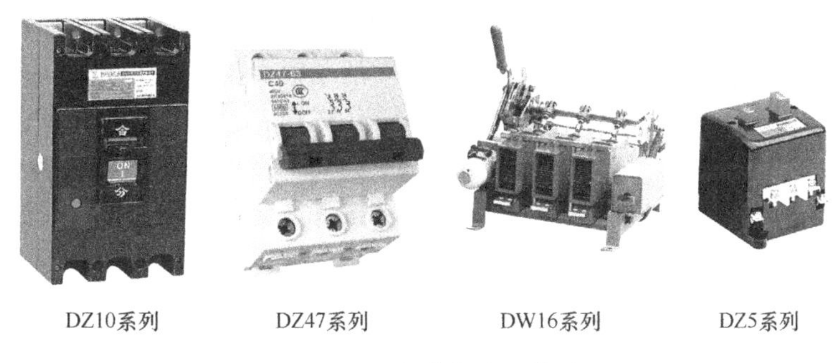

图 1.1.5 部分断路器外形

断路器主要由动触头、静触头、热脱扣器、电磁脱扣器等构成。其结构和符号如图 1.1.6 所示。

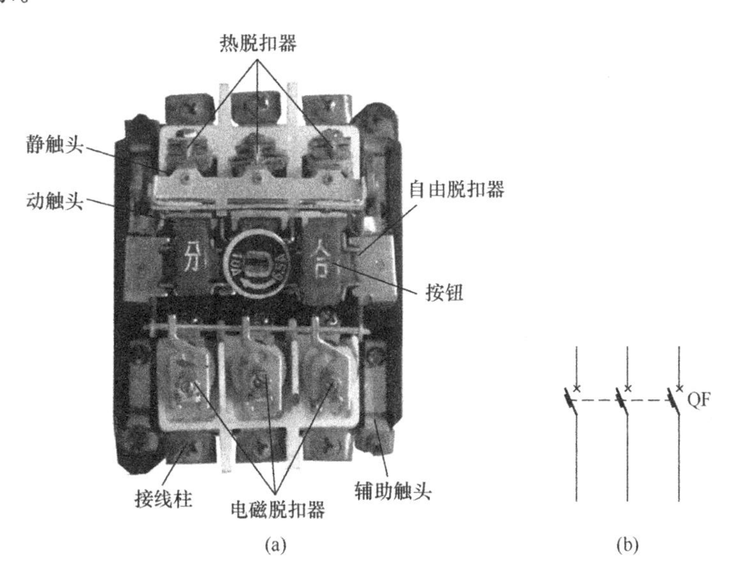

图 1.1.6 断路器结构和符号

（a）结构；（b）图形与文字符号

(1) 型号意义

断路器型号意义示例如下：

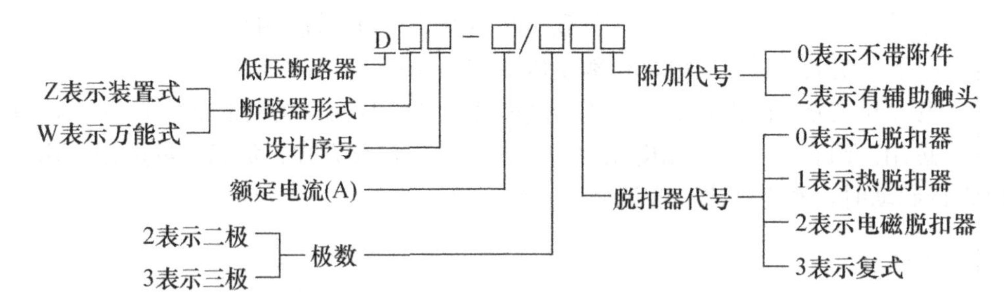

(2) 工作原理

断路器的工作原理图如图 1.1.7 所示。使用时断路器的三副主触头串联在被控制的三相电路中，按下“合”按钮，外力克服反作用弹簧 1 的反力，将固定在锁扣 3 上的动触头与静触头闭合，并由锁扣 3 锁住搭钩 4，使动触头与静触头闭合，开关处于接通状态。当需要分断电路时，按下“分”按钮即可。

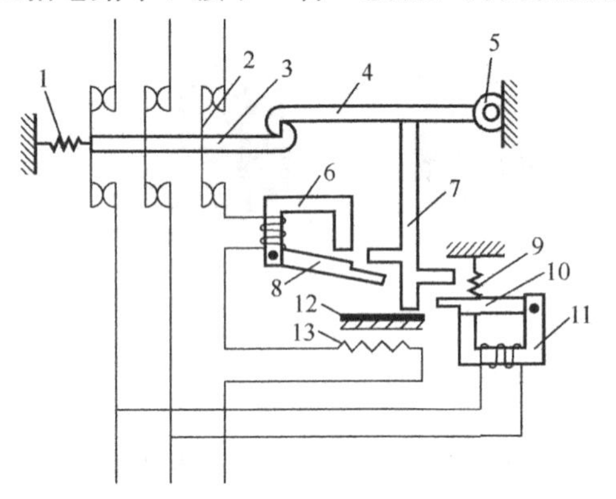

图 1.1.7　断路器工作原理示意图

1—反作用弹簧；2—触头；3—锁扣；4—搭钩；5—转轴座；6—电磁脱扣器；7—杠杆；8—电磁脱扣器衔铁；9—拉力弹簧；10—欠电压脱扣器衔铁；11—欠电压脱扣器；12—双金属片；13—热元件

1) 短路保护。当线路发生短路故障时，短路电流超过电磁脱扣器 6 的瞬时脱扣整定电流，电磁脱扣器 6 产生足够大的电磁吸力将衔铁 8 吸合，通过杠杆 7 推动搭钩 4 与锁扣 3 分开，反作用弹簧 1 拉动锁扣 3，使动、静触头断开，从而切断电路，实现短路保护。电磁脱扣器的瞬时脱扣电流出厂时一般整定为 10 倍的断路器额定电流。

2) 欠电压保护。当线路电压消失或下降到某一数值时，欠电压脱扣器 11 的吸力消失或减小到不足以克服拉力弹簧的拉力时，衔铁 10 在拉力弹簧 9 的作用下推动杠杆 7，将搭钩顶开，使触头分断，实现欠电压保护。《电能质量 供电电压允许偏差》(GB/T 12325—2008) 中规定：10kV 及以下三相供电电压允许偏差为额定电压的±7%，220V 单相供电电压允许偏差为额定电压的+7%、−10%。

3) 过载保护。当线路电流超过所控制的负载额定电流时，热元件 13 发热，双金属片 12 受热弯曲，推动杠杆 7，将搭钩顶开，使触头分断，实现过载保护。热脱扣器的脱扣电流出厂时一般整定为断路器额定电流。

(3) 使用注意事项

1) 断路器应垂直安装在开关板上，电源接线端朝上，负载接线端朝下。

2) 断路器各脱扣器动作整定值一经整定好，不允许随意变动。

3) 断路器用作电源总开关或电动机的控制开关时，在电源进线侧必须加装刀开关或熔断器等，作为明显断开点。

注意： 电器元件中带有色标的螺丝表示已经整定好，不得改变。

(4) 选用

1) 断路器额定电压和额定电流不小于线路的正常工作电压和计算负载电流。

2) 热脱扣器的整定电流应等于所控制负载的额定电流。

3) 电磁脱扣器的瞬时脱扣整定电流应大于负载正常工作时可能出现的峰值电流。用于控制电动机的断路器，其瞬时脱扣电流整定值取 $I_Z \geqslant KI_{st}$，其中 K 为安全系数，取 1.5～1.7，I_{st}为电动机的起动电流。

4) 欠电压脱扣器的额定电压应等于线路的额定电压。

1.1.2 熔断器

熔断器主要在低压配电和电力拖动系统中用于短路保护。其外形如图 1.1.8 所示。

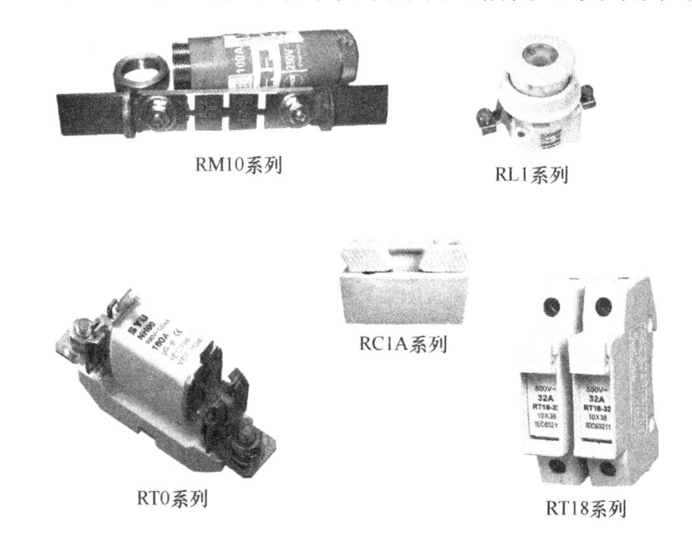

图 1.1.8 部分熔断器外形

熔断器主要由熔体（保险丝）、熔管（保险丝保护外壳）、熔座（底座）三部分构成。不同形式的熔断器，构件有所不同。熔断器种类较多，最常用的是瓷插式和螺旋式。熔断器的符号如图 1.1.9 所示。

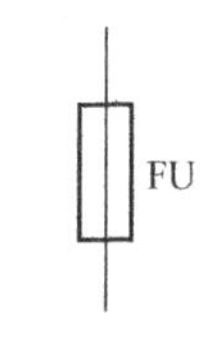

图 1.1.9 熔断器符号

1. 型号意义

熔断器型号意义示例如下：

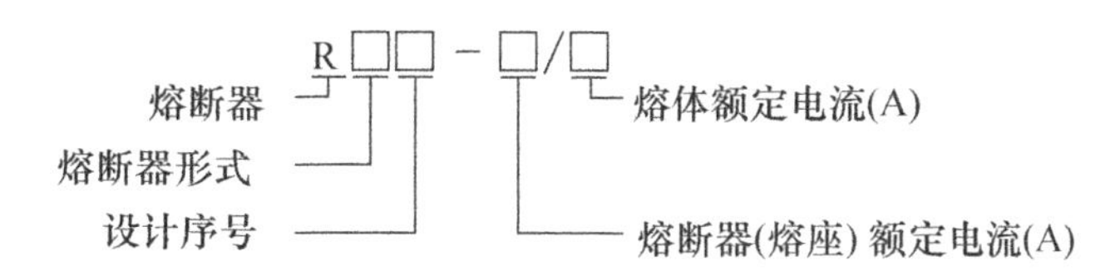

熔断器形式：C—瓷插式；L—螺旋式；S—快速式；Z—自复式；
M—无填料封闭管式；T—有填料封闭管式

2. 瓷插式熔断器

瓷插式熔断器属于半封闭插入式，由瓷座、瓷盖、动触头、静触头及熔丝构成，常用的型号有 RC1A 系列，其结构如图 1.1.10 所示。

瓷插式熔断器与被保护电路串联，动触头跨接的熔丝（熔体），一般额定电流在 30A 以下用铅锡合金或铅锑合金（俗称保险丝），30～100A 的用铜丝，120～200A 的用变截面冲制铜片。

瓷插式熔断器结构简单、价格低廉、体积小、带电更换熔体方便，一般用于交流额定电压 380V、额定电流 200A 以下的低压线路或分支线路中。

3. 螺旋式熔断器

螺旋式熔断器属于有填料封闭管式，由瓷帽、熔断管、瓷套、上接线端、下接线端、瓷座构成，常用的型号有 RL1 系列，其结构如图 1.1.11 所示。

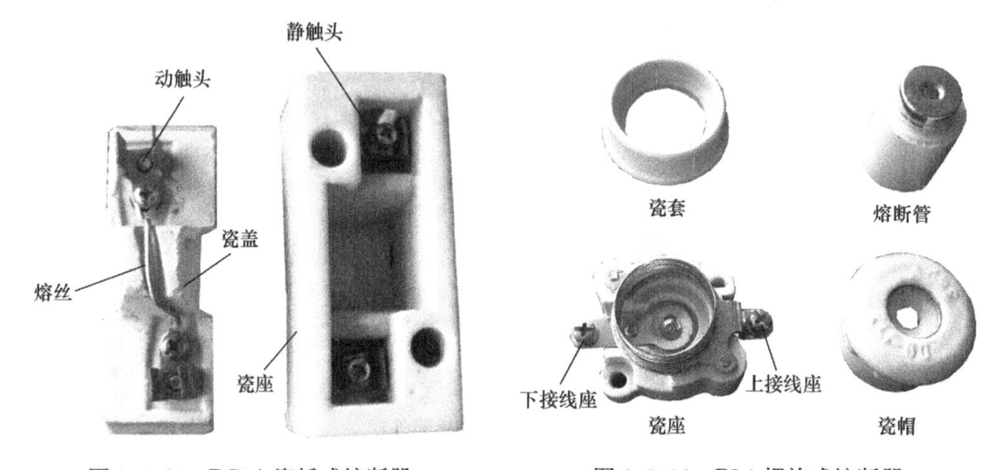

图 1.1.10 RC1A 瓷插式熔断器　　图 1.1.11 RL1 螺旋式熔断器

RL1 系列熔断器的熔丝焊接在熔断管两端的金属盖上，熔丝周围填充石英砂，以增强灭弧能力。熔断管一端金属盖上有一个标有颜色的熔断指示器，当熔丝熔断后，熔断指示器自动脱落，此时只需更换相同规格的熔断管即可。

RL1 系列熔断器结构紧凑、体积小、安装面积小、更换熔体方便，广泛用于控制箱、配电屏、机床设备中。

4. 熔断器的选用

熔断器要正确选择才能起到应有的保护作用。选择时，一般考虑熔断器的额定电压、熔断器（熔座）额定电流及熔体额定电流。

(1) 熔断器额定电压

熔断器额定电压应不小于电路的工作电压。

(2) 熔断器额定电流

熔断器额定电流应不小于所装载熔体的额定电流。

(3) 熔体额定电流

根据熔断器保护对象的不同，熔体额定电流的选择方式不同。

1) 照明电路、电阻负载。熔体的额定电流 I_{RN} 应等于或稍大于被保护负载的额定电流 I_N。

2) 单台电动机。熔体的额定电流 I_{RN} 应大于或等于 1.5～2.5 倍的电动机额定电流 I_N，即 $I_{RN} \geqslant (1.5 \sim 2.5) I_N$。

3) 多台电动机。熔体的额定电流 I_{RN} 应大于或等于其中最大一台电动机的额定电流 I_{Nmax} 的 1.5～2.5 倍，再加上其余电动机额定电流的总和 $\sum I_N$，即 $I_{RN} \geqslant (1.5 \sim 2.5) I_{Nmax} + \sum I_N$。

5. 注意事项

1) 安装熔断器时应保证熔体和夹头以及夹头和熔座接触良好。

2) 螺旋式熔断器的电源应接在下接线座，负载接在上接线座，这样在更换熔断管时，旋出瓷帽后螺纹壳上不带电，保证操作安全。其接线如图 1.1.12 所示。

3) 熔断器内要安装合格的熔体，不能用多根小规格熔体并联代替一根大规格熔体。

4) 瓷插式熔断器应垂直安装，熔丝应预留安装长度，沿顺时针方向绕圈。熔丝两端固定螺丝必须加平垫圈，将熔丝压在平垫圈下，同时注意不能损伤熔丝，以免减小熔体截面面积，造成局部发热而产生误动作。瓷插式熔断器熔体的安装如图 1.1.13 所示。

图 1.1.12 RL1 熔断器的接线

图 1.1.13 瓷插式熔断器熔体安装

5) 熔断器安装时，各级熔体应相互配合，下级熔体比上级熔体规格小。

6) 更换熔体时，必须切断电源。绝不允许带负荷更换熔体，以免发生电弧灼伤。

1.1.3 按钮

按钮是一种手动操作的主令电器，在控制电路中发出“指令”，控制接触器、继电器等电器。图 1.1.14 所示为部分按钮的外形。

图 1.1.14　部分按钮外形

1. 型号意义

按钮型号表示及意义示例如下：

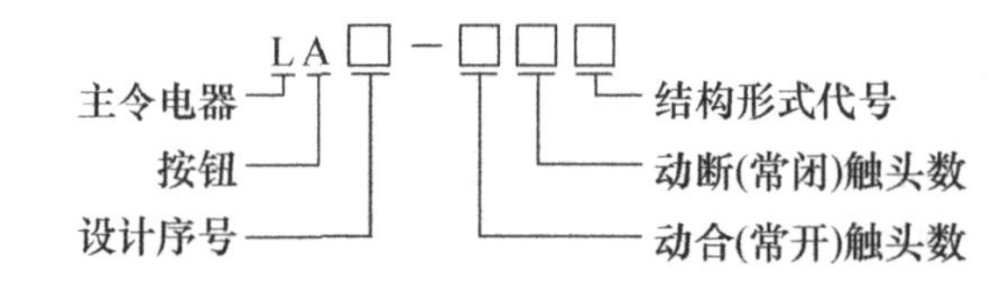

结构形式：K—开启式；H—防护式；J—紧急式；
Y—钥匙式；X—旋钮式；D—带指示灯式

2. 结构

按钮主要由按钮帽、复位弹簧、桥式触头、动断触头（常闭触头）、动合触头（常开触头）、外壳构成。其结构示意图及图形与文字符号如图 1.1.15 所示。

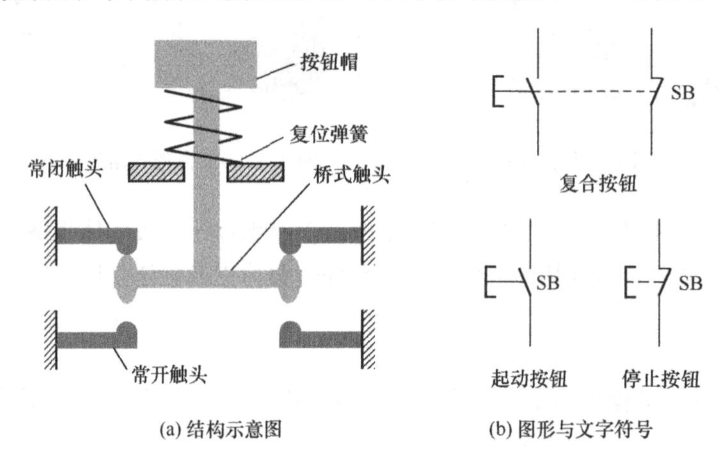

图 1.1.15　按钮结构示意图、图形与文字符号

按钮在没有外力作用时分为起动按钮、停止按钮和复合按钮。按钮一般为复合结构形式，只作为起动按钮时仅用常开触头，只作为停止按钮时仅用常闭触头。

当受到外力作用时，按钮常闭触头先断开，常开触头后闭合；当外力消失后，闭合的常开触头先断开复位，断开的常闭触头后闭合复位，即当受到外力作用时，闭合的触头先断开，断开的触头后闭合。其他电器也是如此。

常开触头（动合触头）是指电器在没有受到任何外力作用或电磁吸力作用时始终断开的触头。常闭触头（动断触头）是指电器在没有受到任何外力作用或电磁吸力作用时始终闭合的触头。

3. 选用

按钮在选用时应注意：

1）根据使用场合和具体用途选择按钮的种类。

2）根据工作状态指示和工作情况要求选择普通按钮和带指示灯按钮的颜色。紧急停止按钮选用红色。停止按钮优先选择黑色，也可选择红色。

3）根据控制回路数选择按钮数量。

4. 注意事项

1）按钮安装在面板上时应布置整齐、排列合理，可根据电动机起动的先后顺序从上到下或从左到右排列。

2）同一设备运动部件有几种工作状态（如上下、左右等）时，应将每一对相反状态的按钮安装在一组。

3）紧急按钮应采用红色蘑菇头按钮，并安装在明显位置。

4）带指示灯按钮一般不宜长期通电显示，以免外壳过热变形。

5）金属按钮外壳必须可靠接地。

1.1.4 热继电器

热继电器是利用电流的热效应推动动作控制机构，使触头闭合或断开的保护电器，主要用于三相交流电动机的过载保护、断相保护、电流不平衡运行保护。图 1.1.16 所示是部分热继电器的外形。

JR16系列

JR36系列

JRS5系列

JR20系列

图 1.1.16 部分热继电器外形

1. 型号意义

热继电器型号意义示例如下：

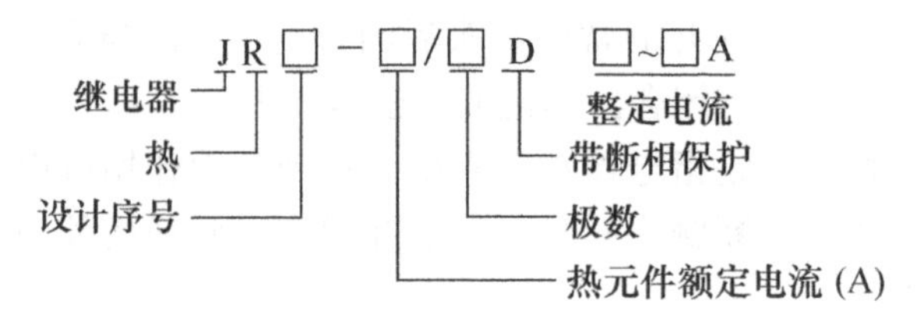

2. 结构

热继电器主要由热元件、触头系统（一对常开触头、一对常闭触头）、电流调节凸轮、手动复位按钮、双金属片、温度补偿元件、弓簧、连杆、推杆、导板、复位调节螺钉等构成。其结构及图形与文字符号如图 1.1.17 所示。

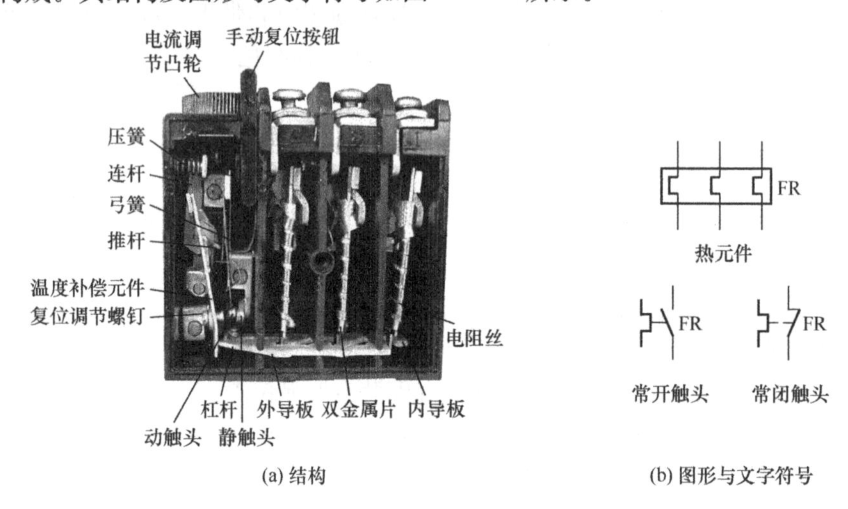

图 1.1.17　热继电器结构、图形与文字符号

3. 工作原理

当电动机过载时，流过电阻丝的电流超过热继电器整定电流，电阻丝发热，双金属片受热向右弯曲，推动内外导板向右移动，通过温度补偿元件推动推杆绕轴转动，推杆推动触头系统动作，使动触头与常闭静触头断开，常开触头闭合，将电源切断，从而起到保护作用。断开电源后，双金属片逐渐冷却恢复原位，触头失去作用力，靠弓簧的弹性自动复位。

4. 选用

热继电器在选用时主要依据电动机的额定电流确定规格、热元件的电流等级和整定电流。

1）热继电器类型选择。当被保护的电动机为 Y 联结时，可选两相或普通三相结构的热继电器；如被保护的电动机为△联结，必须选用三相结构带断相保护的热继电器。

2）热继电器规格选择。热继电器热元件额定电流应略大于被保护电动机的额定电流。

3）热继电器整定电流选择。一般情况下，热继电器整定电流为被保护电动机额定电流的 0.95～1.05 倍。如果电动机拖动的是冲击负载或起动时间较长及拖动设备不允许停电的场合，热继电器的整定电流应为被保护电动机额定电流的 1.1～1.5 倍。如果电动机过载能力较差，热继电器的整定电流应为被保护电动机额定电流的 0.6～0.8 倍。

【例 1.1】 某电动机的型号为 Y132M1－6，定子绕组为△联结，额定功率为 4kW，额定电流为 9.4A，额定电压为 380V，要对该电动机实现过载保护，试选择热继电器的型号规格。

解： 电动机的额定电流为 9.4A，应选择额定电流为 20A 的热继电器，其整定电流为 9.4A；由于电动机定子绕组为△联结，应选择带断相保护装置的热继电器，据此应选 JR16－20/3D 11A 的热继电器。

5. 注意事项

1）热继电器的安装必须与产品说明书的要求相符，并注意将其安装在其他发热电器的下方，以免其动作受到其他电器的影响。

2）热继电器的三相热元件应分别串接在电动机的三相主电路中，常闭触头串接在控制电路的接触器线圈回路中。

3）应按电动机额定电流正确选择热继电器进、出线端连接导线的截面面积，并采用铜导线。

图 1.1.18　热继电器电流整定

4）热继电器的整定电流必须按电动机的额定电流整定，且整定数值对准箭头，如图 1.1.18 所示。

5）一般热继电器应置于手动复位的位置上，需自动复位时，将复位螺钉顺时针旋转 3～4 圈。一般手动复位需要 2min，自动复位需要 5min。

思　考　题

1. 某电动机的型号为 Y－112M－4，功率为 4kW，△联结，额定电压为 380V，额定电流 8.8A，试选择开启式负荷开关、组合开关、断路器、熔断器、热继电器的型号规格。

2. 画出下列低压电器的图形符号，并标出文字符号：负荷开关、组合开关、断路器、熔断器、热继电器、按钮。

3. 按钮和热继电器动作时，常开和常闭触头的顺序是怎样的？

课题 1.2　交流接触器

**学习目标**

1. 会识读交流接触器的型号。
2. 了解交流接触器的基本原理及其结构。
3. 掌握交流接触器的图形符号和文字符号。
4. 会选用交流接触器。
5. 会拆装、检修交流接触器。

交流接触器是一种电磁式开关，外形如图 1.2.1 所示，可实现远距离频繁地接通或断开交流主电路及大容量控制电路。其主要控制对象为交流电动机，也可用于控制其他负载，如电热设备、电焊机以及电容器组等。交流接触器能实现远距离控制，具有欠电压保护功能，且具有控制容量大、工作可靠、操作频率高、使用寿命长等优点，是自动控制系统中的重要元件之一，广泛应用在工厂电气控制系统中。

图 1.2.1　部分交流接触器的外形

1.2.1　型号意义和结构

1. 型号意义

交流接触器型号意义示例如下：

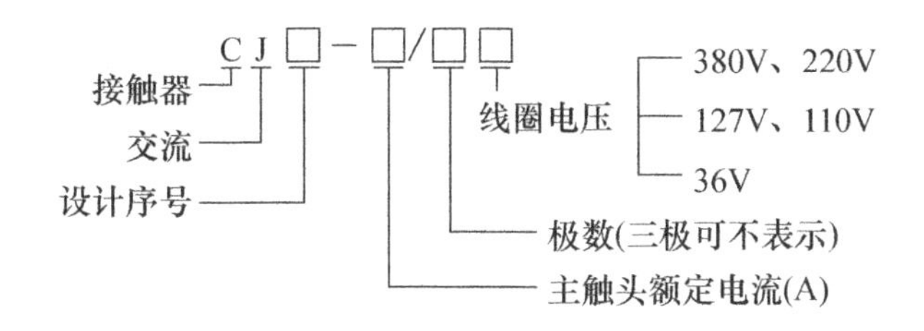

2. 结构

交流接触器主要由电磁系统、触头系统、灭弧装置和附件构成，如图 1.2.2 所示。

(1) 电磁系统

交流接触器电磁系统主要由线圈、静铁心、动铁心（衔铁）三部分组成。其主要作用是利用线圈的通电或断电，将电磁能转换成机械能，使动铁心和静铁心吸合或释放，从而带动动触头与静触头闭合或分断，实现电路接通或断开。

交流接触器的静铁心和动铁心一般用 E 形硅钢片叠压铆成，其目的是减少工作时交变磁场在铁心中产生的涡流，避免铁心过热。

为了减少接触器吸合时产生的振动和噪声，在静铁心上装有一个铜短路环（又称减振环），如图 1.2.3 所示。

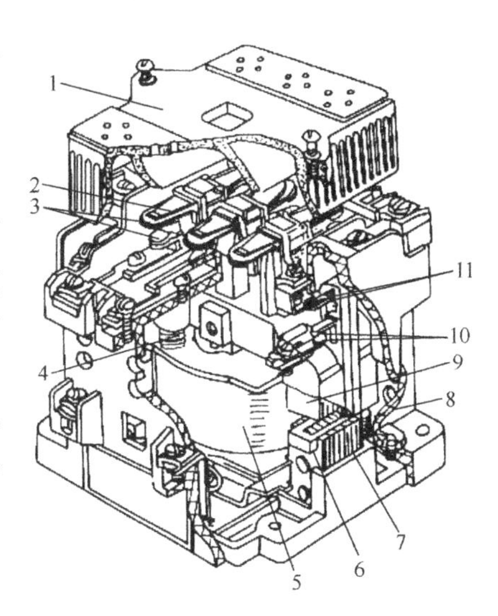

图 1.2.2　CJ10 - 20 型交流接触器

1—灭弧罩；2—触头压力弹簧片；3—主触头；4—反作用弹簧；5—线圈；6—短路环；7—静铁心；8—弹簧；9—动铁心；10—辅助常开触头；11—辅助常闭触头

(2) 触头系统

触头系统是接触器的执行机构，用于接通或分断控制的电路。触头系统必须工作可靠、接触良好。交流接触器的三个主触头在接触器中央，触头较大，两个复合辅助触头分别位于主触头的左、右侧，上方为辅助动断触头，下方为辅助动合触头。辅助触头用于通断控制回路，起电气联锁作用。交流接触器的触头有桥式触头和指形触头两种形式，如图 1.2.4 所示。

图 1.2.3　短路环

(3) 灭弧装置

交流接触器在断开大电流时，在动、静触头之间会产生很大的电弧。电弧是触头间气体在强电场作用下产生的放电现象，电弧会灼伤触头，降低触头使用寿命，甚至会造成弧光短路，引起火灾事故。因此，要采取措施使电弧尽快熄灭。在交流接触器中常用的灭弧方法有双断口电力灭弧、纵缝灭弧和栅片灭弧三种。

1) 双断口电力灭弧。双断口电力灭弧装置如图 1.2.5 (a) 所示，这种灭弧方法适用于容量较小的交流接触器，如 CJ10 - 10 型交流接触器。

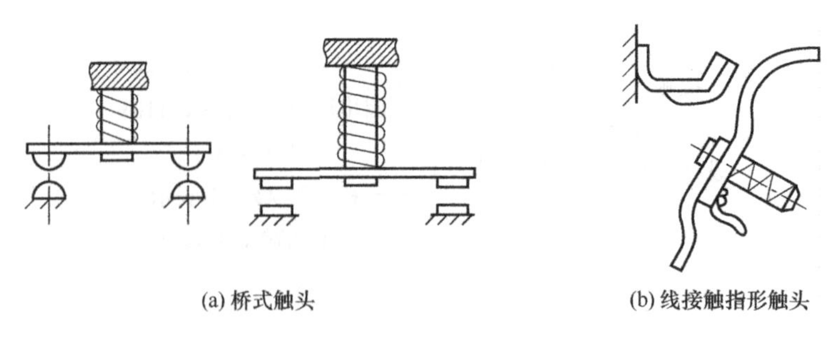

图 1.2.4　触头的结构形式

2）纵缝灭弧。纵缝灭弧装置如图 1.2.5（b）所示，这种灭弧方法适用于额定电流 20A 以上的交流接触器。

3）栅片灭弧。栅片灭弧装置如图 1.2.6 所示，这种灭弧方法适用于容量较大的交流接触器，如 CJ0－40 型交流接触器。

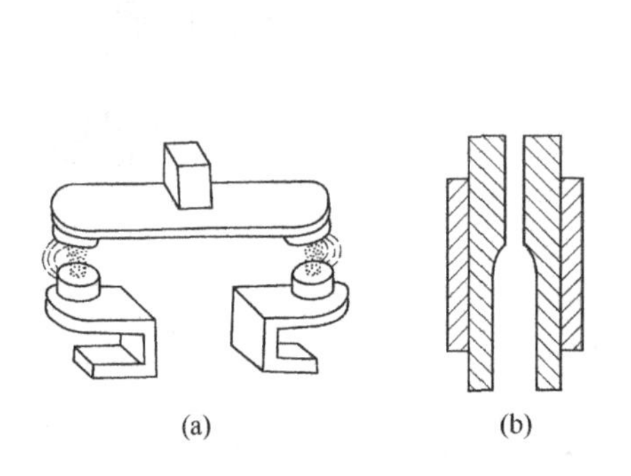

图 1.2.5　双断口电力灭弧和纵缝灭弧装置

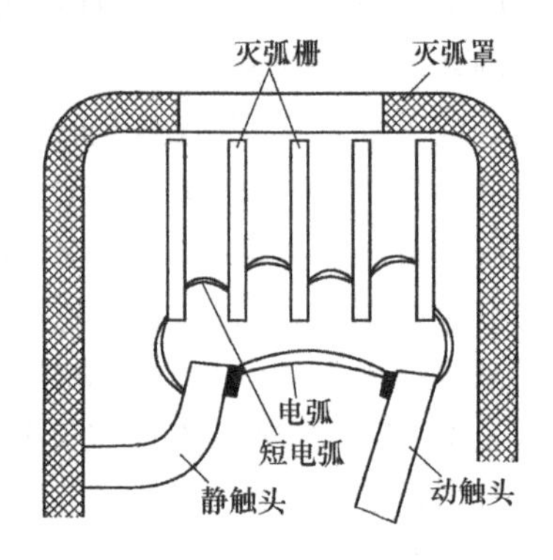

图 1.2.6　栅片灭弧装置

（4）附件

交流接触器的附件包括反作用弹簧、缓冲弹簧、触头压力弹簧、底座和接线柱等。

1.2.2　工作原理

当交流接触器的线圈通电后，线圈中流过的电流产生磁场，使铁心产生足够大的吸力，克服反作用弹簧的反作用力，将衔铁吸合，通过传动机构带动三对主触头和辅助常开触头闭合，辅助常闭触头断开。当接触器线圈断电或电压显著下降时，由于电磁力消失或减小，衔铁在反作用弹簧的作用下复位，带动各触头恢复到原始状态。接触器图形与文字符号如图 1.2.7 所示。

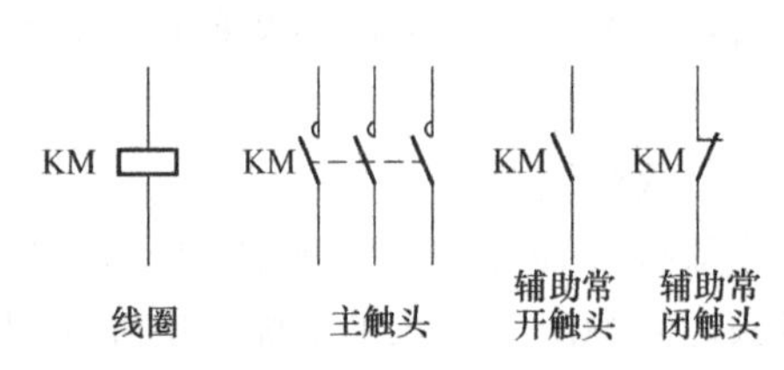

图 1.2.7　接触器图形与文字符号

1.2.3　选用

1）交流接触器主触头的额定电流应等于或稍大于被控制负载的额定电流。

2）交流接触器的线圈电压应等于控制线路中的控制电压。在机床控制设备中线圈额定电压一般采用110V。

3）交流接触器的触头数量应满足控制线路的要求。

1.2.4 使用注意事项

1. 安装前检查

1）在接触器安装前应检查产品的铭牌及线圈上的技术数据（如额定电流、电压、操作频率和通电持续率等）是否符合实际使用要求。

2）用手分合接触器的活动部分，要求产品动作灵活，无卡顿现象。

3）有些接触器铁心极面涂有防锈油，使用时应将铁心极面上的防锈油擦干净，以免油垢黏滞而造成接触器断电不释放。

4）检查和调整接触器触头的工作参数（如开距、超程、初压力、终压力等），并使各级触头动作同步。

2. 安装

1）接触器应垂直安装，倾斜度不得超过5°。

2）散热孔应朝垂直方向的上方，以利散热。

3）安装接触器接线时，应注意勿使螺钉、垫圈、接线头等零件失落，以免落入接触器内部而造成卡住或短路现象。安装时应将螺钉拧紧，以防振动松脱。

4）检测接线正确无误后，应在主触头不带电的情况下，先使线圈通电分合数次，检查产品动作是否可靠，然后才能接入使用。

5）用于可逆（正反）转换的接触器，为保证联锁可靠，除安装电气联锁外，还应加装机械联锁机构。

3. 使用后检查

1）使用期间，应定期检查产品各部件，要求动作部分不卡顿，紧固件无松动脱落，零部件如有损坏应及时更换。

2）触头表面应经常保持清洁，不允许涂油，当触头表面因电弧作用而形成金属小颗粒时应及时铲除。当触头严重磨损后，超程应及时调整，当厚度只剩下1/3时应及时调换触头。应该注意，银及银基合金触头表面在分断电弧时生成的黑色氧化膜接触电阻很低，不会造成接触不良现象，因此不必锉修，否则将大大缩短触头寿命。

3）原先带有灭弧室的接触器，绝不能不带灭弧室使用，以免发生短路事故。陶土灭弧罩性脆易碎，应该避免碰撞，如有碎裂应及时调换。

1.2.5 拆装与检修

1. 所需的工具、材料

所需工具及材料包括：自耦调压器1台、CJ10-20交流接触器1个、HK1-15/3

刀开关 1 把、HK1 - 15/2 刀开关 1 把、RL1 - 15/2A 熔断器 5 个、220V/25W 白炽灯 3 个、85L1 - A 5A 交流电流表 1 只、85L1 - V 400V 交流电压表 1 只、万用表 1 块。

2. 拆卸

1）拆下灭弧罩，如图 1.2.8 所示。

图 1.2.8 拆卸灭弧罩

2）拉紧主触头定位弹簧夹，将主触头侧转 45°，如图 1.2.9（a）所示；取下主触头和压力弹簧片，如图 1.2.9（b）所示。

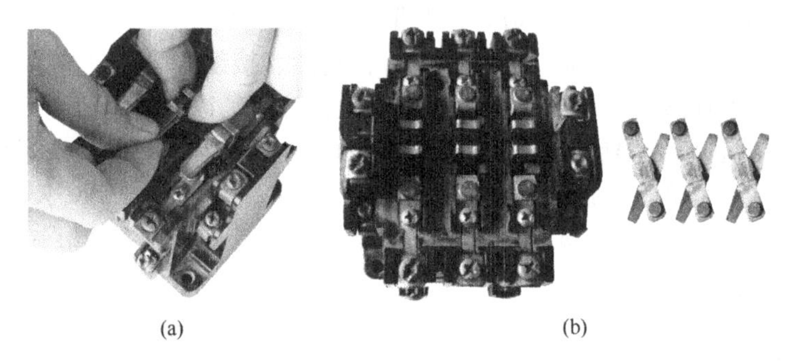

(a) (b)

图 1.2.9 拆卸主触头

3）松开辅助常开静触头的螺钉，卸下常开静触头，如图 1.2.10 所示。

图 1.2.10 拆卸辅助触头

4）用手按压底盖板，卸下螺钉，取下底盖板，如图 1.2.11 所示。

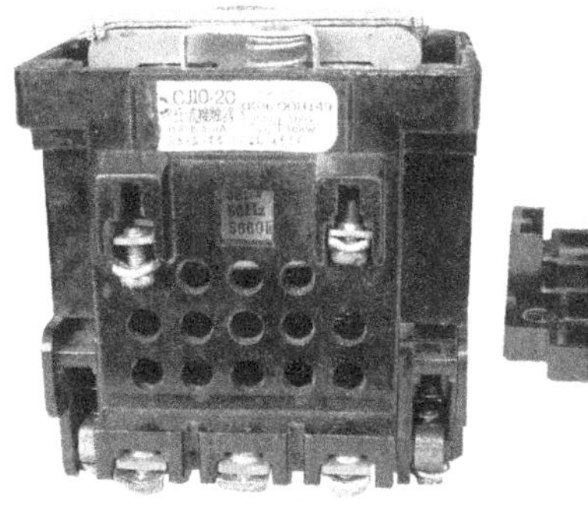

图 1.2.11　拆卸底板

5）取出静铁心、静铁心支架及缓冲弹簧，如图 1.2.12 所示。

6）拔出线圈弹簧片，取出线圈，如图 1.2.13 所示。

图 1.2.12　拆卸静铁心

图 1.2.13　取出线圈

7）取出反作用弹簧、动铁心塑料支架，如图 1.2.14 所示。

8）从支架上取下动铁心定位销，取下动铁心，如图 1.2.15 所示。

图 1.2.14　取出反作用弹簧、动铁心塑料支架

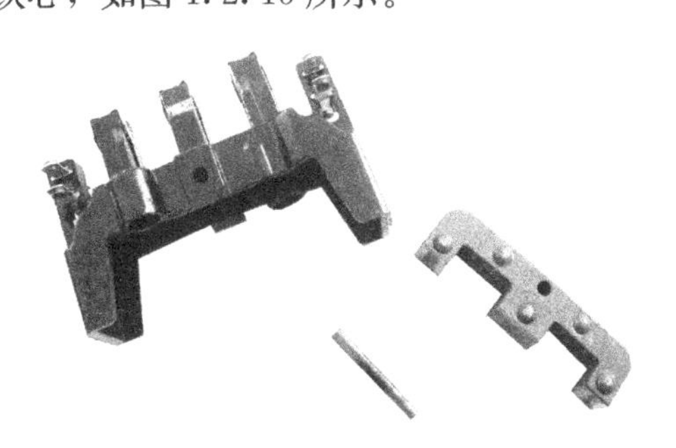

图 1.2.15　取下动铁心

3. 检修

1）检查灭弧罩有无破裂或烧损，清除灭弧罩内的金属飞溅物和颗粒，保持灭弧罩内清洁。

2）检查磨损程度。磨损严重时应更换触头，若不需要更换，清除表面上烧毛的颗粒。

3）检查触头压力弹簧及反作用弹簧是否变形或弹力不足。

4）检查铁心有无变形及端面接触是否平整。

5）用万用表检查线圈是否有短路或断路现象，如图 1.2.16 所示。

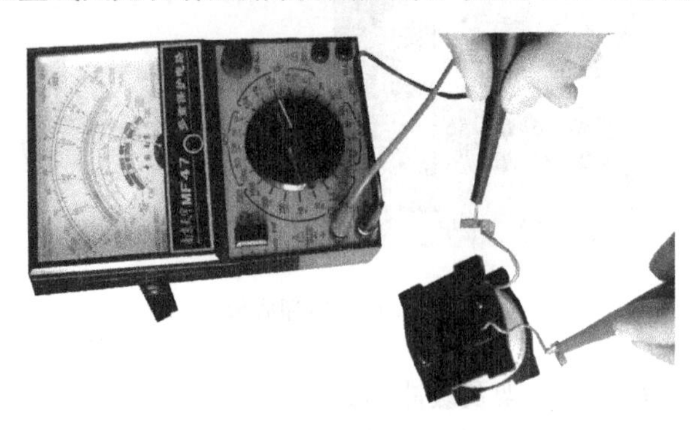

图 1.2.16　检查线圈

将万用表旋到电阻 $R\times10$ 挡位进行测量。注意首先欧姆调零，然后测量。如果测量电阻值很小或为“0”，则线圈短路；如果电阻值很大或为“∞”，则线圈断路。两种情况都应更换线圈。

4. 装配

按拆除的逆序装配。

5. 调试

接触器装配好后进行调试。

1）将装配好的接触器接入电路，如图 1.2.17 所示。

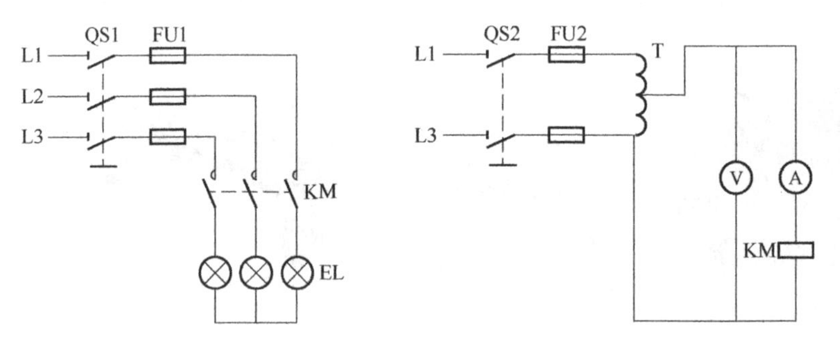

图 1.2.17　交流接触器校验电路

2）将调压器调到零位。

3）合上开关 QS1、QS2，均匀调节自耦调压器，使输出的电压逐渐增大，直到接触器吸合为止。此时电压表上的电压值就是接触器吸合动作电压值，该电压值应小于或等于接触器线圈额定电压的 85%。接触器吸合后，接在接触器主触头上的灯应亮。

4）保持吸合电压值，直接分合开关 QS2 两次，以校验动作的可靠性。

5）均匀调节自耦调压器，使输出电压逐渐减小，直到接触器释放为止。此时电压表上的电压值就是接触器释放电压值，该电压值应大于接触器线圈额定电压的 50%。

6）调节自耦调压器，使输出电压等于接触器线圈额定电压，观察、倾听接触器铁心有无振动及噪声。如果振动，指示灯也有明暗的现象。

7）触头压力测量调整。

① 断开开关 QS1、QS2，拆除主触头上的接线。

② 将一张厚度为 0.1mm、比主触头稍宽的纸条放在主触头的动、静触头之间。

③ 合上 QS2，使接触器在线圈额定电压下吸合。用手拉动纸条，若触头压力合适，稍用力即可拉出。触头压力小，纸条很容易拉出；触头压力大，纸条容易拉断，都不合适，需要调整或更换触头弹簧，直到符合要求。

6. 注意事项

1）拆卸前应准备盛装零件的容器，以免零件丢失。
2）拆卸过程中不允许硬撬，以免损坏元器件。
3）装配辅助静触头时要防止卡住动触头。
4）自耦调压器金属外壳必须接地。
5）调节自耦调压器时应均匀用力，不可过快。
6）通电调试时接触器必须固定在开关板上，并在指导教师的监护下进行。
7）做到安全操作和文明生产。

7. 评分

评分细则见评分表。

“交流接触器的拆装与检修”技能自我评分表

项　目	技术要求	配分/分	评分细则	评分记录
拆卸和装配	正确拆装	20	拆卸步骤及方法不正确，每次扣 5 分 拆装不熟练，扣 10 分 丢失零件，每个扣 10 分 拆卸后不能组装，扣 15 分 损坏零件，扣 20 分	
检修	正确检修	30	没有检修或检修无效果，每次扣 5 分 检修步骤及方法不正确，每次扣 5 分 扩大故障、无法修复，扣 30 分	

续表

项　目	技术要求	配分/分	评分细则	评分记录
校验	正确校验	25	不能进行通电校验，扣25分 校验方法不正确，每次扣5分 校验结果不正确，扣10分 通电时有振动或噪声，扣10分	
调整触头压力	正确调整	25	不能判断触头压力，扣25分 触头压力调整方法不正确，扣15分	
定额工时60min	超时，从总分中扣分		每超过5min，扣5分	
安全、文明生产	按照安全、文明生产要求		违反安全、文明生产要求，从总分中扣20分	

思　考　题

1. 交流接触器铁心上的短路环断裂后会产生什么现象？

2. 交流接触器动作时，常开和常闭触头的顺序是怎样的？

3. 某电动机的型号为Y-112M-4，功率为4kW，△联结，额定电压为380V，额定电流为8.8A，如果控制线路的控制电压为127V，试选择交流接触器的型号规格。

4. 如果交流接触器没有灭弧装置，会产生什么恶果？

课题1.3　时间继电器

 **学习目标**

1. 会识读时间继电器的型号。
2. 了解时间继电器的基本原理及结构。
3. 掌握时间继电器的图形和文字符号。
4. 会选用时间继电器。

时间继电器是一种从得到输入信号（线圈通电或断电）起，经过一段时间的延时后才输出信号（触头闭合或断开）的继电器，它广泛用于需要按时间顺序进行控制的电气控制线路中。常用的时间继电器有电磁式、电动式、空气阻尼式、晶体管式、电子式、数显式等，如图1.3.1所示。

1.3.1　空气阻尼式时间继电器

空气阻尼式时间继电器利用空气阻尼作用获得延时，有通电延时、断电延时两种。

图 1.3.1 常用时间继电器的外形

1. 型号意义

空气阻尼式时间继电器型号意义示例如下：

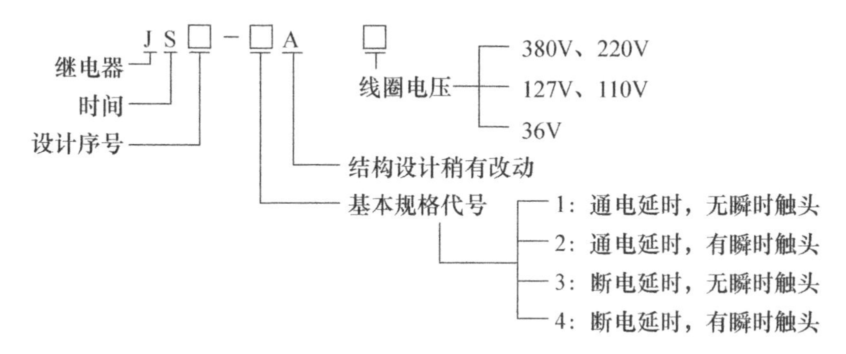

2. 结构

JS7-A 系列时间继电器主要由电磁系统、触头系统、空气室、传动机构等组成，如图 1.3.2 所示。

（1）电磁系统

电磁系统由线圈、静铁心和衔铁组成。

（2）触头系统

由两个微动开关构成一对瞬时常开触头、一对瞬时常闭触头、一对延时常开触头、一对延时常闭触头。其触头动作情况如下：

1）通电延时型。当吸引线圈通电后，其瞬动触头立即动作，延时触头经过一定延时再动作；当吸引线圈断电后，所有触头立即复位。

2）断电延时型。当吸引线圈通电后，所有触头立即动作；当吸引线圈断电后，其

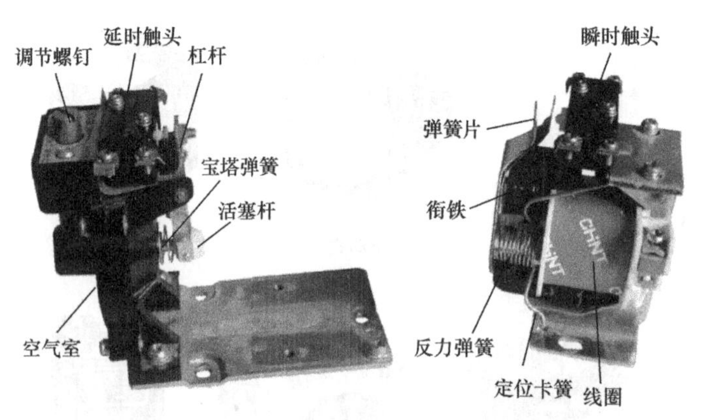

图 1.3.2 空气阻尼式时间继电器的结构

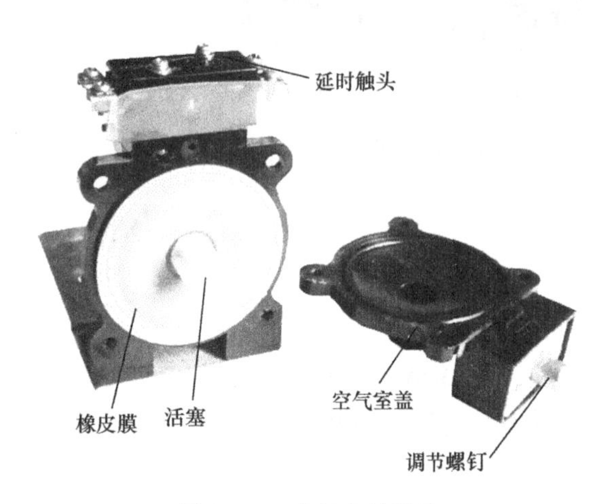

图 1.3.3 空气室的结构

瞬动触头立即复位，延时触头经过一定延时再复位。

(3) 空气室

空气室主要由橡皮膜（气囊）、活塞等组成，如图 1.3.3 所示。

(4) 传动机构

传动机构主要由推杆、活塞杆、杠杆及各类弹簧等组成。

3. 工作原理

以通电延时型时间继电器为例，其工作原理如图 1.3.4 所示。

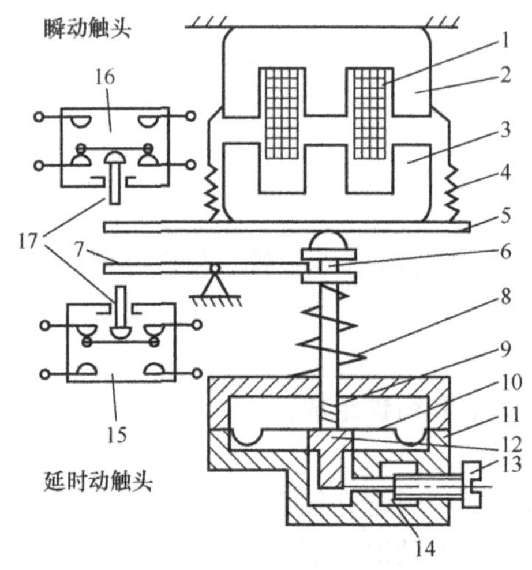

图 1.3.4 JS7 - A 工作原理

1—线圈；2—静铁心；3—衔铁；4—反力弹簧；5—推板；6—活塞杆；7—杠杆；8—塔形弹簧；9—弱弹簧；10—橡皮膜；11—空气室壁；12—活塞；13—调节螺钉；14—进气孔；15—微动开关（延时）；16—微动开关（不延时）；17—微动按钮

当线圈 1 通电后，衔铁 3 吸合，微动开关 16 受压，其触头动作无延时，活塞杆 6 在塔形弹簧 8 的作用下带动活塞 12 及橡皮膜 10 向上移动，但由于橡皮膜下方气室的空气单薄，形成负压，活塞杆 6 只能缓慢地向上移动，其移动的速度视进气孔的大小而定，可通过调节螺钉 13 调整。经过一定延时后，活塞杆才能移动到最上端。这时通过杠杆 7 压动微动开关 15，使其常闭触头断开，常开触头闭合，起到通电延时作用。

当线圈 1 断电时，电磁吸力消失，衔铁 3 在反力弹簧 4 的作用下开释，并通过活塞杆 6 将活塞 12 推向下端，这时橡皮膜 10 下方气室内的空气通过橡皮膜 10、弱弹簧 9 和活塞 12 肩部形成的单向阀迅速从橡皮膜上方的气室缝隙中排掉，微动开关 15、16 迅速复位，无延时。

旋动调节螺钉即可调节进气孔的大小，达到调节延时时间的目的。

4. 时间整定方法

如图 1.3.5 所示，将万用表旋到 $R\times1$ 挡位，将红、黑表笔分别搭接在延时触点常开（或常闭），然后使时间继电器的衔铁与铁心接触，计时观察万用表指针是否在要求时间摆动（或退回）。

注意： 在使衔铁与铁心接触时，手不要触及活塞杆，以免引起不延时动作。

如果时间超过要求，万用表指针没有摆动（或退回），应减少时间；反之，如果时间没有到要求，万用表指针摆动（或退回），应增长时间。按图 1.3.6 所示方向调节调节螺钉，减少或增长时间。

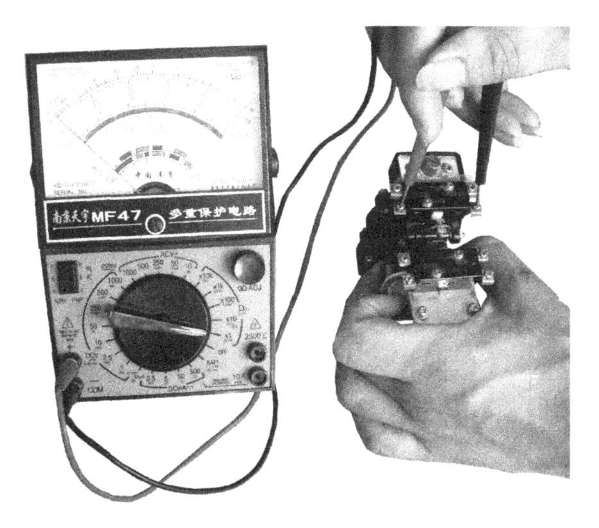

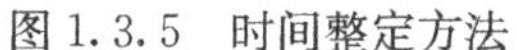

图 1.3.5 时间整定方法

图 1.3.6 时间调整方法

5. 选用

1）空气阻尼式时间继电器适用于延时精度不高的场合。

2）根据控制工艺要求，选择时间继电器的工作方式，如是通电延时还是断电延时，同时考虑线路对瞬时触头的要求。

3）空气阻尼式时间继电器的线圈电压应等于控制线路中的控制电压。在机床控制设备中线圈额定电压一般采用 110V。

1.3.2 晶体管时间继电器

晶体管时间继电器又称半导体时间继电器，它是利用 *RC* 电路电容器充电时，电容电压不能突变，只能按指数规律逐渐变化的原理获得延时的。因此，只要改变 *RC* 充电回路的时间常数（改变电阻值），即可改变延时时间。继电器的输出形式分为有触点式和无触点式，有触点式是用晶体管驱动小型电磁式继电器，无触点式是用晶体管或晶闸管输出。

晶体管时间继电器除了执行继电器外，均由电子元器件组成，没有机械部件，因而具有延时精度高、延时范围大、体积小、调节方便、控制功率小、耐冲击、耐振动、寿命长等优点，应用广泛。

1. 型号意义

晶体管时间继电器型号意义示例如下：

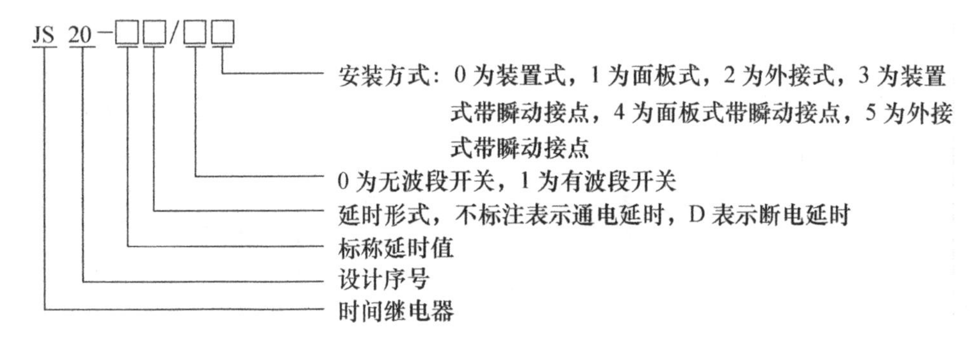

2. 安装方式

晶体管时间继电器根据安装方式分为内置式、外置式、断电延时、带瞬时触点式等，如图 1.3.7 所示为两种常用的安装方式。

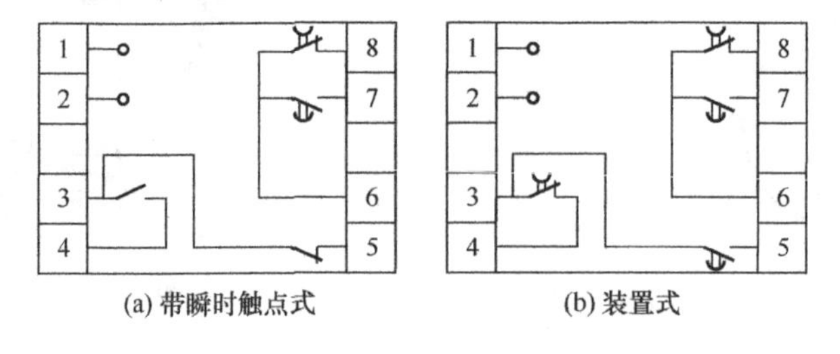

图 1.3.7　JS20 安装方式

3. 工作原理

以 JS20 时间继电器为例，其工作原理及工作流程框图如图 1.3.8 所示。全部电路由延时环节、鉴幅器、输出电路、电源和指示灯五部分组成。

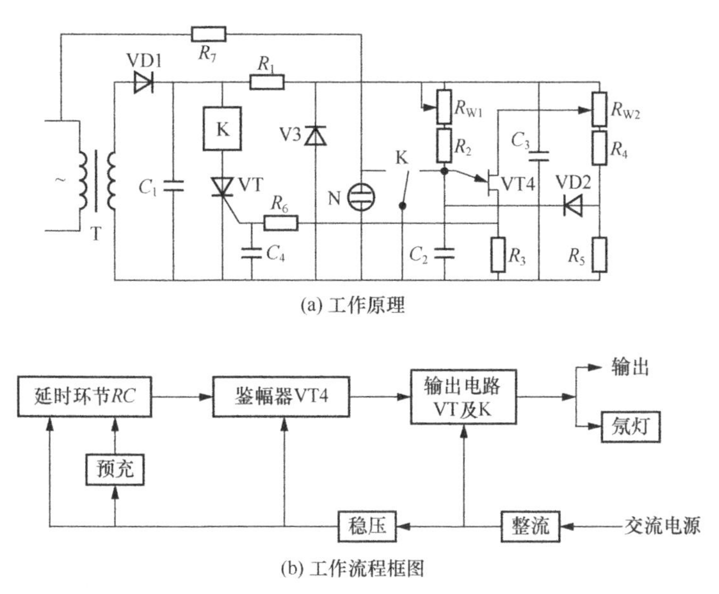

(a) 工作原理

(b) 工作流程框图

图 1.3.8　JS20 工作原理及工作流程框图

当接通电源后，经二极管 VD1 整流、电容 C_1 滤波以及稳压管 V3 稳压的直流电压通过 R_{W2}、R_4、VD2 向电容 C_2 以极低的时间常数充电，同时通过 R_{W1} 和 R_2 向电容 C_2 充电。电容 C_2 上的电压相当于在 R_5 两端预充电压的基础上按指数规律逐渐升高。当此电压大于单结晶体管 VT4 的峰点电压时，单结晶体管导通，输出电压脉冲触发晶闸管 VT，VT 导通后使继电器 K 吸合，除用其触点接通或分断电路外，还利用其另一常开触点将 C_2 短路，使之迅速放电，为下次使用做准备。此时氖指示灯 N 启辉。当切断电源时 K 释放，电路恢复初始状态，等待下次动作。

由于电路设有稳压环节，且 RC 与鉴幅器共用一个电源，电源电压波动基本上不产生误差延时。为了减少由温度变化引起的误差，采用了钽电解电容器，其电容量和漏电流为正温度系数，而单结晶体管的 UP 略呈负温度系数，两者可以适当补偿，综合误差不大于 10%。为提高抗干扰能力，JS20 继电器在晶闸管 VT 和单结晶体管 VT4 处分别接有电容 C_4 和 C_3，用于防止电源电压的突变引起的误导通。

4. 选用

晶体管式时间继电器一般适用于以下场合：

1）当电磁式时间继电器不能满足要求时。

2）当延时的精度要求较高时。

3）控制回路相互协调，需要无触点输出等。

1.3.3　图形与文字符号

时间继电器图形与文字符号如图 1.3.9 所示。符号说明：

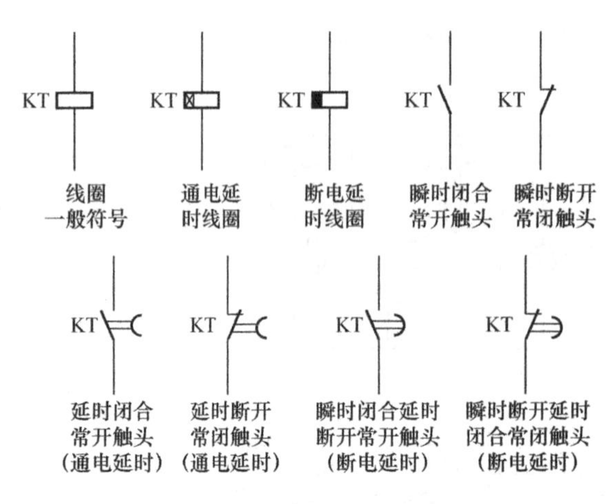

图 1.3.9 时间继电器图形与文字符号

1）在控制线路中，只有通电延时时间继电器，或只有断电延时时间继电器时，可以用线圈一般图形符号。

2）在控制线路中，如果既有通电延时时间继电器，又有断电延时时间继电器时，必须用各自的线圈图形符号。

3）延时闭合常开触头是指线圈没有通电时触头处于断开状态，当线圈通电，经过一定延时时间后触头才闭合。

4）延时断开常闭触头是指线圈没有通电时触头处于闭合状态，当线圈通电，经过一定延时时间后触头才断开。

5）瞬时闭合延时断开常开触头是指线圈没有通电时触头处于断开状态，当线圈通电后，触头立即闭合，线圈断电，经过一定延时时间后触头才断开。

6）瞬时断开延时闭合常闭触头是指线圈没有通电时触头处于闭合状态，当线圈通电后，触头立即断开，线圈断电，经过一定延时时间后触头才闭合。

注意：判断是通电延时触头还是断电延时触头，应注意区分符号上的半圆。

1.3.4 使用注意事项

1）安装前，检查时间继电器铭牌与线圈的数据是否符合实际使用要求。

2）检查外观，应无损伤。

3）空气阻尼式时间继电器应垂直安装，倾斜度不得超过 5°，释放时衔铁运动方向向下。

4）空气阻尼式时间继电器的整定值应预先在不通电时整定好，试车时校正。

5）空气阻尼式通电延时型和断电延时型自行调换。

思 考 题

1. 空气阻尼式时间继电器铁心上的短路环断裂后会产生什么现象？
2. 空气阻尼式时间继电器的橡皮膜破裂后会产生什么现象？

单元2 异步电动机基本控制线路的安装与调试

异步电动机控制线路的安装和调试是电气（机电）技术人员必须掌握的技能。通过学习本单元，应掌握异步电动机控制线路的工作原理、电路的安装和调试方法。

课题2.1 异步电动机正转控制线路的安装与调试

学习目标

1. 会分析异步电动机正转控制线路。
2. 掌握异步电动机正转控制线路的安装、调试。
3. 会选用电气控制元器件和导线。
4. 能排除电气控制线路的一般故障。

三相交流异步电动机正转控制线路是三相异步电动机控制系统中最简单的控制线路，有点动控制线路和连续运转控制线路两种。

所谓点动控制，是指按下按钮电动机就运转，松开按钮电动机就停止的控制方式。它是一种短时断续控制方式，主要应用于设备的快速移动和校正装置中。由于是短时断续工作，不需要过载保护。控制线路如图2.1.1（a）所示。

连续控制是指按下起动按钮电动机就运转，松开起动按钮后电动机仍然保持运转的控制方式。由于是连续工作，为避免因过载或缺相烧毁电动机，必须采用过载保护。控制线路如图2.1.1（b）所示。

2.1.1 工作原理

1. 控制线路组成

如图2.1.1（b）所示，控制线路由电源转换开关QS、主电路短路保护熔断器FU1、控制电路短路保护熔断器FU2、控制交流接触器KM、过载保护热继电器FR、起动按钮SB1、停止按钮SB2组成。

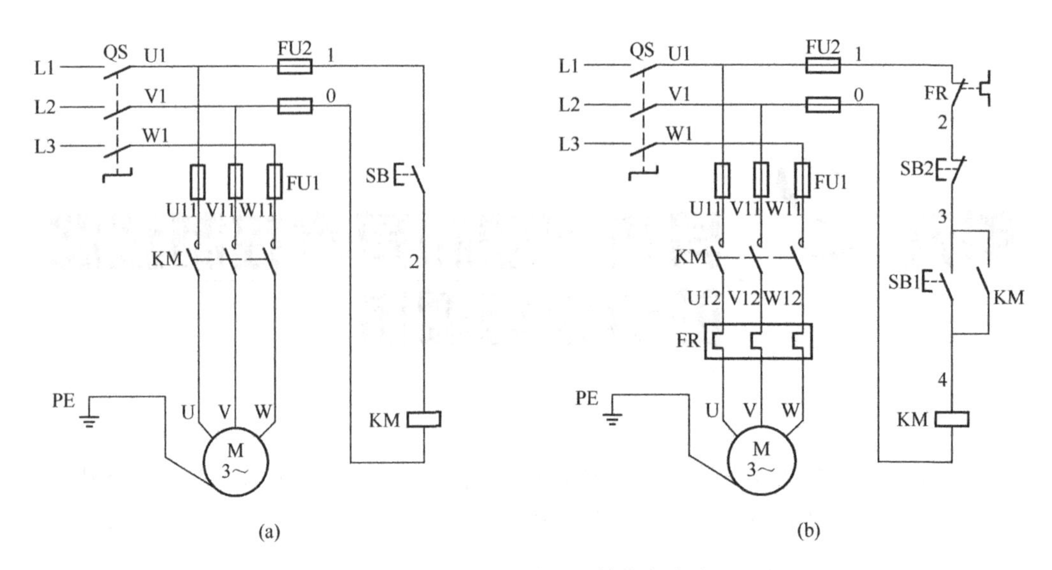

图 2.1.1 异步电动机正转控制线路

2. 工作原理分析

如图 2.1.1（b）所示，首先合上电源开关 QS。

（1）起动

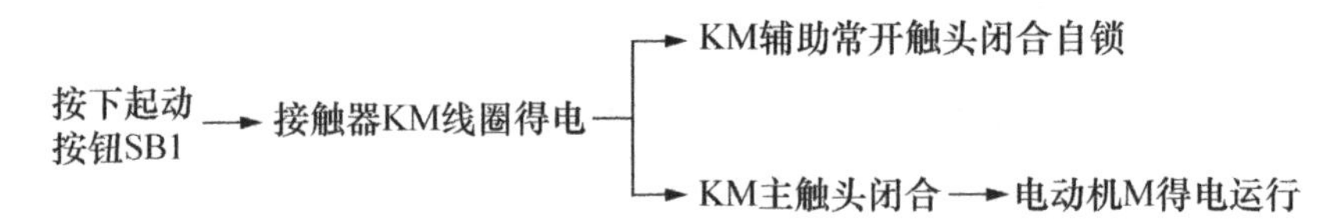

当松开 SB1 后，尽管 SB1 断开，因接触器 KM 的辅助常开触头闭合时已经将 SB1 短接，控制电路仍保持接通，所以接触器 KM 线圈继续得电，电动机 M 连续运转。

当松开起动按钮后，接触器 KM 通过自身辅助常开触头而使线圈保持得电的作用称为自锁，与起动按钮并联起自锁作用的常开辅助触头称为自锁触头。

（2）停止

因停止按钮 SB2 在控制电路中与交流接触器 KM 的线圈串联，当按下停止按钮 SB2 时，KM 的线圈即刻断电释放，切断电路，电动机 M 失电停转。

当松开 SB2 后，尽管 SB2 复位闭合，因接触器 KM 的自锁在切断电路时已断开，起动按钮 SB1 也是断开的，所以接触器 KM 线圈不能得电，电动机 M 也不会运转。

3. 过载

当电动机发生过载，电流增大至超过整定值时，热继电器 FR 的热元件发热，使串联在控制电路中的常闭触头（1# 和 2#）断开，切断接触器 KM 线圈回路，KM 的线圈即刻断电释放，切断电路，电动机 M 断电停转，达到过载保护的目的。

2.1.2 选择元器件、导线

1. 元器件选择

元器件选择的基本原则是根据控制线路图和所控制电动机的功率选择。

【例 2.1】 图 2.1.1（b）所示连续控制线路所控制的电动机功率为 7.5kW，根据控制线路图选择电气元器件。

解：① 估算电动机额定电流。

$$I_N = 2P_N = 2 \times 7.5 = 15(\text{A})$$

② 选择电气元器件。根据电动机估算电流选择。

a. QS 转换开关。选择 HZ10 - 25/3。

b. FU1 主熔断器。

$$I_{RN} \geqslant (1.5 \sim 2.5)I_N = (1.5 \sim 2.5) \times 15 = 22.5 \sim 37.5(\text{A})$$

如不是频繁起动，选择 30A 熔体（保险丝），根据熔断器选择的原则，熔断器选用 60A；如为机床控制，则选用 RL1 螺旋式，主熔断器选择 RL1 - 60/30。

FU2 控制熔断器一般直接选择 RL1 - 15/2。

c. KM 交流接触器选择。根据交流接触器选用原则及电动机估算电流选择 CJ10 - 20 380V。

d. FR 热继电器选择。根据热继电器选用原则及电动机估算电流选择 JR16 - 20，整定电流 16A。

e. SB1、SB2 按钮选择。根据按钮选用原则及使用情况选择，本例中选择 LA4。

2. 导线选择

（1）选择主电路导线

主电路导线根据电动机容量（功率）选择，一般原则是：

1）根据电动机容量估算电动机的额定电流，电动机额定电流 I_N 等于电动机额定容量的 2 倍，即 $I_N=2P_N$。

2）根据电动机额定电流 I_N 选择导线，在机床控制线路中导线一律采用铜导线，其导线截面面积 S 按 $J=6\text{A/mm}^2$ 的安全载流量选择。

3）确定选择的导线应等于或略大于计算的截面面积。

【例 2.2】 一台被控制的电动机额定功率为 7.5kW，要求选择主导线。

解：① 估算额定电流。

$$I_N = 2P_N = 2 \times 7.5 = 15(\text{A})$$

② 估算导线截面面积。

$$S = I_N/J = 15/6 = 2.5(\text{mm}^2)$$

③ 选择主导线。电动机所带负载较轻，确定选择 2.5mm² 的铜导线。如果负载较重，或频繁起动，就应确定为 4mm² 的铜导线。

(2) 选择控制电路导线

控制电路导线一般采用截面面积不小于 $1mm^2$ 的铜导线，按钮线一般采用截面面积不小于 $0.75mm^2$ 的软铜导线（BVR 型），接地线一般采用截面面积不小于 $1.5mm^2$ 的软铜导线（BVR 型）。

2.1.3 线路安装

1. 分析线路，准备元件

首先进行控制线路分析，并根据图 2.1.1 (b) 所示控制线路图和控制电动机功率配齐电气元器件、导线，并检查元件质量。

2. 布置并安装元件

各元件的安装位置整齐、匀称、间距合理，便于元件的更换，元件紧固时用力均匀，紧固程度适当，按钮可以不安装在控制板上（实际生产设备中按钮安装在机械设备上）。元件布置后如图 2.1.2 所示。

图 2.1.2　元件布置图

3. 布线

控制线路布线有两种，一种是板前布线（明敷），一种是线槽布线。

(1) 板前布线

为节约成本，元件少的机床控制线路中采用板前布线（明敷）的方式。板前布线（明敷）的原则是：横平竖直，跨线不得交叉，由里向外，由低至高，先电源电路、再控制电路、后主电路，前序布线不妨碍后续布线。

(2) 线槽布线

在机床电气标准中不允许板前布线（明敷），要采用线槽布线的方式。线槽布线的基本要求是：

1) 线槽应平整、无扭曲变形，内壁应光滑、无毛刺。

2) 线槽的连接应连续无间断。每节线槽的固定点不应少于两个。在转角、分支处和端部均应有固定点，并紧贴板面固定。

3) 线槽接口应平直、严密，槽盖应齐全、平整、无翘角。固定线槽的螺钉，紧固后其端部应与线槽内表面光滑相接。

4) 线槽敷设应平直整齐，排列整齐匀称，安装牢固、便于走线。

5) 电器元件的接线端子与线槽直线距离 30mm。

6) 线槽内包括绝缘层在内的所有导线截面面积之和不应大于线槽截面面积的 70%。

7) 线槽内导线的最小截面面积应为 $1.0mm^2$，对于低电平的电子电路允许采用截面面积小于 1.0mm² 的导线（但不得小于制造厂对安装导线截面的要求）。

8）布线应横平竖直，分布均匀。变换方向时应垂直。

9）各电器元件接线端子引出导线的走向以元件的水平中心线为界限，在水平中心线上方的接线端子引出线必须进入元件上面的线槽，在水平中心线下方的接线端子引出线必须进入元件下面的线槽，任何导线不得从水平方向进入线槽内。

10）敷设在线槽内的导线应梳理清楚，错落有致，绝对不允许交叉。

11）敷设在线槽内的导线应留有一点余量。

12）导线的两端应套上号码管。

13）所有导线中间不得有接头。

14）接线应排列整齐、清晰、美观，导线绝缘良好、无损伤。一个接线端子上的导线不得多于两根。

15）外露在线槽外的导线必须用缠绕管保护。

（3）布线操作

布线时以接触器为中心，由里向外，由低至高，先电源电路，再控制电路，后主电路，以不妨碍后续布线为原则。可参考图 2.1.3 所示实物接线图接线。

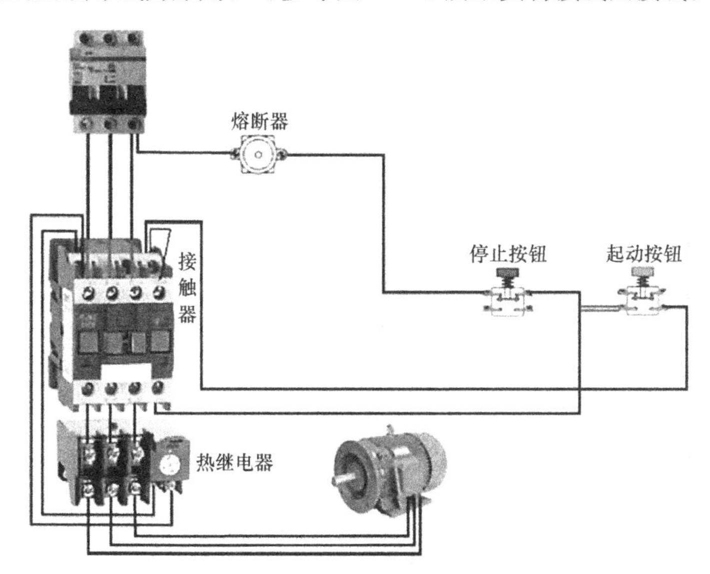

图 2.1.3 实物接线图

电源电路布线后如图 2.1.4 所示。

控制电路 1#、2# 线布线后如图 2.1.5 所示。

控制电路 3#、4# 线布线后如图 2.1.6 所示。

主电路布线后如图 2.1.7 所示。

连接按钮，完成控制板线路安装，如图 2.1.8 所示。

2.1.4 调试

1）整定热继电器。

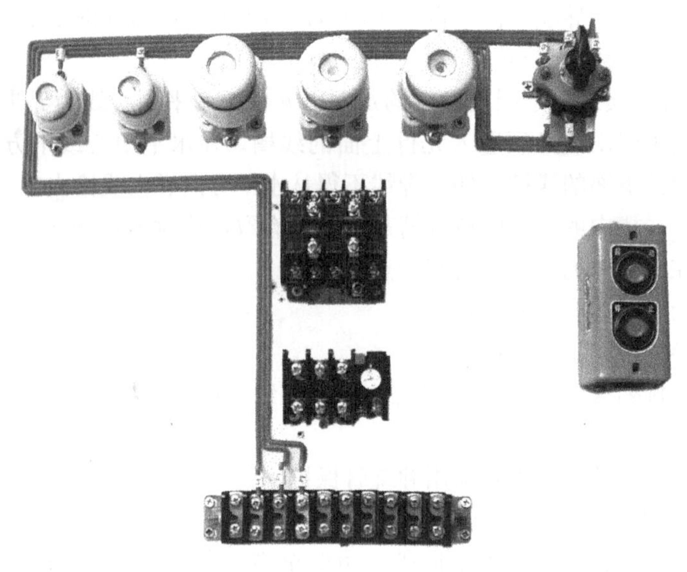

图 2.1.4　电源电路布线后

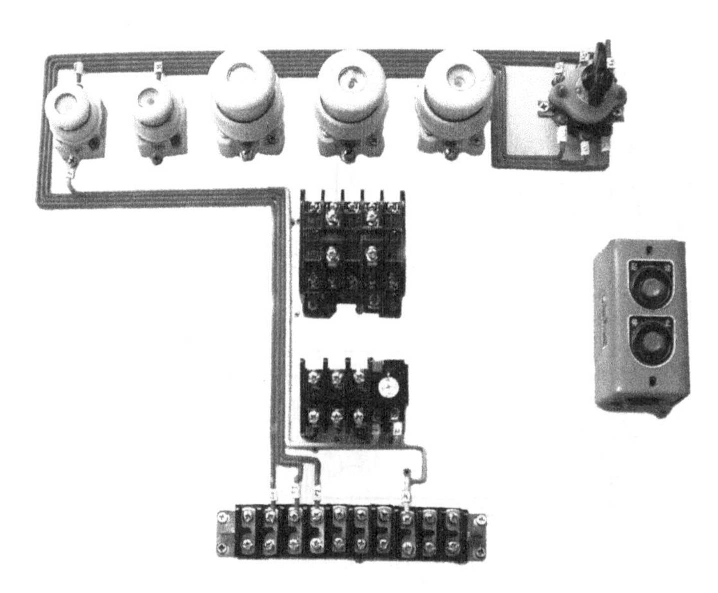

图 2.1.5　1# 、2# 线布线后

2）连接电动机和按钮金属外壳的保护接地线。

3）连接电动机和电源。

4）检查。通电前应认真检查有无错接、漏接造成不能正常运转或短路事故的现象。

5）通电试车。试车时注意观察接触器情况。观察电动机运转是否正常，若有异常现象应马上停车。

图 2.1.6　3#、4# 线布线后

图 2.1.7　主电路布线后

6）试车完毕，应遵循停转、切断电源、拆除三相电源线、拆除电动机线的顺序断开线路。

2.1.5　注意事项

1）热继电器的热元件应串联在主电路中，其常闭触头串联在控制电路中。

2）热继电器的整定电流应按电动机额定电流自行整定，绝对不允许弯折双金属片。

图 2.1.8 连接按钮，完成控制板线路安装

3）套管编码要正确。

4）控制板外配线必须加以防护，确保安全。

5）电动机及按钮金属外壳必须保护接地。

6）通电试车、调试及检修时，必须在指导教师的监护和允许下进行。

7）要做到安全操作和文明生产。

2.1.6 评分

评分细则见评分表。

“三相交流异步电动机正转控制线路的安装与调试”技能自我评分表

项　目	技术要求	配分/分	评分细则	评分记录
安装前检查	正确无误检查所需元件	5	电器元件漏检或错检，每个扣 1 分	
安装元件	按布置图合理安装元件	15	不按布置图安装，扣 15 分 元件安装不牢固，每个扣 2 分 元件安装不整齐、不合理，扣 5 分 损坏元件，扣 15 分	
布线	按控制接线图正确接线	40	不按控制线路图接线，扣 25 分	
			布线不符合要求： 主电路，每根扣 3 分 控制电路，每根扣 2 分	

续表

项　目	技术要求	配分/分	评分细则	评分记录
布线	按控制接线图正确接线	40	接线端子松动，导线金属部分裸露过长，反圈、有毛刺，每处扣1分	
			损伤导线，每处扣1分	
			编码管套装不正确，每处扣1分	
通电试车	正确整定元件，检查无误，通电试车一次成功	40	热继电器未整定或错误，扣10分	
			熔体选择错误，每组扣15分	
			试车不成功，每返工一次扣15分	
定额工时90min	超时，此项从总分中扣分		每超过5min，扣3分	
安全、文明生产	按照安全、文明生产要求		违反安全、文明生产，从总分中扣20分	

思　考　题

1. 什么是点动、自锁？
2. 请你设计一台异步电动机的控制电路，要求既能点动控制又能连续运行。

课题2.2　异步电动机正反转控制线路的安装与调试

学习目标

1. 会分析异步电动机正反转控制线路。
2. 掌握异步电动机正反转控制线路的安装、调试。
3. 会选用电气控制元件和导线。

许多设备的运动部件要求能正反两个方向运动，如摇臂钻床摇臂的升降、镗床主轴的正反转、起重机的升降等，这些设备要求电动机能实现正反转控制。正反转控制线路有按钮联锁、接触器联锁、按钮与接触器双重联锁三种控制形式。

2.2.1　按钮联锁的正反转控制线路

为了操作方便，往往在控制线路中采用两个复合按钮，它们的常闭分别串接在对方的接触器线圈回路中，构成按钮联锁（互锁），这样的联锁控制电路称为按钮联锁的正反转控制线路，线路图如图2.2.1所示。

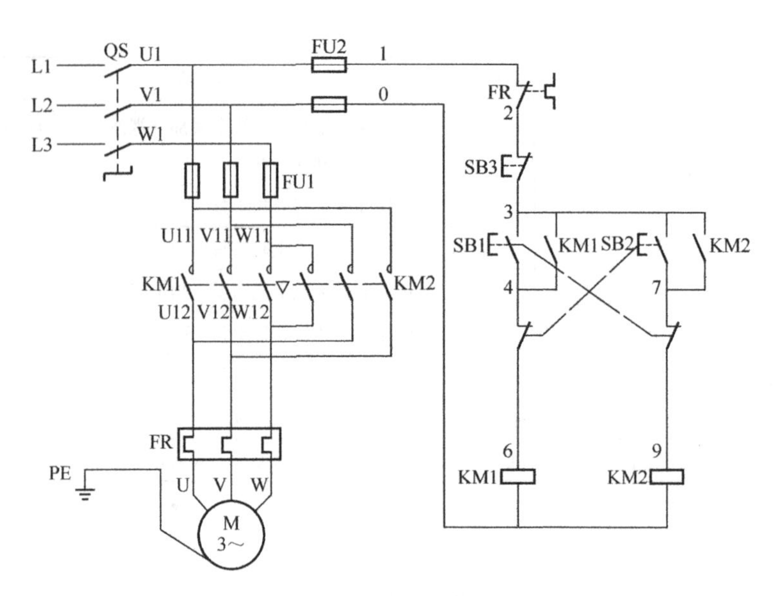

图 2.2.1　按钮联锁的正反转控制线路图

1. 控制线路组成

如图 2.2.1 所示，控制线路由电源转换开关 QS、主电路短路保护熔断器 FU1、控制电路短路保护熔断器 FU2、正转控制交流接触器 KM1、反转控制交流接触器 KM2、过载保护热继电器 FR、正转起动按钮 SB1、反转起动按钮 SB2 和停止按钮 SB3 组成。

2. 工作原理

首先，合上电源开关 QS。

（1）正转

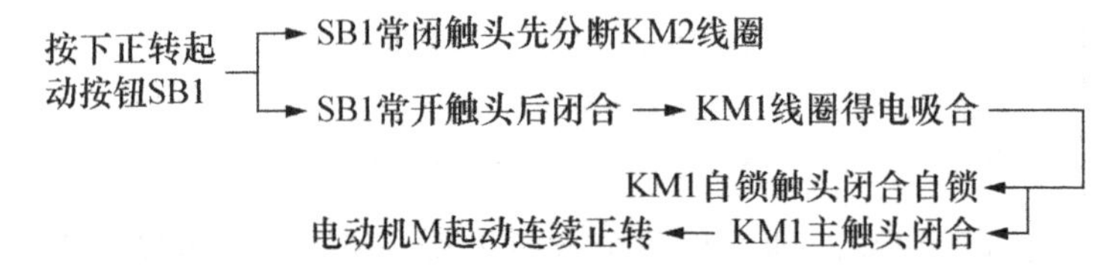

（2）反转

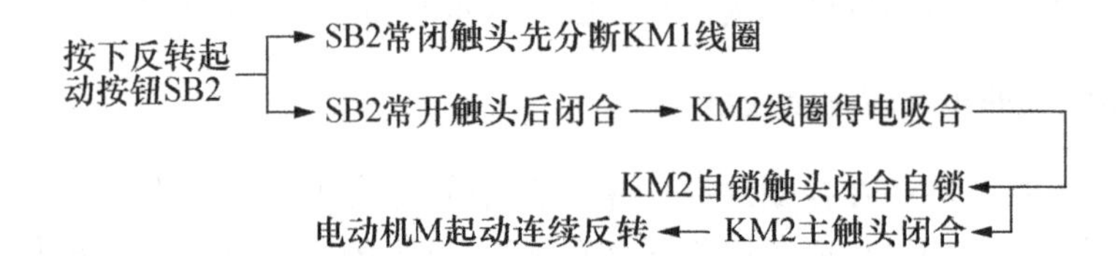

（3）停止

按下停止按钮 SB3 即可实现。

2.2.2　接触器联锁的正反转控制线路

图 2.2.1 所示的线路操作固然方便，但接触器 KM1、KM2 的主触头不能同时闭合，否则会造成两相电源（L1 相和 L3 相）短路事故。为了避免两个接触器同时得电吸合，在接触器 KM1、KM2 的线圈回路中分别串接对方的一对常闭触头，构成接触器联锁，用符号“▽”表示。实现联锁作用的辅助常闭触头称为联锁触头（或互锁触头），这样的联锁控制电路称为接触器联锁的正反转控制线路，线路图如图 2.2.2 所示。

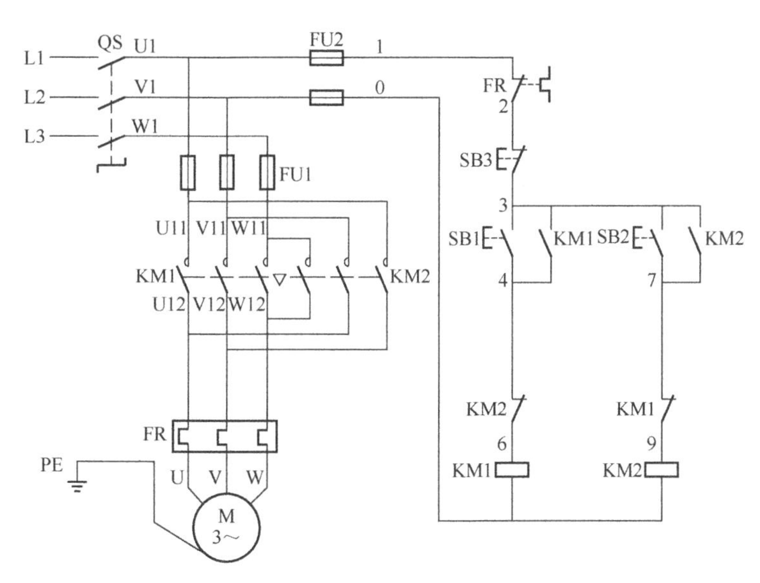

图 2.2.2　接触器联锁的正反转控制线路图

1. 控制线路组成

如图 2.2.2 所示，控制线路由电源转换开关 QS、主电路短路保护熔断器 FU1、控制电路短路保护熔断器 FU2、正转控制交流接触器 KM1、反转控制交流接触器 KM2、过载保护热继电器 FR、正转起动按钮 SB1、反转起动按钮 SB2、停止按钮 SB3 组成。

2. 工作原理

首先，合上电源开关 QS。

（1）正转

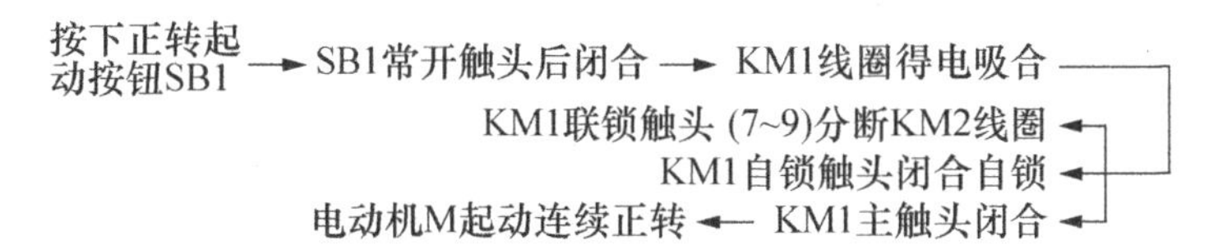

（2）反转

按下正转起动按钮SB2 → SB2常开触头后闭合 → KM2线圈得电吸合

KM2联锁触头 (4~6)分断KM1线圈

KM2自锁触头闭合自锁

电动机M起动连续反转 ← KM2主触头闭合

（3）停止

按下停止按钮 SB3 即可实现。

2.2.3 双重联锁的正反转控制线路

在实际的设备使用中，既要操作方便，又要安全，通常采用按钮联锁和接触器联锁的控制线路，这种控制线路称为双重联锁控制线路，如图 2.2.3 所示。

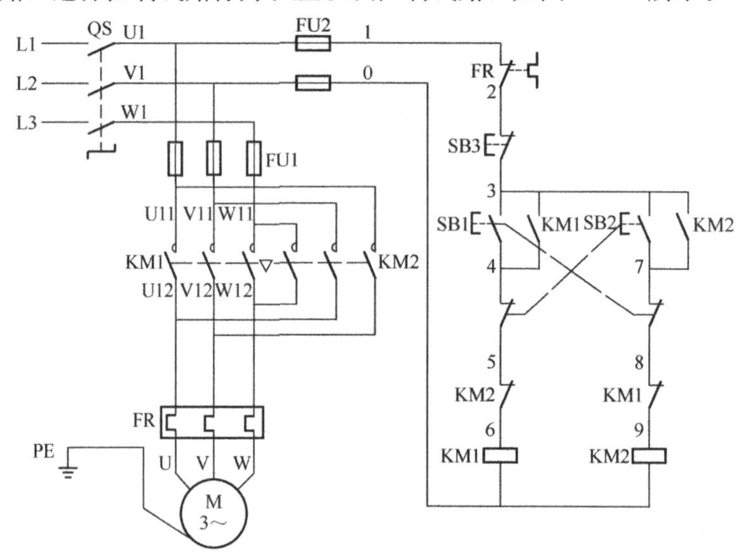

图 2.2.3　双重联锁的正反转控制线路图

1. 控制线路组成

如图 2.2.3 所示，控制线路由电源转换开关 QS、主电路短路保护熔断器 FU1、控制电路短路保护熔断器 FU2、正转控制交流接触器 KM1、反转控制交流接触器 KM2、过载保护热继电器 FR、正转起动按钮 SB1、反转起动按钮 SB2、停止按钮 SB3 组成。

2. 工作原理

首先，合上电源开关 QS。

（1）正转

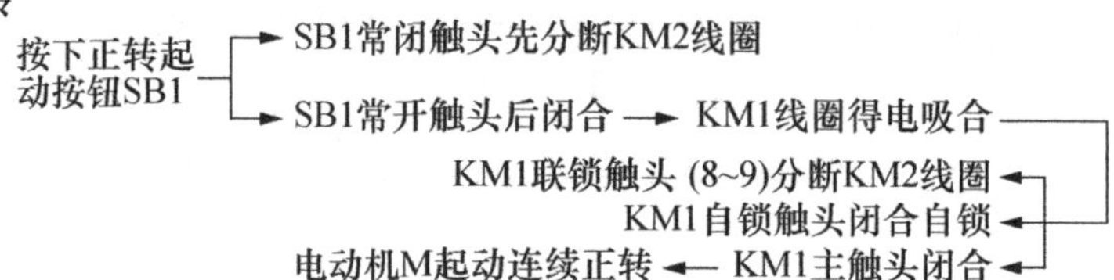

（2）反转

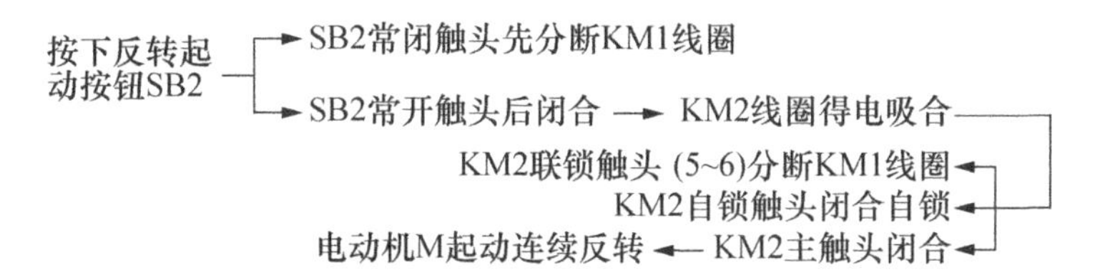

（3）停止

按下停止按钮 SB3 即可实现。

2.2.4 线路安装

1）首先分析控制线路，根据图 2.2.3 所示控制线路图和控制电动机功率（3kW）配齐所用电气元器件、导线，并检查元件质量。

2）参照图 2.1.2 布置并安装元件，各元件的安装位置整齐、匀称、间距合理，便于元件的更换。元件紧固时用力均匀，紧固程度适当。

3）元件安装后接线。可参考图 2.2.4 所示实物接线图接线。

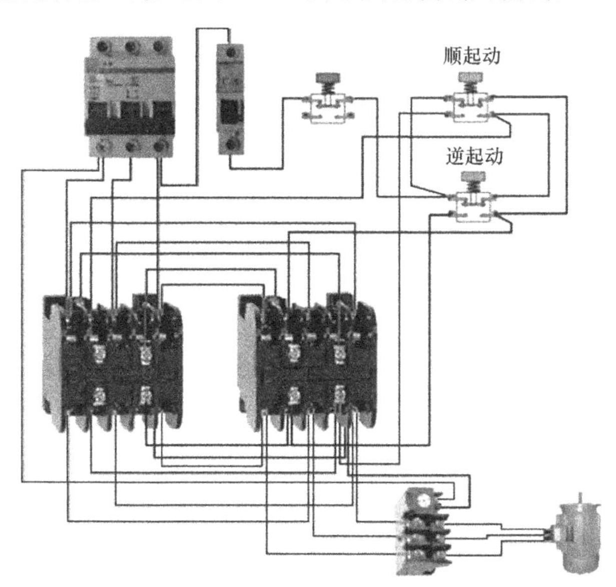

图 2.2.4　实物接线图

4）接线原则：先接电源电路，再接控制电路，最后接主电路。接线完成后连接按钮，完成的控制板如图 2.2.5 所示。

2.2.5 调试

1）整定热继电器。

2）连接电动机和按钮金属外壳的保护接地线。

3）连接电动机和电源。

图 2.2.5　安装完成后的控制板

4）检查。通电前认真检查有无错接、漏接造成不能正常运转或短路事故的现象。

5）通电试车。试车时注意观察接触器情况。观察电动机运转是否正常，若有异常现象应马上停车。

6）试车完毕，应遵循停转、切断电源、拆除三相电源线、拆除电动机线的顺序断开线路。

2.2.6　注意事项

1）注意接触器 KM1、KM2 联锁的接线正确，否则会造成主电路中两相电源短路。

2）注意接触器 KM1、KM2 换相正确，否则会造成电动机不能反转。

3）螺旋式熔断器的接线正确，以确保安全。

4）第一次试车时，取下主熔断器的熔体，只试控制电路，看控制是否正常，有无联锁作用。确认无误后，装上主熔断器熔体试车，观察电动机运行情况（加时 10min）。

5）套管编码要正确。

6）控制板外配线必须加以防护，确保安全。

7）电动机及按钮金属外壳必须保护接地。

8）通电试车、调试及检修时，必须在指导教师的监护和允许下进行。

9）要做到安全操作和文明生产。

2.2.7　评分

评分细则见评分表。

“三相交流异步电动机正反转控制线路的安装”技能自我评分表

项　　目	技术要求	配分/分	评分细则	评分记录
安装前检查	正确无误检查所需元件	5	电器元件漏检或错检，每个扣1分	
安装元件	按布置图合理安装元件	15	不按布置图安装，扣15分 元件安装不牢固，每个扣2分 元件安装不整齐、不合理，扣5分 损坏元件，扣15分	
布线	按控制接线图正确接线	40	不按控制线路图接线，扣25分	
			布线不符合要求： 主电路，每根扣3分 控制电路，每根扣2分	
			接线端子松动，导线金属部分裸露过长，反圈、有毛刺，每处扣1分	
			损伤导线，每处扣1分	
			编码管套装不正确，每处扣1分	
通电试车	正确整定元件，检查无误，通电试车一次成功	40	热继电器未整定或错误，扣10分	
			熔体选择错误，每组扣15分	
			试车不成功，每返工一次扣15分	
定额工时120min	超时，此项从总分中扣分		每超过5min，扣3分	
安全、文明生产	按照安全、文明生产要求		违反安全、文明生产，从总分中扣20分	

思　考　题

1. 试画出正反转点动控制线路。

2. 图2.2.6中是几种正反转控制电路，试分析各电路能否正常工作。若不能正常工作，请找出原因，并改正。

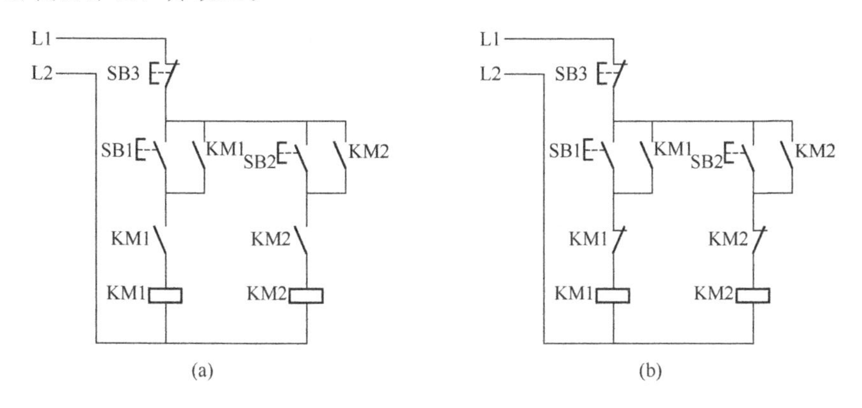

图2.2.6　正反转控制电路

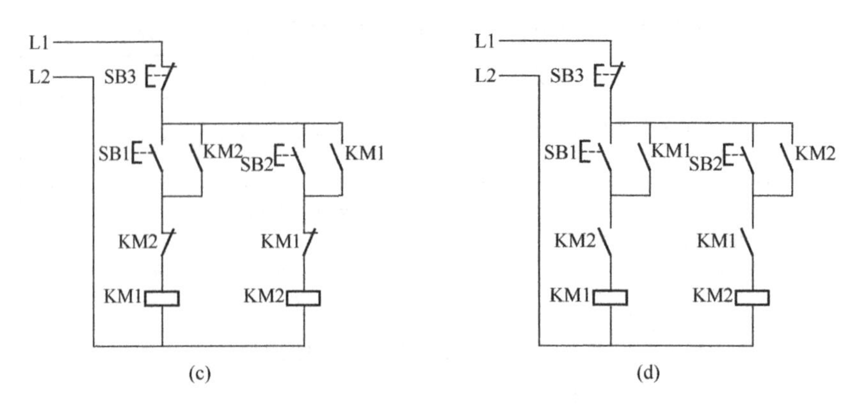

图 2.2.6　正反转控制电路（续）

课题 2.3　自动往返控制线路的安装与调试

学习目标

1. 会分析自动往返控制线路。
2. 掌握自动往返控制线路的安装、调试。
3. 会选用电气控制元件和导线。

在生产过程中，一些自动或半自动的生产机械运动部件的行程或位置受到限制，或者要求在一定范围内自动往返循环工作，以方便对工件连续加工，提高生产效率。在实际生产中，一般采用在运行路线的两端各安装一个行程开关实现位置控制，如图 2.3.1 所示。

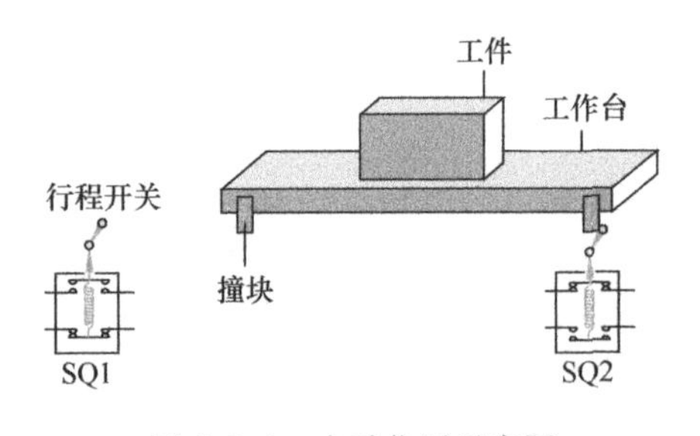

图 2.3.1　自动往返示意图

2.3.1　行程开关

行程开关是用于反映工作机械行程，发出命令以控制其运动方向和行程大小的开关，又称限位开关或位置开关，属于主令电器的一种。其工作原理与按钮开关相同，区别在于行程开关不是靠手按压而是靠生产机械运动部件的碰压使触头动作。通常行程开关用来限制机械运动位置或行程，使运动机械按一定的位置或行程实现自动停止、反向、变速等；还用作机械运动部件的终端保护，以防止机械部件越位造成损坏。行程开关外形如图 2.3.2 所示。

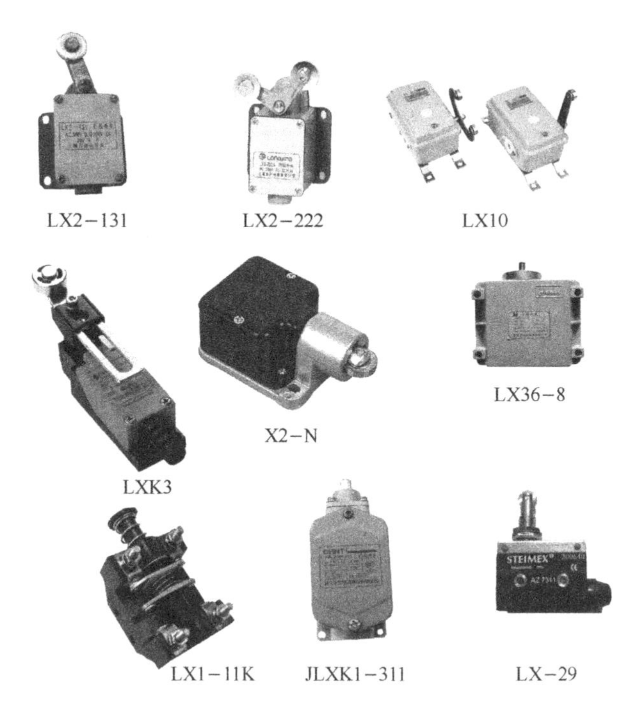

图 2.3.2　部分行程开关的外形

1. 型号意义

行程开关型号意义示例如下：

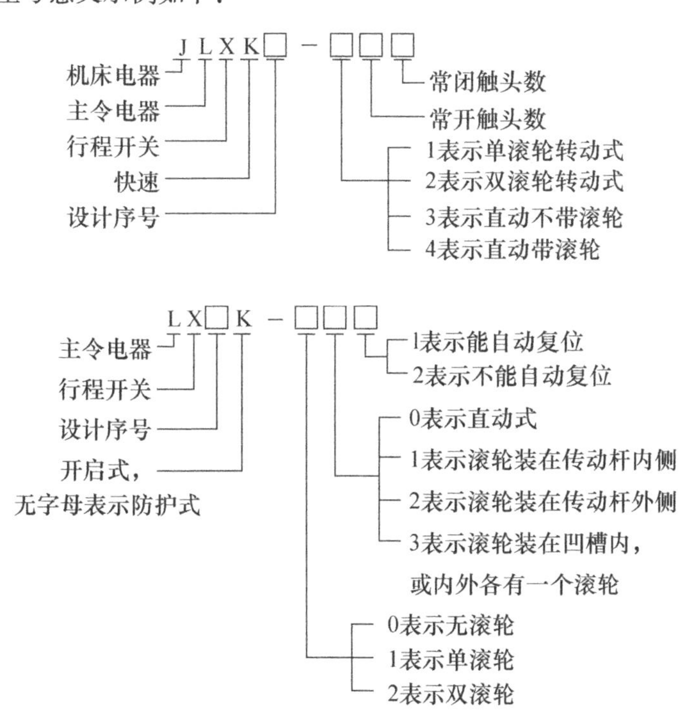

2. 结构及工作原理

(1) 结构

行程开关的基本结构大体相同，是由触头系统、操作机构和外壳构成的，但不同型号结构件有所区别，图 2.3.3 (a) 所示是 JLXK1-111 型行程开关的结构示意图。

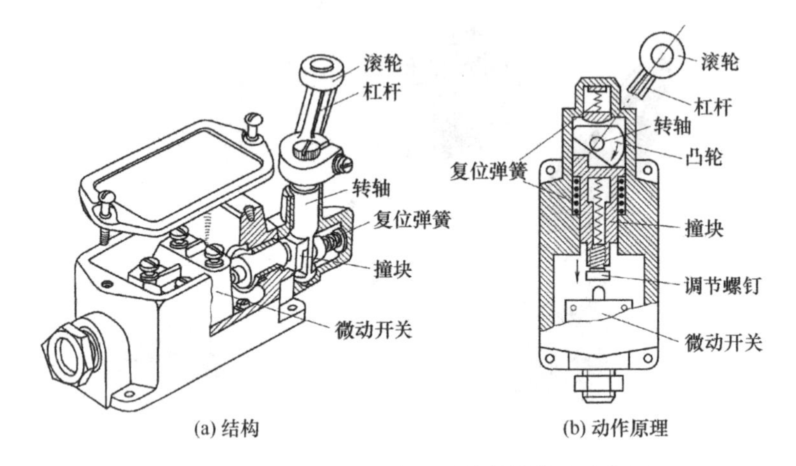

(a) 结构　　(b) 动作原理

图 2.3.3　JLXK1-111 型行程开关的结构和动作原理

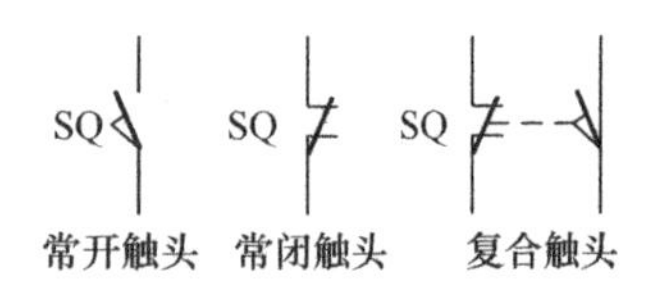

图 2.3.4　行程开关的图形与文字符号

(2) 工作原理

其工作原理示意图如图 2.3.3 (b) 所示，当机械运动部件碰压行程开关的滚轮时，杠杆连同转轴一起转动，使凸轮推动撞块，当撞块被压到一定位置时，推动微动开关快速动作，使其常闭触头先断开，常开触头后闭合。

(3) 图形与文字符号

行程开关在电路中的图形与文字符号如图 2.3.4 所示。

3. 选用、安装、使用

(1) 选用

行程开关主要依据动作要求、安装位置、触头数目选择。

(2) 安装

行程开关安装时，安装位置要准确，安装要牢固；滚轮方向不能装反，挡铁与碰撞位置应符合控制线路的要求，并确保能可靠地与挡铁碰撞。

(3) 使用

行程开关使用中要定期检查和保养，除去油垢及粉尘，清理触头，经常检查动作是否灵活、可靠，防止因行程开关接触不良或接线松脱产生误动作而导致人身和设备安全事故。

2.3.2 控制线路

自动往返控制线路与正反转控制线路非常相似，只是在控制电路中增加了行程开关，如图 2.3.5 所示。

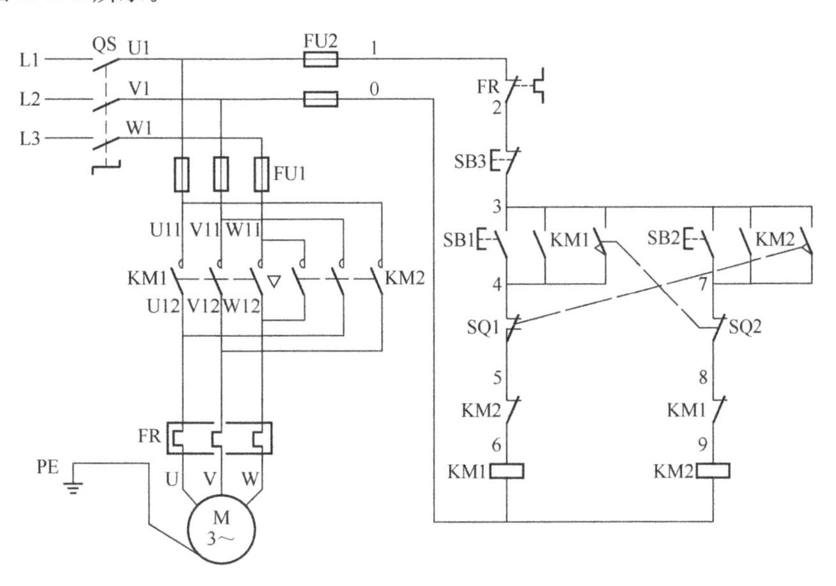

图 2.3.5　自动往返控制线路图

1. 控制线路组成

如图 2.3.5 所示，控制线路由电源转换开关 QS、主电路短路保护熔断器 FU1、控制电路短路保护熔断器 FU2、正转控制交流接触器 KM1、反转控制交流接触器 KM2、过载保护热继电器 FR、前进到位行程开关 SQ1、后退到位行程开关 SQ2、正转起动按钮 SB1、反转起动按钮 SB2、停止按钮 SB3 组成。

2. 工作原理

首先，合上电源开关 QS。

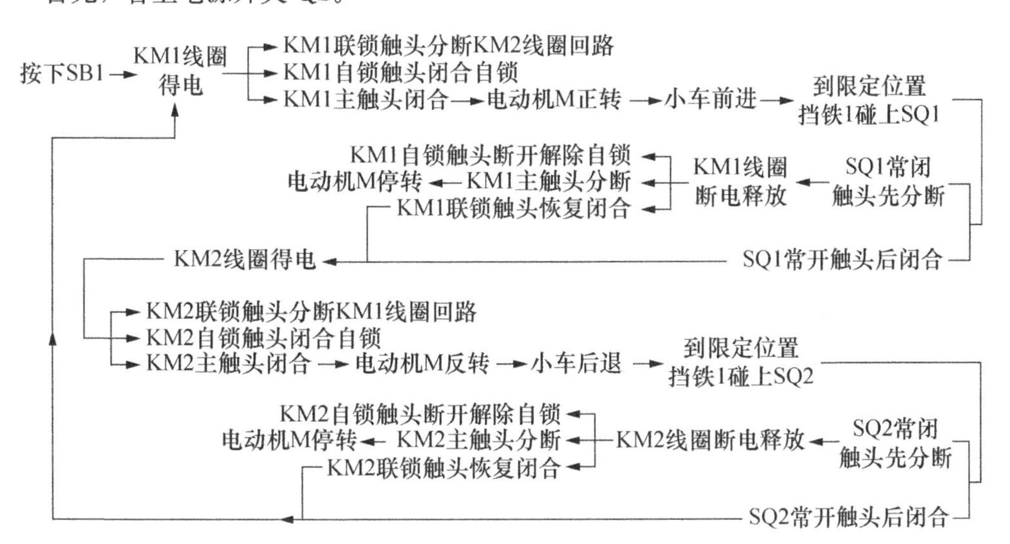

停止时，按下停止按钮SB3即可实现。

SB1和SB2分别作为正转起动和反转起动按钮，若起动时要工作台后退，应按下SB2起动。

2.3.3 线路安装

在前面的课题中学习了板前布线，从本课题开始学习线槽布线。

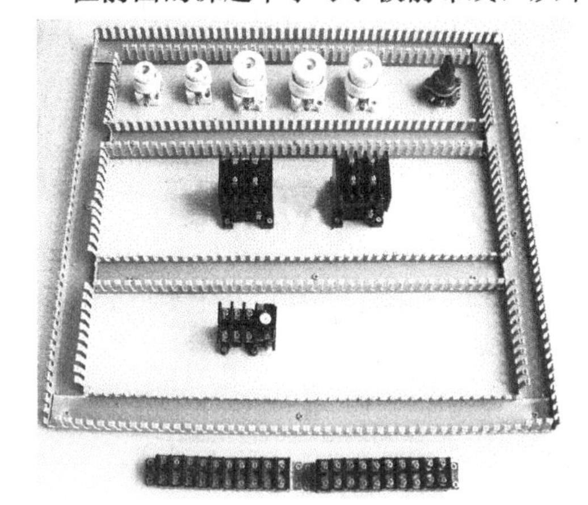

图2.3.6 元件布置图

1）首先分析控制线路，根据图2.3.5所示控制线路图和控制电动机功率（1.5kW）配齐所用电气元器件、导线，并检查元件质量。

2）根据图2.3.5安装元件，安装线槽，各元件的安装位置整齐、匀称、间距合理，元件的接线端子与线槽直线距离30mm，便于元件的更换和接线。安装好的元件和线槽如图2.3.6所示。

3）元件安装后接线。可参考图2.3.7所示实物接线图接线。

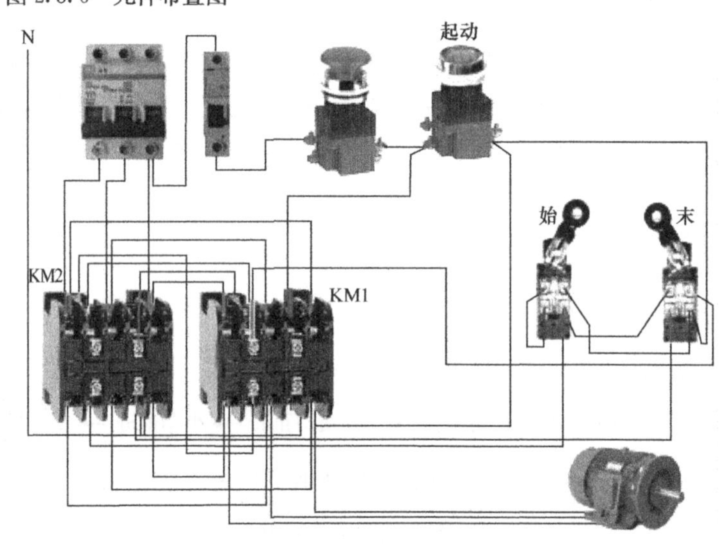

图2.3.7 实物接线图

接线时以接触器为中心，由里向外，由低至高，先电源电路，再控制电路，后主电路进行接线，以不妨碍后续布线为原则。同时，布线应层次分明，不得交叉。因线槽布线用的是软导线，所以软导线与接线端子连接时必须压接冷压端子。冷压端子如图2.3.8所示。

先布电源电路，如图2.3.9所示。

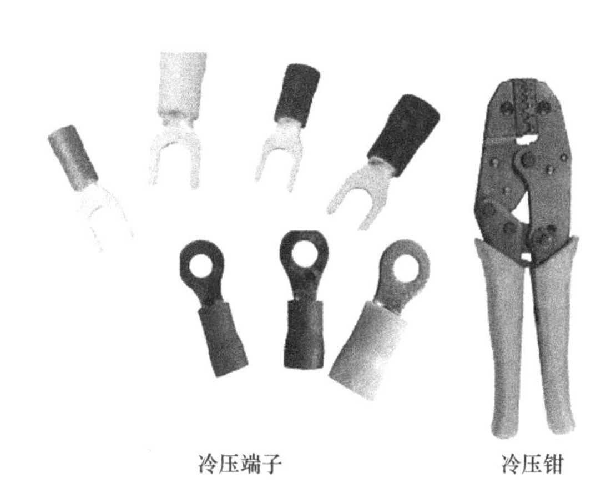

图 2.3.8 冷压端子及冷压钳

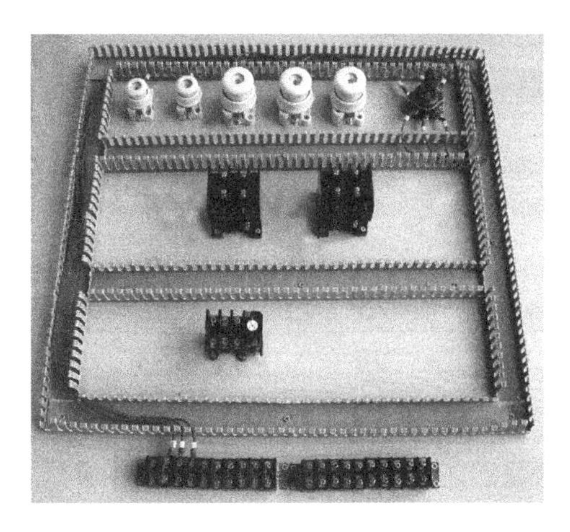

图 2.3.9 电源电路

布控制电路，然后布主电路。接线完成后，清理线槽内杂物并梳理好导线，如图 2.3.10 所示。

盖好线槽盖板，整理线槽外部线路，保持导线的高度一致，如图 2.3.11 所示。

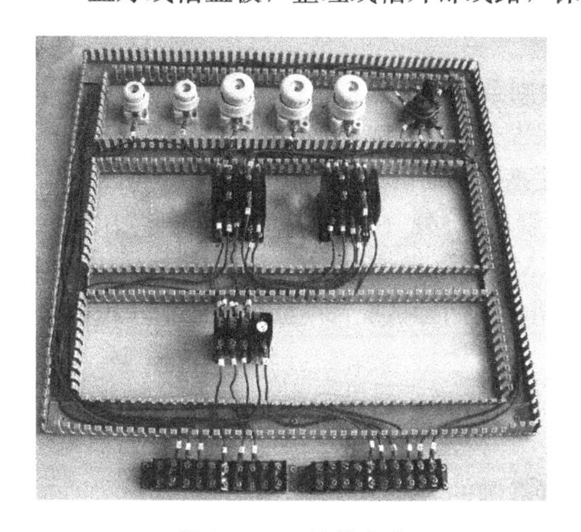

图 2.3.10 接线完成

图 2.3.11 整理后的线路

安装按钮、行程开关，并与控制板连接（在实际生产设备中按钮、行程开关安装在机械设备上），如图 2.3.12 所示。

2.3.4 调试

1）整定热继电器。

2）连接电动机和按钮金属外壳的保护接地线。

3）连接电动机和电源。

4）检查。通电前应认真检查有无错接、漏接造成不能正常运转或短路事故的现象。

① 按电路图逐一核对线号是否正确，有无漏接或错接。

图 2.3.12 安装完成后的控制板

② 检查导线压接是否牢固，接线点是否有松动现象，接触是否良好。

③ 检查电器元件触头和接线端子之间是否有异物，以防造成短路。

5）通电试车。试车时注意观察接触器的情况。观察电动机运转是否正常，若有异常现象应马上停车。

6）试车完毕，应遵循停转、切断电源、拆除三相电源线、拆除电动机线的顺序断开线路。

2.3.5 注意事项

1）注意接触器 KM1、KM2 联锁的接线务必正确，否则会造成主电路中两相电源短路。

2）注意接触器 KM1、KM2 换相正确，否则会造成电动机不能反转。

3）螺旋式熔断器的接线务必正确，以确保安全。

4）行程开关安装后，应手动动作检查开关是否灵活。

5）通电试车时，扳动行程开关 SQ1，接触器 KM1 不断电释放，可能是 SQ1 和 SQ2 接反。如果扳动行程开关 SQ1，接触器 KM1 断电释放，KM2 闭合，电动机不反转，且继续正转，可能是 KM2 的主触头接线错误。两种情况都应断电纠正后再试。

6）套管编码要正确。

7）线槽盖板应成 90°，控制板外配线必须加以防护，确保安全。

8）电动机及按钮金属外壳必须保护接地。

9）通电试车、调试及检修时，必须在指导教师的监护和允许下进行。

10）要做到安全操作和文明生产。

2.3.6 评分

评分细则见评分表。

“自动往返控制线路的安装”技能自我评分表

项　目	技术要求	配分/分	评分细则	评分记录
安装前检查	正确无误检查所需元件	5	电器元件漏检或错检，每个扣 1 分	
安装元件	按布置图合理安装元件	15	不按布置图安装，扣 15 分 元件安装不牢固，每个扣 2 分 元件安装不整齐、不合理，扣 5 分 损坏元件，扣 15 分	

续表

项目	技术要求	配分/分	评分细则	评分记录
布线	按控制接线图正确接线	40	不按控制线路图接线，扣25分	
			布线不符合要求： 主电路，每根扣3分 控制电路，每根扣2分	
			接线端子松动，导线金属部分裸露过长，反圈、有毛刺，每处扣1分	
			损伤导线，每处扣1分	
			编码管套装不正确，每处扣1分	
通电试车	正确整定元件，检查无误，通电试车一次成功	40	热继电器未整定或错误，扣10分	
			熔体选择错误，每组扣15分	
			试车不成功，每返工一次扣15分	
定额工时120min	超时，此项从总分中扣分		每超过5min，扣3分	
安全、文明生产	按照安全、文明生产要求		违反安全、文明生产，从总分中扣20分	

思 考 题

1. 如图2.3.5中，为防止SQ1、SQ2失灵后工作台越位，造成设备事故，还应该在控制线路中设置终端保护，试问：终端保护怎样设置？控制线路图怎样改进？
2. 在图2.3.5中有行程开关常开触头，为什么还要设置接触器自锁触头？
3. 在图2.3.5中，如果只要限制位置，不需要自动往返，控制线路怎样改动？
4. 到生产现场观察有哪些位置控制和自动往返控制设备。
5. 自动往返控制线路与正反转控制线路有什么异同？

课题2.4 顺序控制线路的安装与调试

学习目标

1. 会分析顺序控制线路。
2. 掌握顺序控制线路的安装、调试。
3. 会选用电气控制元件和导线。

在装有多台电动机的生产机械上，由于各电动机所起的作用不同，有时需要按一定顺序起动或停止才能保证整个系统安全、可靠地工作。例如，CA6140车床中，要求主轴电动机起动后冷却泵电动机才能起动，主轴电动机停止，冷却泵电动机也停止；

皮带输送机中，要求前级输送带起动后才能起动后级输送带，停止时，要求停止后级输送带后才能停止前级输送带。这种要求几台电动机的起动或停止必须按一定先后顺序完成的控制方式称为顺序控制。

顺序控制线路的形式主要有主电路顺序控制和控制电路顺序控制。

2.4.1 主电路顺序控制

如图 2.4.1 所示为主电路顺序控制形式的线路，特点是电动机 M2 接在控制电动机 M1 的接触器主触头下面。

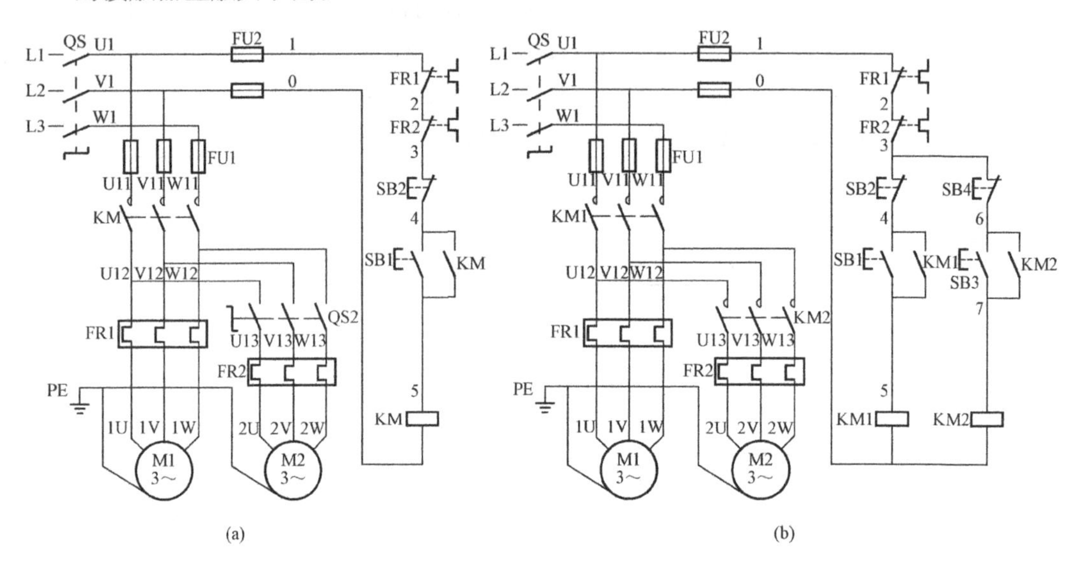

图 2.4.1 主电路顺序控制线路图

主电路顺序控制线路多用于一台电动机功率比较小，或机床设备中主机与冷却电动机的顺序控制，如 CA6140 车床中主轴电动机与冷却泵电动机的顺序控制，M7130 平面磨床中砂轮电动机与冷却泵电动机的顺序控制等。

2.4.2 控制电路顺序控制

控制电路顺序控制的特点是主电路相互独立，后起动的电动机控制用的接触器线圈回路串联先起动的电动机控制用的接触器辅助常开触头。图 2.4.2 所示是控制电路实现顺序起动的控制线路。

图 2.4.2（a）所示线路的特点：M1 起动后 M2 才能起动，M1 停止，M2 也停止。

图 2.4.2（b）所示线路的特点：主电路同图 2.4.2（a），M1 起动后 M2 才能起动，M2 停止后 M1 才能停止。这种电路又叫顺序起动逆序停止控制线路，多用于皮带输送机、润滑系统的电气控制。

在实际生产设备中很多要求前台电动机起动后后台电动机才能起动，前台电动机停止，后台电动机停止，但是后台电动机停止不能影响前台电动机，控制线路如图 2.4.3 所示。

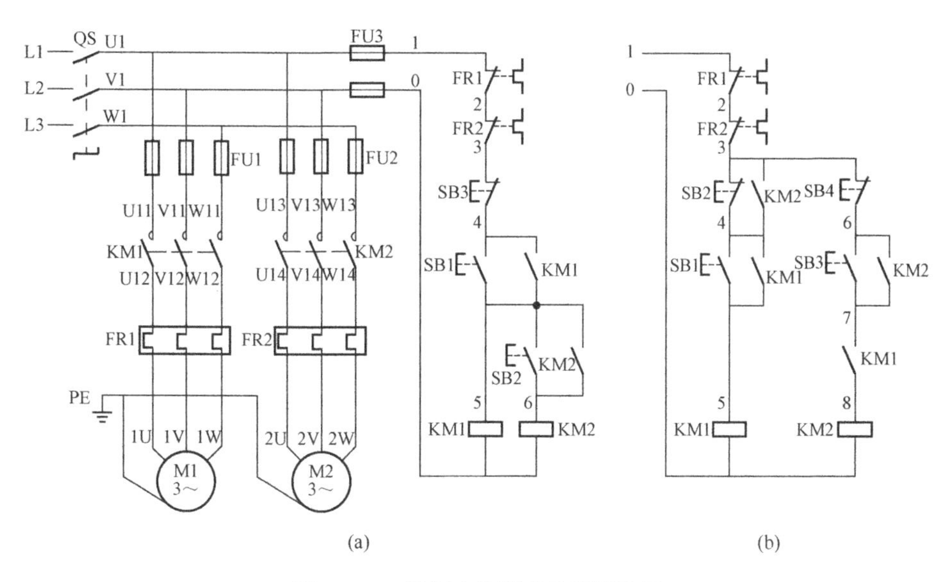

图 2.4.2　控制电路顺序控制线路图

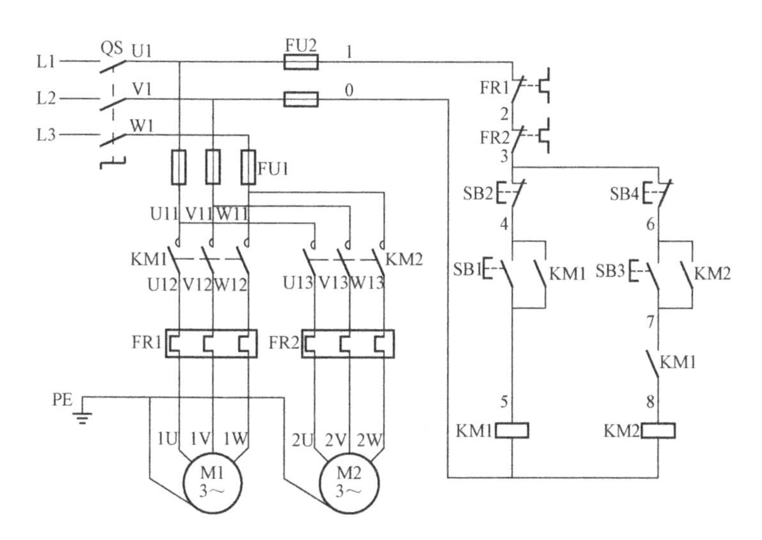

图 2.4.3　顺序控制线路图

2.4.3　工作原理

1. 控制线路组成

如图 2.4.3 所示，控制线路由电源转换开关 QS、主电路短路保护熔断器 FU1、控制电路短路保护熔断器 FU2、M1 控制交流接触器 KM1、M2 控制交流接触器 KM2、M1 过载保护热继电器 FR1、M2 过载保护热继电器 FR2、M1 起动按钮 SB1、M1 停止按钮 SB2、M2 起动按钮 SB3 和 M2 起动按钮 SB4 组成。

2. 工作原理

首先合上电源开关QS。

(1) 起动

按下SB1 → KM1线圈得电 → KM1自锁触头闭合自锁
→ KM1主触头闭合 → 电动机M1起动
→ KM1常开触头闭合，为M2起动做好准备 → 按下SB3 → KM2线圈得电 → KM2自锁触头闭合自锁
→ KM2主触头闭合 → 电动机M2起动

(2) 停止

停止时，如果按下停止按钮SB2，两台电动机同时停止；如果按下SB4，只停止第二台电动机。

(3) 过载

任何一台电动机发生过载现象，两台电动机都会停止。

2.4.4 线路安装

1) 分析控制线路，根据图2.4.3所示控制线路图及控制电动机功率（M1为1.5kW，M2为2.2kW）配齐所用电气元器件、导线，并检查元件的质量。

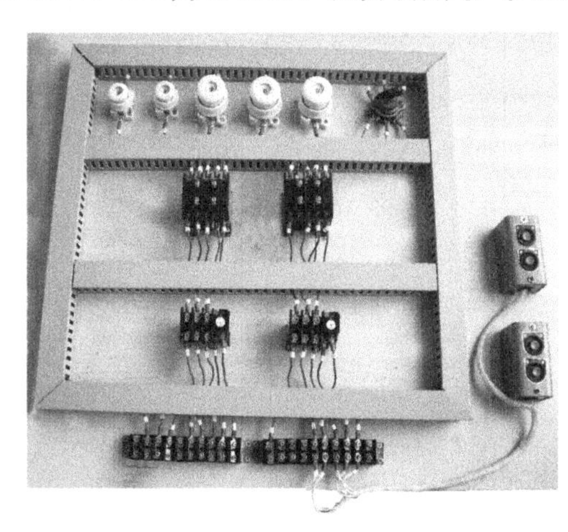

图2.4.4 安装完成后的控制板

2) 根据元件布置图安装元件，安装线槽，各元件的安装位置整齐、匀称、间距合理。

3) 布线。布线时以接触器为中心，由里向外，由低至高，先电源电路，再控制电路，后主电路，以不妨碍后续布线为原则。同时，布线应层次分明，不得交叉。布线完成后如图2.4.4所示。

2.4.5 调试

1) 整定热继电器。

2) 连接电动机和按钮金属外壳的保护接地线。

3) 连接电动机和电源。

4) 检查。通电前应认真检查有无错接、漏接造成不能正常运转或短路事故的现象。

5) 通电试车。试车时注意观察接触器的情况。观察电动机运转是否正常，若有异常现象应马上停车。

6) 试车完毕，应遵循停转、切断电源、拆除三相电源线、拆除电动机线的顺序断开线路。

2.4.6　注意事项

1）该控制线路是两个正转起动控制线路的合成，只不过在接触器 KM2 的线圈回路中串接了一个接触器 KM1 的常开触头。接线时，注意接触器 KM1 的自锁触头与常开触头的接线务必正确，否则会造成电动机 M2 不起动，或者电动机 M1 和电动机 M2 同时起动。

2）螺旋式熔断器的接线务必正确，以确保安全。

3）套管编码要正确。

4）控制板外配线必须加以防护，确保安全。

5）电动机及按钮金属外壳必须保护接地。

6）通电试车、调试及检修时，必须在指导教师的监护和允许下进行。

7）要做到安全操作和文明生产。

2.4.7　评分

评分细则见评分表。

“顺序控制线路的安装”技能自我评分表

项　　目	技术要求	配分/分	评分细则	评分记录
安装前检查	正确无误检查所需元件	5	电器元件漏检或错检，每个扣 1 分	
安装元件	按布置图合理安装元件	15	不按布置图安装，扣 15 分 元件安装不牢固，每个扣 2 分 元件安装不整齐、不合理，扣 5 分 损坏元件，扣 15 分	
布线	按控制接线图正确接线	40	不按控制线路图接线，扣 25 分	
			布线不符合要求： 主电路，每根扣 3 分 控制电路，每根扣 2 分	
			接线端子松动，导线金属部分裸露过长，反圈、有毛刺，每处扣 1 分	
			损伤导线，每处扣 1 分	
			编码管套装不正确，每处扣 1 分	
通电试车	正确整定元件，检查无误，通电试车一次成功	40	热继电器未整定或错误，扣 10 分	
			熔体选择错误，每组扣 15 分	
			试车不成功，每返工一次扣 15 分	
定额工时 90min	超时，此项从总分中扣分		每超过 5min，扣 3 分	
安全、文明生产	按照安全、文明生产要求		违反安全、文明生产，从总分中扣 20 分	

思 考 题

1. 分析图 2.4.2 (b) 所示线路的工作原理。

2. 如图 2.4.2 (a) 所示，电动机 M1 的额定电流为 14.8A，电动机 M2 的额定电流为 22.3A，试选择电源开关 QS、熔断器 FU1、接触器 KM1 和 KM2 以及热继电器 FR1、FR2 和主导线（铜导线）。

课题 2.5 延时控制线路的安装与调试

1. 会分析延时控制线路。
2. 掌握延时控制线路的安装、调试。
3. 了解中间继电器。
4. 会选用电气控制元件和导线。

在某些设备中需要特殊控制，如延时控制。延时控制有延时起动、延时停止、延时起动停止三种控制方式。

2.5.1 延时起动控制线路

延时起动控制线路如图 2.5.1 所示。

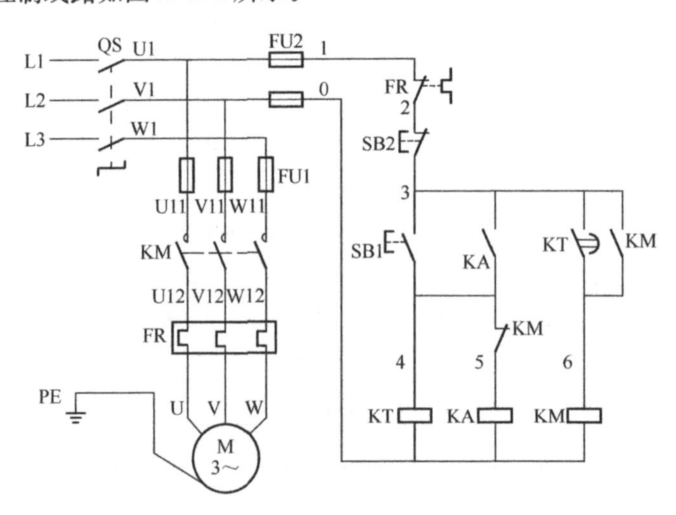

图 2.5.1 延时起动控制线路图

在继电器-接触器的控制中，利用时间继电器实现延时控制，控制线路如图 2.5.1 所示。

1. 控制线路组成

如图 2.5.1 所示，控制线路由电源转换开关 QS、主电路短路保护熔断器 FU1、控制电路短路保护熔断器 FU2、控制交流接触器 KM、过载保护热继电器 FR、起动按钮 SB1、停止按钮 SB2 和中间继电器 KA 组成。

2. 中间继电器

在图 2.5.1 中 KA 是中间继电器。中间继电器是用来增加控制电路中的信号数量或将信号放大的继电器。其输入信号是线圈的通电和断电，输出信号是触头的动作，由于触头的数量较多，可以用来控制多个元件或回路。中间继电器外观如图 2.5.2 (a) 所示。

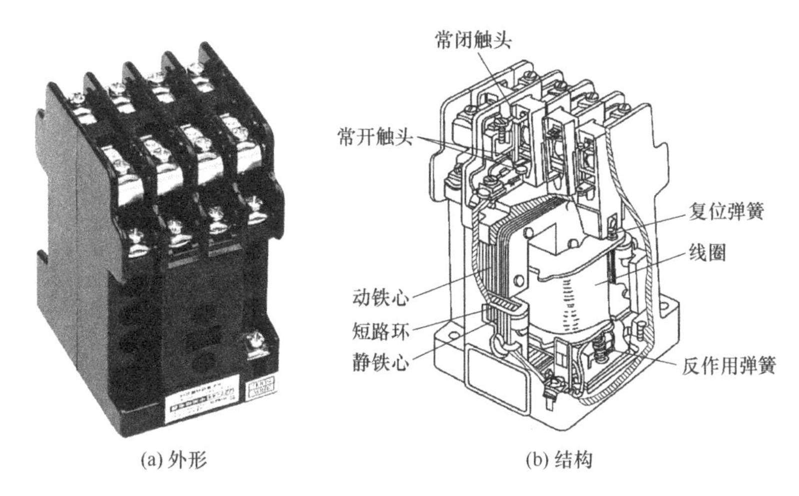

(a) 外形　　(b) 结构

图 2.5.2　中间继电器的外形和结构

(1) 型号意义

中间继电器型号意义示例如下：

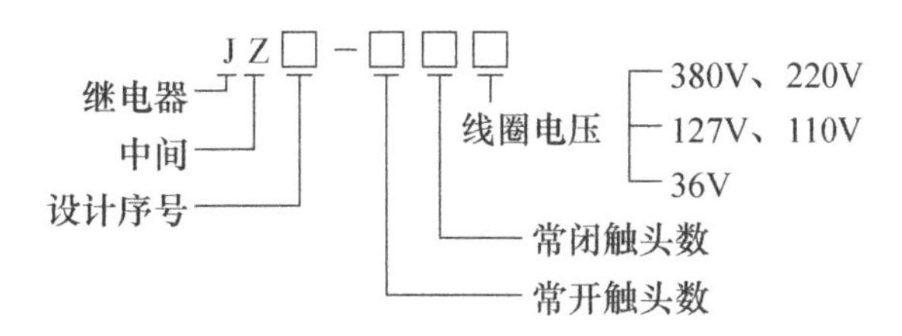

(2) 结构及工作原理

中间继电器的结构及工作原理与接触器基本相同，但中间继电器的触头对数多，没有主辅之分，各对触头允许通过的电流都为 5A，所以工作电流小于 5A 的电气控制线路可用中间继电器代替接触器。其结构如图 2.5.2 (b) 所示，图形与文字符号如

图 2.5.3 所示。

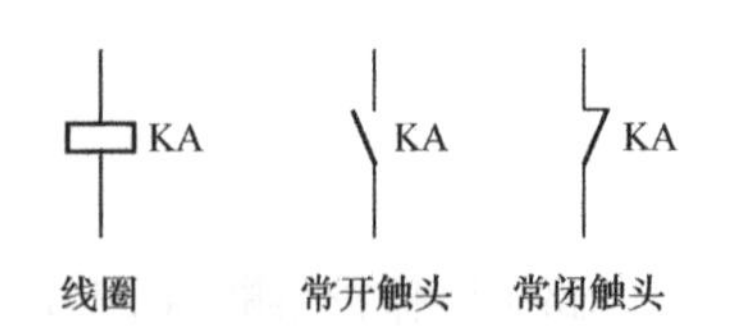

图 2.5.3 中间继电器的图形与文字符号

(3) 选用、安装、使用

1) 选用。中间继电器主要依据被控制电路的电压等级、触头数目、种类和容量选用。

2) 安装、使用。中间继电器的安装、使用与接触器类似。

3. 工作原理

首先合上电源开关 QS。

(1) 起动

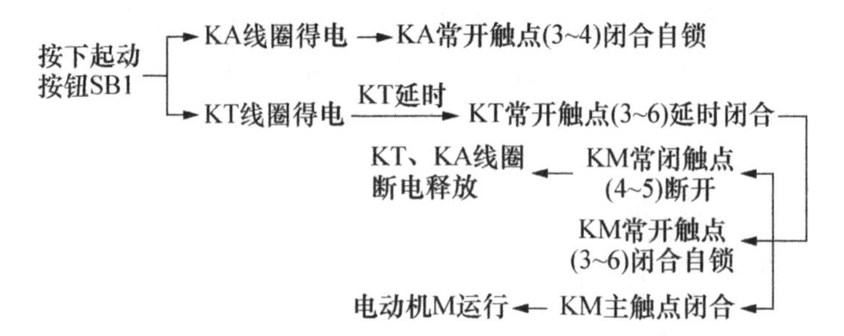

(2) 停止

按下停止按钮 SB2 即可实现。

2.5.2 延时停止控制线路

延时停止控制线路如图 2.5.4 所示。

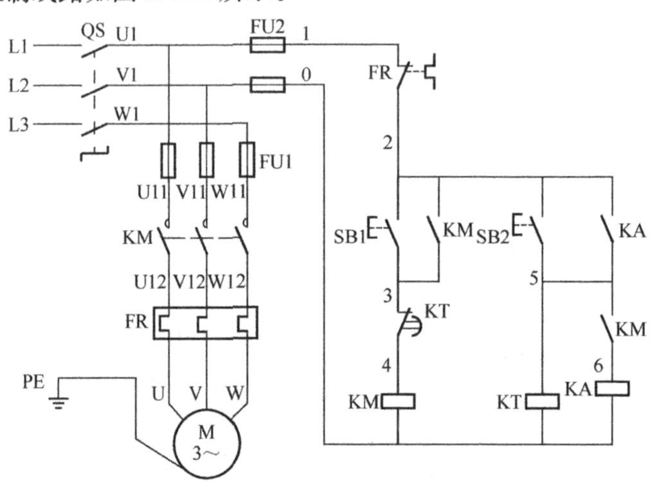

图 2.5.4 延时停止控制线路图

1. 控制线路组成

如图 2.5.4 所示，控制线路由电源转换开关 QS、主电路短路保护熔断器 FU1、控制电路短路保护熔断器 FU2、控制交流接触器 KM、过载保护热继电器 FR、起动按钮 SB1、停止按钮 SB2 和中间继电器 KA 组成。

2. 工作原理

首先合上电源开关 QS。

（1）起动

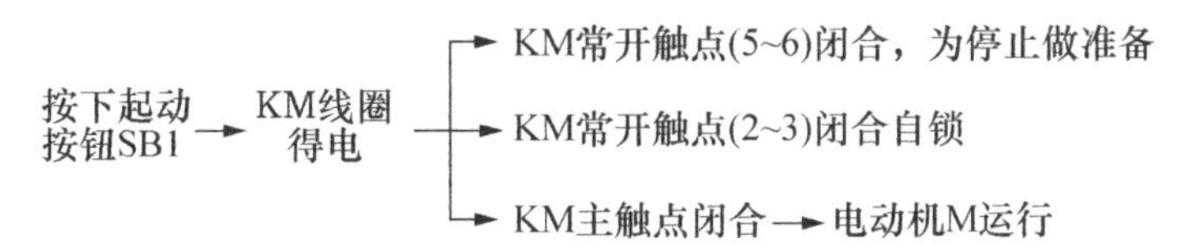

（2）停止

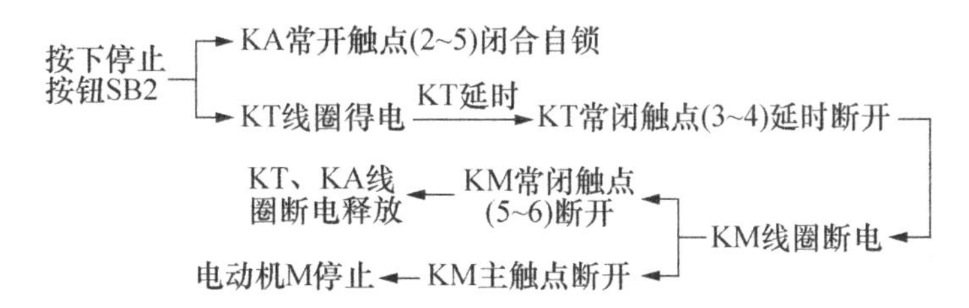

2.5.3　延时起动、延时停止控制线路

延时起动、延时停止控制线路如图 2.5.5 所示。

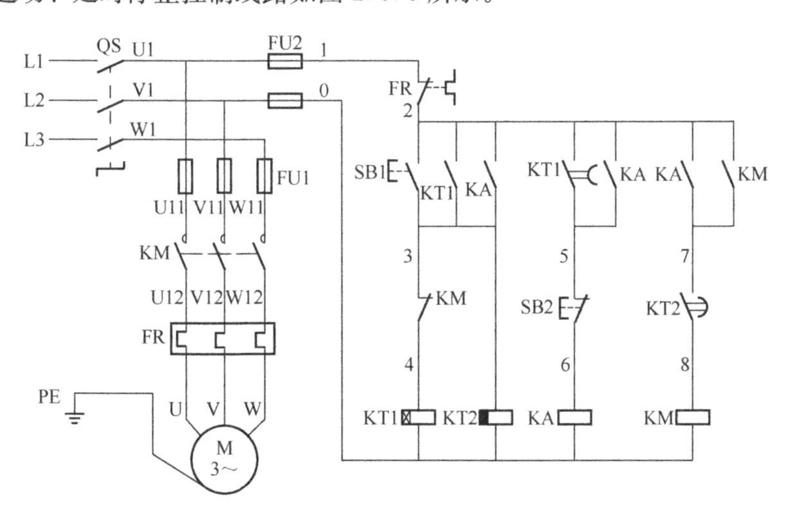

图 2.5.5　延时起动、延时停止控制线路图

1. 控制线路组成

如图 2.5.5 所示，控制线路由电源转换开关 QS、主电路短路保护熔断器 FU1、控制电路短路保护熔断器 FU2、控制交流接触器 KM、过载保护热继电器 FR、起动按钮 SB1、停止按钮 SB2 和中间继电器 KA 组成。

2. 工作原理

首先合上电源开关 QS。

（1）起动

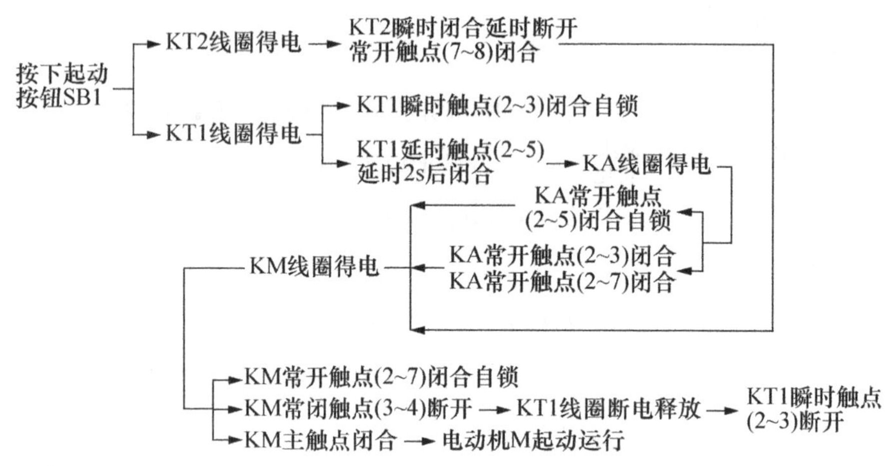

（2）停止

按下停止按钮SB2 → KA线圈断电 → KT2线圈断电 → 延时3s后 → KT2瞬时闭合延时断开常开触点(7~8)断开 → KM线圈断电 → KM主触头断开 → 电动机M停止

2.5.4 线路安装

1）分析控制线路，根据图 2.5.5 所示控制线路图及控制电动机功率（4kW）配齐所用电气元器件、导线，并检查元件的质量。

2）根据元件布置图安装元件，安装线槽，各元件的安装位置整齐、匀称、间距合理。

3）布线。布线时以接触器为中心，由里向外，由低至高，先电源电路，再控制电路，后主电路，以不妨碍后续布线为原则。同时，布线应层次分明，不得交叉。接线时可参考图 2.5.6 所示实物接线图。布线完成后如图 2.5.7 所示。

2.5.5 调试

1）连接电动机和按钮金属外壳的保护接地线。

2）连接电动机、电源等控制板外部的导线。

3）时间整定。分别整定时间继电器 KT1（5s）、KT2（7s）。

4）检查。通电前，应认真检查有无错接、漏接造成不能正常运转或短路事故的现象。

5）通电试车。通电试车时，注意观察接触器、继电器的运行情况。观察电动机运转是否正常，若有异常现象应马上停车。

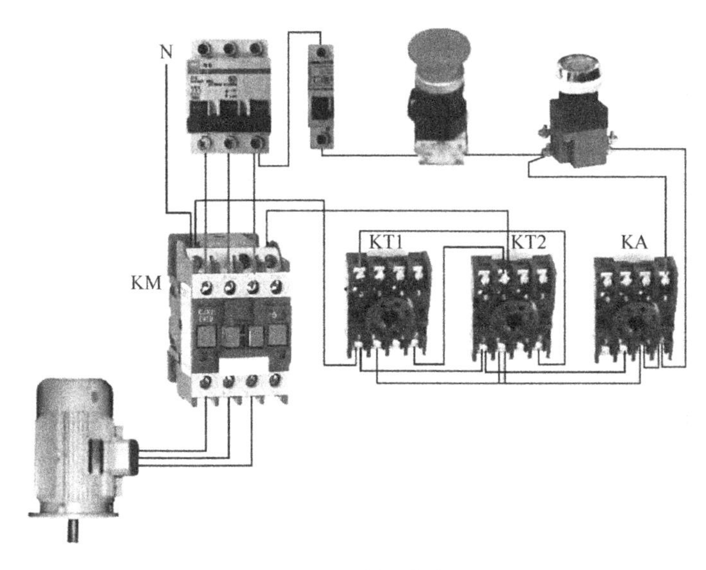

图 2.5.6 实物接线图

6）试车完毕，应遵循停转、切断电源、拆除三相电源线、拆除电动机线的顺序断开线路。

图 2.5.7 安装完成后的控制板

2.5.6 注意事项

1）螺旋式熔断器的接线务必正确，以确保安全。

2）电动机及按钮金属外壳必须保护接地。

3）热继电器的整定电流应按电动机功率整定。

4）采用JS7-A系列空气阻尼式时间继电器接线时，用手指抬住接线部分，并且不要用力过度，以免损坏器件。

5）通电试车、调试及检修时，必须在指导教师的监护和允许下进行。

6）要做到安全操作和文明生产。

2.5.7 评分

评分细则见评分表。

“延时起动、停止控制线路的安装”技能自我评分表

项　目	技术要求	配分/分	评分细则	评分记录
安装前检查	正确无误检查所需元件	5	电器元件漏检或错检，每个扣1分	

续表

项　目	技术要求	配分/分	评分细则	评分记录
安装元件	按布置图合理安装元件	15	不按布置图安装，扣 15 分 元件安装不牢固，每个扣 2 分 元件安装不整齐、不合理，扣 5 分 损坏元件，每个扣 15 分	
布线	按控制接线图正确接线	40	不按控制线路图接线，扣 25 分 布线不符合要求： 主电路，每根扣 3 分 控制电路，每根扣 2 分 接线端子松动，导线金属部分裸露过长，反圈、有毛刺，每处扣 1 分 损伤导线，每处扣 1 分 编码管套装不正确，每处扣 1 分	
通电试车	正确整定元件，检查无误，通电试车一次成功	40	热继电器未整定或错误，扣 10 分 时间未整定或错误，每个扣 10 分 熔体选择错误，每组扣 15 分 试车不成功，每返工一次扣 15 分	
定额工时 120min	超时，此项从总分中扣分		每超过 5min，扣 3 分	
安全、文明生产	按照安全、文明生产要求		违反安全、文明生产，从总分中扣 20 分	

思　考　题

1. 图 2.5.5 中的时间继电器 KT2 的瞬时闭合延时断开的常开触头不能断开，会出现什么现象？

2. 图 2.5.5 中的时间继电器 KT1 的延时闭合触头不能闭合，KT1 线圈会自锁吗？为什么？

3. 图 2.5.4 中，如果停止按钮 SB2 的常闭触点也用上，试设计电路。

单元3 异步电动机降压控制线路的安装与调试

我们在生产车间会看到设备起动时照明灯忽然暗下来的现象，这是由于拖动设备的三相交流异步电动机起动时电源变压器输出电压下降而造成的。

三相交流异步电动机起动电流一般为额定电流的4～7倍。在电源变压器容量不够大而电动机功率较大的情况下，直接起动导致电源变压器输出电压下降，这不仅减小了电动机本身的起动转矩，还会影响同一供电线路中其他电气设备的正常工作，因此较大容量的电动机需要采用降压起动。

降压起动是指利用起动设备将电压降低后加到电动机定子绕组上起动，等电动机起动运转后再将电压恢复到额定值正常运转。由于电流随电压的降低而减小，达到了减小起动电流的目的。

判断是否采用降压起动有两种方式：

1）电源变压器容量在180kV·A以下，而电动机功率在7.5kW以上的要采用降压起动。

2）如果不满足下面的经验公式，也应采用降压起动：

$$\frac{I_{st}}{I_N} \leqslant \frac{3}{4} + \frac{S}{4P}$$

式中，I_{st}——电动机全压起动电流（A）；

I_N——电动机额定电流（A）；

S——电源变压器容量（kV·A）；

P——电动机功率（kW）。

降压起动的方法主要有定子线圈串接电阻降压起动、自耦变压器降压起动和Y-△降压起动。

课题 3.1 三相异步电动机定子绕组串电阻降压起动控制线路的安装与调试

学习目标

1. 会分析定子绕组串电阻降压起动控制线路。
2. 掌握定子绕组串电阻降压起动控制线路的安装、调试。
3. 会选用电气控制元件和导线。
4. 能排除电气控制线路的一般故障。

定子绕组串联电阻降压起动是指在三相异步电动机起动时把电阻串联在电动机定子绕组与电源之间，当电动机起动后再将电阻短接，使电动机在额定电压下正常运行。定子绕组串接电阻降压起动时，电阻功率消耗较大，如果起动频繁，电阻温度很高，所以这种方式在实际应用中逐步减少，但是作为学习有必要了解。定子绕组串接电阻降压起动控制方式有手动控制、按钮与接触器控制和时间继电器自动控制等。在机床设备中一般采用时间继电器自动控制的方式，控制线路如图 3.1.1 所示。

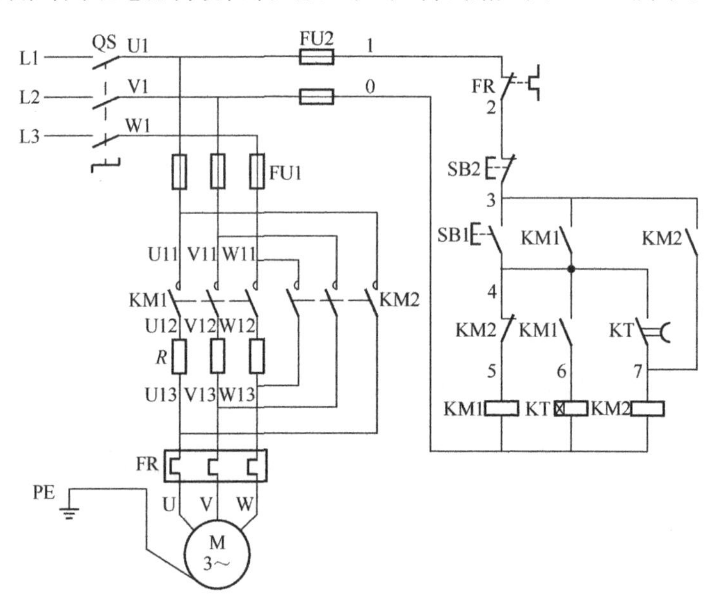

图 3.1.1 定子绕组串电阻降压起动控制线路图

3.1.1 电阻器

在图 3.1.1 所示的线路中起动电阻 R 一般采用 ZX 系列电阻器，它是由电阻值比较小的单片电阻组合而成的，有多个抽头满足不同的电阻值需要。

1. 型号意义

ZX 系列电阻器型号意义示例如下：

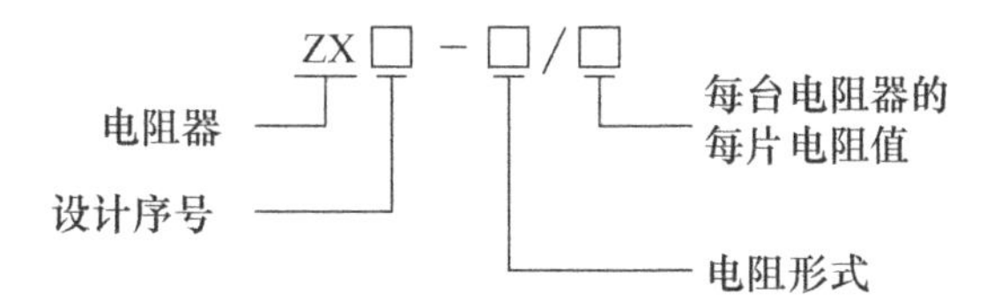

2. 电阻值的确定

起动电阻一般采用下列公式计算确定：

$$R = 190 \times \frac{I_{st} - I'_{st}}{I_{st} I'_{st}}$$

式中，I_{st}——电动机全压起动电流（A），取额定电流的 4～7 倍；

I'_{st}——串联电阻的起动电流（A），取额定电流的 2～3 倍；

R——电动机每相串接的起动电阻值（Ω）。

3. 功率的确定

电阻器的功率按下式确定：

$$P = \frac{1}{3} I_N^2 R(\text{W})$$

【例 3.1】 起动功率为 4kW，电压为 380V，额定电流为 8.8A，确定各相起动电阻。

解：

$$I_{st} = 6I_N = 6 \times 8.8 = 52.8(\text{A})$$

$$I'_{st} = 2I_N = 2 \times 8.8 = 17.6(\text{A})$$

阻值 $$R = 190 \times \frac{I_{st} - I'_{st}}{I_{st} I'_{st}} = 190 \times \frac{52.8 - 17.6}{52.8 \times 17.6} \approx 7.2(\Omega)$$

功率 $$P = \frac{1}{3} I_N{}^2 R = \frac{1}{3} \times 8.8^2 \times 7.2 \approx 186(\text{W})$$

因此起动电阻应选择功率为 186W、阻值为 7Ω 的电阻。

3.1.2　工作原理分析

1. 控制线路组成

如图 3.1.1 所示，控制线路由电源转换开关 QS、主电路短路保护熔断器 FU1、控制电路短路保护熔断器 FU2、起动控制交流接触器 KM1、运行控制交流接触器 KM2、过载保护热继电器 FR、起动电阻 R、起动延时时间继电器 KT、起动按钮 SB1 和停止按钮 SB2 组成。

2. 工作原理

首先合上电源开关 QS。

（1）起动

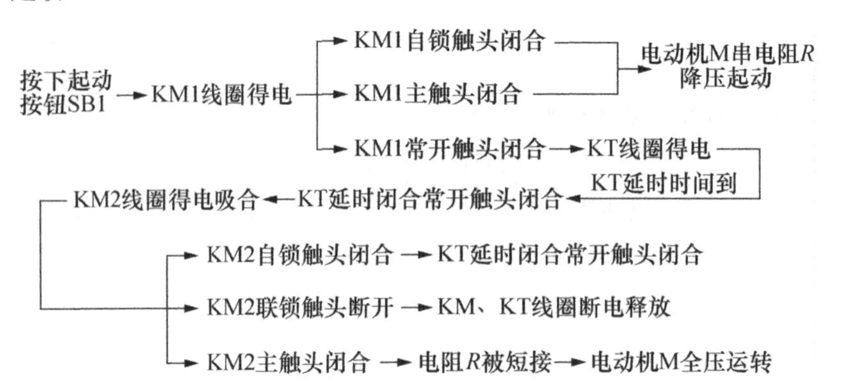

（2）停止

停止时按下停止按钮 SB2 即可。

3.1.3 线路安装

1）分析控制线路，根据图 3.1.1 所示控制线路图和控制电动机功率（7.5kW）配齐所用电气元器件、导线，并检查元件质量。

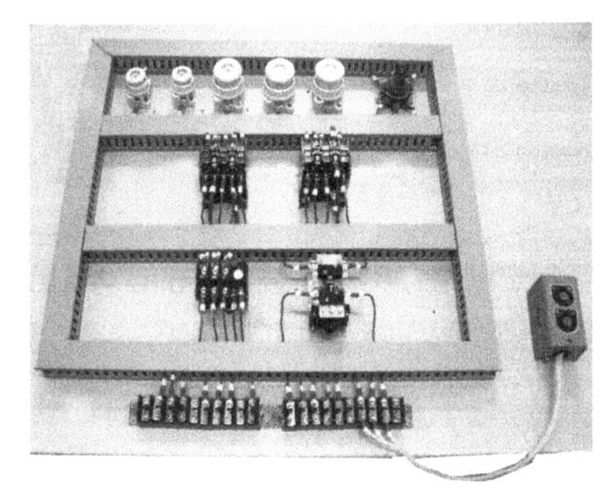

图 3.1.2 安装完成后的控制板

2）根据元件布置图安装元件，安装线槽。各元件的安装位置整齐、匀称、间距合理。

3）布线。布线时以接触器为中心，由里向外，由低至高，先电源电路，再控制电路，后主电路，以不妨碍后续布线为原则。同时，布线应层次分明，不得交叉。布线完成后如图 3.1.2 所示。

3.1.4 调试

1）整定热继电器。

2）整定时间。

3）连接电动机和按钮金属外壳的保护接地线。

4）连接起动电阻 R，接线如图 3.1.3 所示。

注意：因电阻器为敞开式，通电试车时应有遮拦防护措施，以免发生触电事故。

5）连接电动机和电源。

6）检查。通电前应认真检查有无错接、漏接造成不能正常运转或短路事故的现象。

7）通电试车。试车时注意观察接触器的情况。观察电动机运转是否正常，若有异常现象应马上停车。

8）试车完毕，应遵循停转、切断电源、拆除三相电源线、拆除电动机线的顺序断

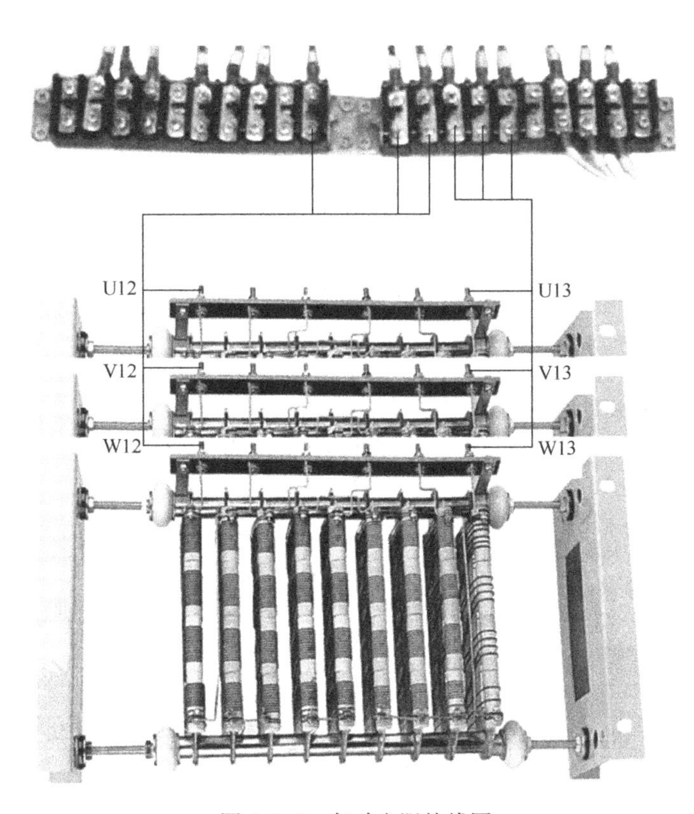

图 3.1.3　起动电阻接线图

开线路。

3.1.5　注意事项

1）注意接触器 KM1、KM2 的接线，防止起动时没有串联电阻而运行时串接电阻。

2）注意接触器 KM1、KM2 的相序对应，否则会由于相序接反而造成电动机反转。

3）螺旋式熔断器的接线务必正确，以确保安全。

4）电动机及按钮金属外壳必须保护接地。

5）热继电器的整定电流应按电动机功率整定。

6）时间继电器接线时，用手指抬住接线部分，并且不要用力过度，以免损坏器件。

7）务必注意电阻器的防范措施，配线必须加以防护，确保安全。教师加强监护，以免发生触电事故。

8）通电试车、调试及检修时，必须在指导教师的监护和允许下进行。

9）要做到安全操作和文明生产。

3.1.6　评分

评分细则见评分表。

“三相异步电动机定子绕组串接电阻降压起动控制线路的安装”技能自我评分表

项　目	技术要求	配分/分	评分细则	评分记录
安装前检查	正确无误检查所需元件	5	电器元件漏检或错检，每个扣1分	
安装元件	按布置图合理安装元件	15	不按布置图安装，扣15分 元件安装不牢固，每个扣2分 元件安装不整齐、不合理，扣5分 损坏元件，每个扣15分	
布线	按控制接线图正确接线	40	不按控制线路图接线，扣25分	
			布线不符合要求： 主电路，每根扣3分 控制电路，每根扣2分	
			接线端子松动，导线金属部分裸露过长，反圈、有毛刺，每处扣1分	
			损伤导线，每处扣1分	
			编码管套装不正确，每处扣1分	
通电试车	正确整定元件，检查无误，通电试车一次成功	40	热继电器未整定或错误，扣10分	
			时间未整定或错误，每个扣10分	
			熔体选择错误，每组扣15分	
			试车不成功，每返工一次扣15分	
定额工时120min	超时，此项从总分中扣分		每超过5min，扣3分	
安全、文明生产	按照安全、文明生产要求		违反安全、文明生产，从总分中扣20分	

思　考　题

1. 图3.1.4所示电路能否正常实现串联电阻降压起动？若不能，请说明原因并改正。

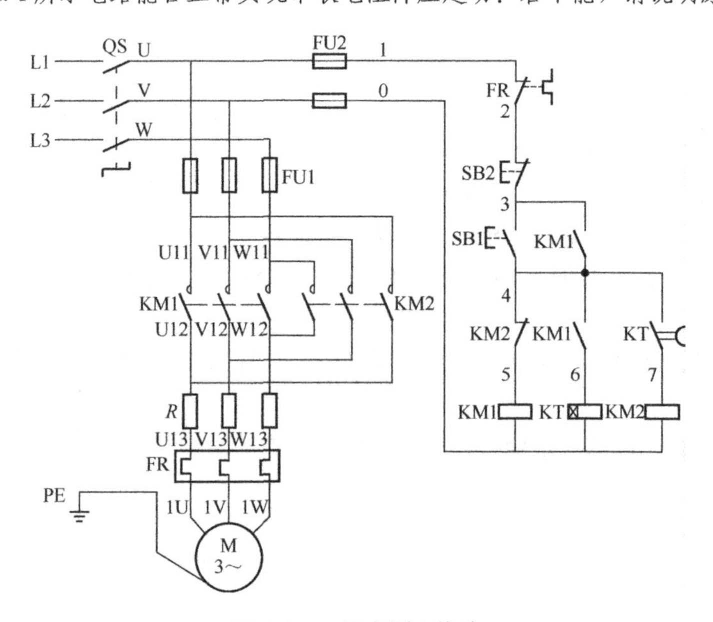

图3.1.4　思考题1线路

2. 某台三相异步电动机功率为22kW，电压为380V，额定电流为44.3A，问：各相应串多大的起动电阻进行降压起动？

3. 某台设备由一台功率为40kW、额定电流为83A的电动机拖动，由一台500kV·A的变压器供电，问：能否全压起动？为什么？

课题3.2 自耦变压器降压起动控制线路的安装与调试

学习目标

1. 会分析自耦变压器降压起动控制线路。
2. 掌握自耦变压器降压起动控制线路的安装、调试。
3. 了解自耦变压器。
4. 会选用电气控制元件和导线。

自耦变压器降压起动是指电动机起动时利用自耦变压器降低加在电动机定子绕组上的起动电压，待电动机起动后再使电动机与自耦变压器脱离，从而在全压下正常运动。其优点是可以按允许的起动电流和所需的起动转矩选择自耦变压器的不同抽头实现降压起动，而且不论电动机的定子绕组采用Y或△联结都可以使用。其缺点是设备体积大，价格昂贵。

3.2.1 自耦变压器

普通的变压器是通过原副边线圈电磁耦合来传递能量的，原副边没有直接电的联系，而自耦变压器原副边有直接电的联系，它的低压线圈就是高压线圈的一部分。其实物与符号如图3.2.1所示。

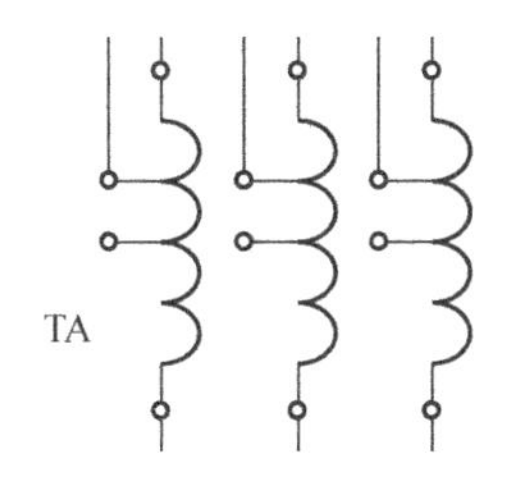

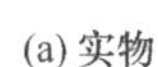

(a) 实物　　(b) 文字与图形符号

图3.2.1 自耦变压器实物与符号

1. 型号意义

自耦变压器型号意义示例如下：

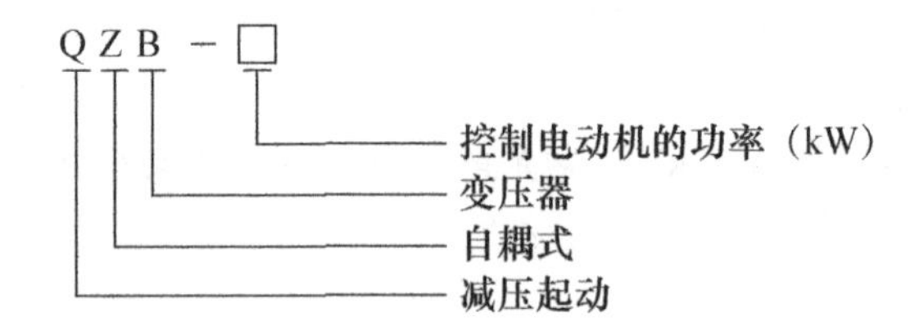

2. 工作原理

自耦变压器的工作原理和普通变压器一样，只不过其原线圈就是它的副线圈。一般的变压器原线圈通过电磁感应使右边的副线圈产生电压，自耦变压器是自己影响自己。

自耦变压器在降压起动时，电源电压加在自耦变压器原边绕组上，电动机的定子绕组与自耦变压器的副边绕组连接。自耦变压器有两组抽头，分别为60%、80%，如果运用的是抽头80%，则电动机的起动电压仅为电源电压的80%，即降低了电动机的电源电压，达到了减小电动机起动电流的目的。

3. 选用

自耦变压器是短时运行的设备，一旦电机起动完毕，就脱开电路，因此自耦变压器的容量只要不小于电机容量即可。

4. 使用注意事项

采用自耦变压器起动时，自耦变压器降压起动电路不能频繁操作，第二次起动应间隔4min以上，这是为了防止自耦变压器绕组内起动电流太大而发热，损坏自耦变压器的绝缘。

3.2.2 控制线路

自耦变压器的起动分为手动控制和自动控制两种，图3.2.2所示是自动控制线路。

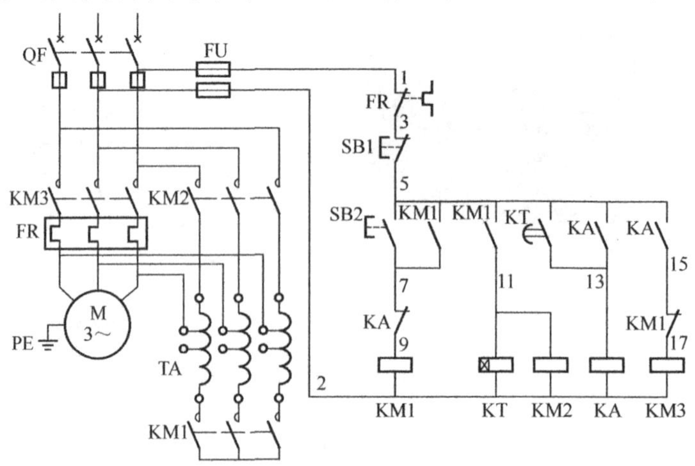

图3.2.2 自耦变压器降压起动控制线路图

1. 控制线路组成

如图3.2.2所示，控制线路由电源开关断路器QF、控制电路短路保护熔断器FU、起动交流接触器KM1和KM2、运行交流接触器KM3、过载保护热继电器FR、起动按钮SB2、停止按钮SB1，起动延时时间继电器KT及中间继电器KA组成。

2. 工作过程

1）合上电源开关QF，接通三相电源。

2）按起动按钮SB2，交流接触器KM1线圈通电吸合并自锁，其主触头闭合，将自耦变压器线圈接成星形；同时，由于KM1辅助常开触点闭合，接触器KM2线圈通电吸合，KM2的主触头闭合，由自耦变压器的低压抽头（如65%）将三相电压的65%接入电路。

3）KM1辅助常开触点闭合，使时间继电器KT线圈通电，并按已整定好的时间开始计时，计时结束后KT的延时常开触点闭合，使中间继电器KA线圈通电吸合并自锁。

4）由于KA线圈通电，其常闭触点断开，使KM1线圈断电，KM1常开触点全部释放，主触头断开，使自耦变压器线圈封星端打开；同时，KM2线圈断电，其主触头断开，切断自耦变压器电源。KA的常开触点闭合，通过KM1已经复位的常闭触点使KM3线圈得电吸合，KM3主触头接通电动机在全压下运行。

5）KM1的常开触点断开也使时间继电器KT线圈断电，其延时闭合触点释放，也保证了在电动机起动任务完成后使时间继电器KT处于可断电状态。

6）停止时按下SB1，则控制回路全部断电，电动机切除电源而停转。

7）电动机的过载保护由热继电器FR完成。

3.2.3 线路安装

1）分析控制线路，根据图3.2.2所示控制线路图及控制电动机功率（11kW）配齐所用电气元器件、导线，并检查元件质量。

2）根据元件布置图安装元件，安装线槽，各元件的安装位置整齐、匀称、间距合理。

3）布线。布线时以接触器为中心，由里向外，由低至高，先电源电路，再控制电路，后主电路，以不妨碍后续布线为原则。同时，布线应层次分明，不得交叉。接线时可参考图3.2.3所示实物接线图接线。

3.2.4 调试

1）连接电动机和按钮金属外壳的保护接地线。

2）连接电动机、自耦变压器、电源等控制板外部的导线。

3）时间整定。整定时间继电器KT（5s）。

4）检查。通电前应认真检查有无错接、漏接造成不能正常运转或短路事故的

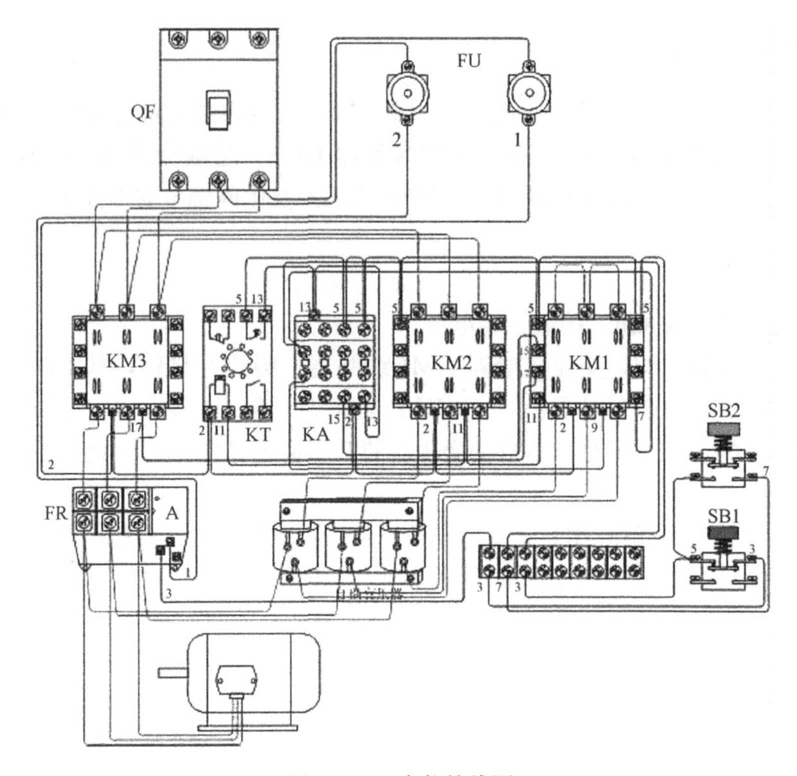

图 3.2.3 实物接线图

现象。

5）由于起动电流很大，应认真检查主回路端子接线的压接是否牢固、有无虚接现象。

6）空载试验。拆下热继电器 FR 与电动机端子的连线，接通电源，按下 SB2，起动 KM1 与 KM2 吸合，KM3 与 KA 不动作。时间继电器的整定时间到，KM1 和 KM2 释放，KA 和 KM3 动作吸合切换正常。反复试验几次，检查线路的可靠性。

7）带电动机试验。经空载试验无误后，恢复与电动机的接线。在带电动机试验中应注意起动与运行的接换过程，注意电动机的声音及电流的变化，电动机起动是否困难，有无异常情况，如有异常情况应立即停车处理。

8）再次起动。自耦降压起动电路不能频繁操作，如果起动不成功，第二次起动应间隔 4min 以上。

9）试车完毕，应遵循停转、切断电源、拆除三相电源线、拆除电动机线的顺序断开线路。

3.2.5 注意事项

1）螺旋式熔断器的接线务必正确，以确保安全。

2）电动机、自耦变压器及按钮金属外壳必须保护接地。

3）热继电器的整定电流应按电动机功率整定。

4）自耦变压器不能频繁操作，注意间隔时间。

5）采用JS7-A系列空气阻尼式时间继电器接线时，用手指抬住接线部分，并且不要用力过度，以免损坏器件。

6）通电试车、调试及检修时必须在指导教师的监护和允许下进行。

7）要做到安全操作和文明生产。

3.2.6　评分

评分细则见评分表。

“自耦变压器降压起动控制线路的安装”技能自我评分表

项　目	技术要求	配分/分	评分细则	评分记录
安装前检查	正确无误检查所需元件	5	电器元件漏检或错检，每个扣1分	
安装元件	按布置图合理安装元件	15	不按布置图安装，扣15分 元件安装不牢固，每个扣2分 元件安装不整齐、不合理，扣5分 损坏元件，每个扣15分	
布线	按控制接线图正确接线	40	不按控制线路图接线，扣25分	
			布线不符合要求： 主电路，每根扣3分 控制电路，每根扣2分	
			接线端子松动，导线金属部分裸露过长，反圈、有毛刺，每处扣1分	
			损伤导线，每处扣1分	
			编码管套装不正确，每处扣1分	
通电试车	正确整定元件，检查无误，通电试车一次成功	40	热继电器未整定或错误，扣10分	
			时间未整定或错误，每个扣10分	
			熔体选择错误，每组扣15分	
			试车不成功，每返工一次扣15分	
定额工时120min	超时，此项从总分中扣分		每超过5min，扣3分	
安全、文明生产	按照安全、文明生产要求		违反安全、文明生产，从总分中扣20分	

思　考　题

1. 自耦变压器可以作行灯安全变压器使用吗？为什么？
2. 试将图3.2.2所示线路改成手动控制。
3. 自耦变压器的优缺点各是什么？

课题 3.3　Y-△降压起动控制线路的安装与调试

学习目标

1. 了解 Y-△降压起动的原理。
2. 会分析 Y-△降压起动控制线路。
3. 掌握 Y-△降压起动控制线路的安装、调试。
4. 会选用电气控制元件和导线。

Y-△降压起动是指在三相异步电动机起动时，把定子绕组接成 Y 联结，以降低电压，限制起动电流；当电动机起动后，再将定子绕组改接成△联结，使电动机在额定电压下正常运行。其控制方式有手动控制、按钮与接触器控制、时间继电器自动控制等。在机床设备中采用的是时间继电器自动控制的方式。

3.3.1　Y-△降压原理

1. 电动机定子绕组

电动机定子绕组的接线如图 3.3.1 所示。

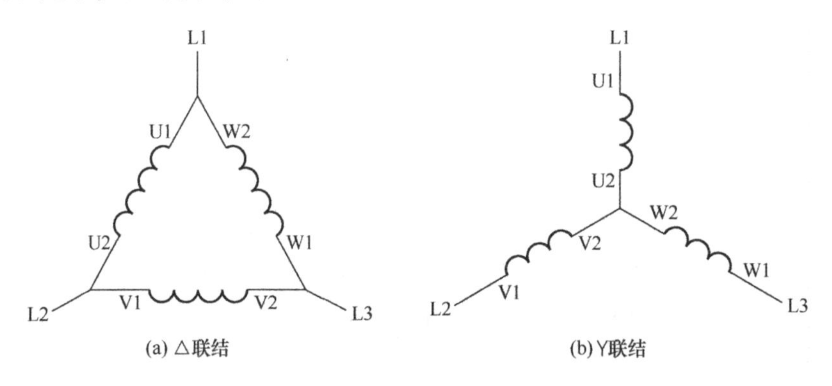

图 3.3.1　电动机定子绕组接线

2. 降压原理

电动机定子绕组是△联结直接起动时，加在定子绕组上的每相电压 $U_{\triangle}=U_{N}$（额定电压），每相电流为 $I_{\triangle}$，而电源电流是定子绕组的线电流，所以电源直接起动电流 $I_{st}=\sqrt{3}I_{\triangle}$。

当电动机定子绕组为 Y 联结时，电源电压没有改变，而加在定子绕组上的每相电

压等于额定电压 U_N 的 $1/\sqrt{3}$，即 $U_Y=1/\sqrt{3}U_N$，每相电流 $I_Y=1/\sqrt{3}I_{\triangle}=1/3I_{st}$。由于转矩与电压的平方成正比，Y 联结时的起动转矩也是△联结时的 1/3。

3. Y-△降压条件

1）电动机绕组在正常（直接）起动时必须是△联结。
2）起动时电动机必须是轻载或空载。

3.3.2 控制线路

Y-△降压起动控制线路如图 3.3.2 所示。

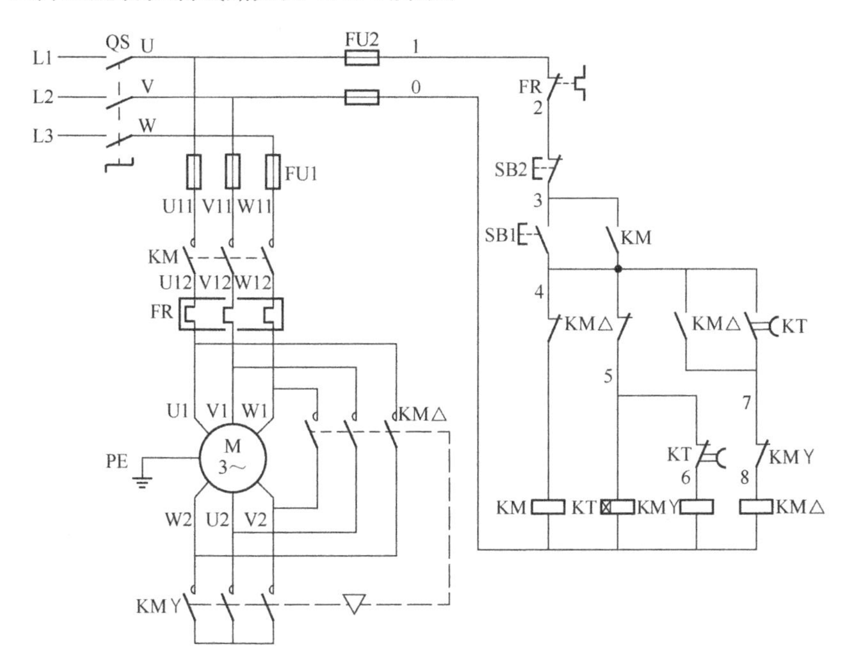

图 3.3.2 Y-△降压起动控制线路图

1. 控制线路组成

如图 3.3.2 所示，控制线路由电源转换开关断路器 QS、主电路短路保护熔断器 FU1、控制电路短路保护熔断器 FU2、主控交流接触器 KM、起动交流接触器 KMY、运行交流接触器 KM△、过载保护热继电器 FR、起动按钮 SB1、停止按钮 SB2 和起动延时时间继电器 KT 组成。

2. 工作原理

首先合上电源开关 QS。

（1）起动

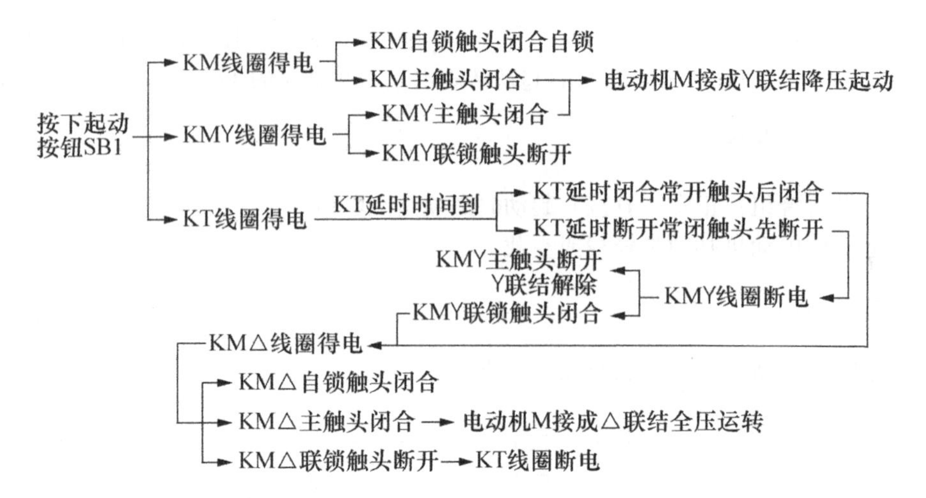

(2) 停止

停止时按下停止按钮 SB2 即可。

3.3.3 线路安装

1) 分析控制线路，根据图 3.3.2 所示控制线路图和控制电动机功率（11kW）配齐所用电气元器件、导线，并检查元件质量。

2) 根据元件布置图安装元件，安装线槽，各元件的安装位置整齐、匀称、间距合理。

3) 布线。布线时以接触器为中心，由里向外，由低至高，先电源电路，再控制电路，后主电路，以不妨碍后续布线为原则。同时，布线应层次分明，不得交叉。接线时可参考图 3.3.3 所示实物接线图接线。布线完成后如图 3.3.4 所示。

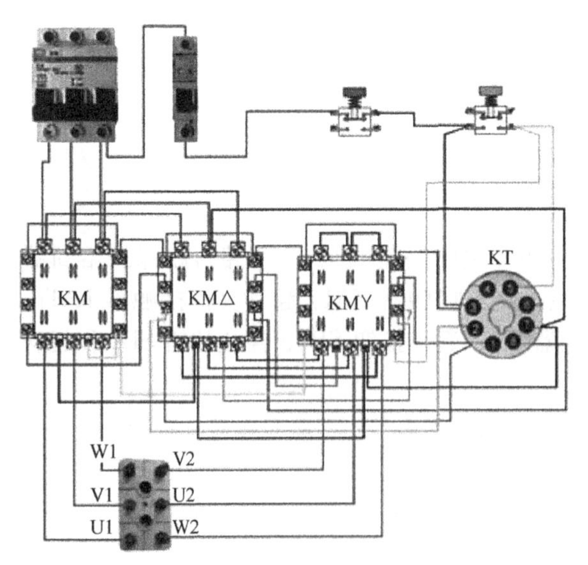

图 3.3.3 实物接线图

图 3.3.4 布线完成后的控制板

4）连接电动机。

① 将电动机接线盒内接线柱上的连接片拆除。

② 对应连接好控制板到电动机接线柱的连接线，如图3.3.5所示。

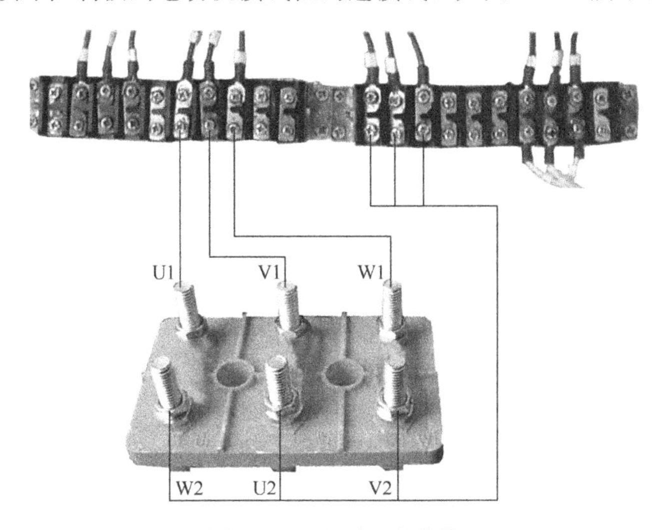

图3.3.5 电动机的接线

3.3.4 调试

1）连接电动机和按钮金属外壳的保护接地线。

2）整定时间。

3）整定热继电器。

4）检查。通电前应认真检查有无错接、漏接造成不能正常运转或短路事故的现象。

5）通电试车。通电试车时，注意观察接触器、继电器的运行情况。观察电动机运转是否正常，若有异常现象应马上停车。

6）试车完毕，应遵循停转、切断电源、拆除三相电源线、拆除电动机线的顺序断开线路。

3.3.5 注意事项

1）注意接触器KMY、KM△的接线，否则会由于相序接反而造成电动机反转。

2）接触器KMY的进线必须从三相定子绕组的末端引入，否则会造成短路事故。

3）控制板外配线必须加以防护，以确保安全。

4）螺旋式熔断器的接线务必正确，以确保安全。

5）电动机及按钮金属外壳必须保护接地。

6）热继电器的整定电流应按电动机功率整定。

7）采用JS7-A系列空气阻尼式时间继电器接线时，用手指抬住接线部分，并且不要用力过度，以免损坏器件。

8）通电试车、调试及检修时必须在指导教师的监护和允许下进行。

9）要做到安全操作和文明生产。

3.3.6 评分

评分细则见评分表。

“三相异步电动机Y-△降压起动控制线路的安装”技能自我评分表

项　目	技术要求	配分/分	评分细则	评分记录
安装前检查	正确无误检查所需元件	5	电器元件漏检或错检，每个扣1分	
安装元件	按布置图合理安装元件	15	不按布置图安装，扣15分 元件安装不牢固，每个扣2分 元件安装不整齐、不合理，扣5分 损坏元件，每个扣15分	
布线	按控制接线图正确接线	40	不按控制线路图接线，扣25分	
			布线不符合要求： 主电路，每根扣3分 控制电路，每根扣2分	
			接线端子松动，导线金属部分裸露过长，反圈、有毛刺，每处扣1分	
			损伤导线，每处扣1分	
			编码管套装不正确，每处扣1分	
通电试车	正确整定元件，检查无误，通电试车一次成功	40	热继电器未整定或错误，扣10分	
			时间未整定或错误，每个扣10分	
			熔体选择错误，每组扣15分	
			试车不成功，每返工一次扣15分	
定额工时180min	超时，此项从总分中扣分		每超过5min，扣3分	
安全、文明生产	按照安全、文明生产要求		违反安全、文明生产，从总分中扣20分	

思　考　题

1. 图3.3.6所示线路能否正常实现Y-△降压起动？若不能，请说明原因并改正。

2. 某台三相异步电动机功率为40kW，电压为380V，额定电流为82A，直接起动时的起动电流为492A，问：采用Y-△降压起动时的起动电流为多大？电压为多大？

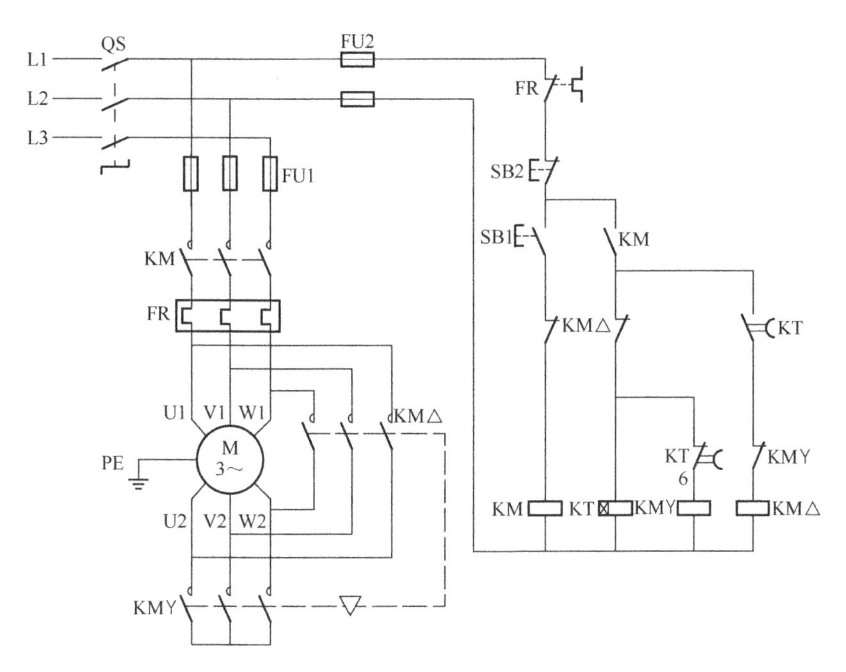

图 3.3.6 思考题 1 线路图

单元4 异步电动机制动控制线路的安装与调试

异步电动机切断电源后，由于惯性，总要经过一段时间才能完全停止。在实际生产中，为了缩短惯性运转时间，提高生产效率，要求生产机械能迅速、准确地停车。

采取一定措施使三相异步电动机在切断电源后迅速、准确地停车的过程称为三相异步电动机的制动。三相异步电动机的制动方法有机械制动和电气制动两大类。常用的机械制动方式有电磁抱闸制动和电磁离合器制动两种，如桥式起重机中的制动是电磁抱闸制动，X62W万能铣床中的主轴是电磁离合器制动；常用的电气制动方法有反接制动和能耗制动。

课题4.1 异步电动机反接制动控制线路的安装与调试

学习目标

1. 会分析定子反接制动起动控制线路。
2. 掌握反接制动控制线路的安装、调试。
3. 知道速度继电器。
4. 会选用电气控制元件和导线。
5. 能排除电气控制线路的一般故障。

依靠改变电动机定子绕组的电源相序来产生制动力矩，迫使电动机迅速停转的制动方式称为反接制动。反接制动具有制动力强、制动迅速的优点。其缺点是制动的准确性差，冲击强烈，容易损坏传动零件，能量消耗大，不宜经常制动。因此，反接制动一般适用于电动机功率在10kW以下、制动迅速、惯性大、不经常起动与制动的场合，如镗床的主轴制动。反接制动有单向起动反接制动和双向起动反接制动两种形式。

4.1.1 单向起动反接制动控制线路

单向起动反接制动控制线路如图4.1.1所示。

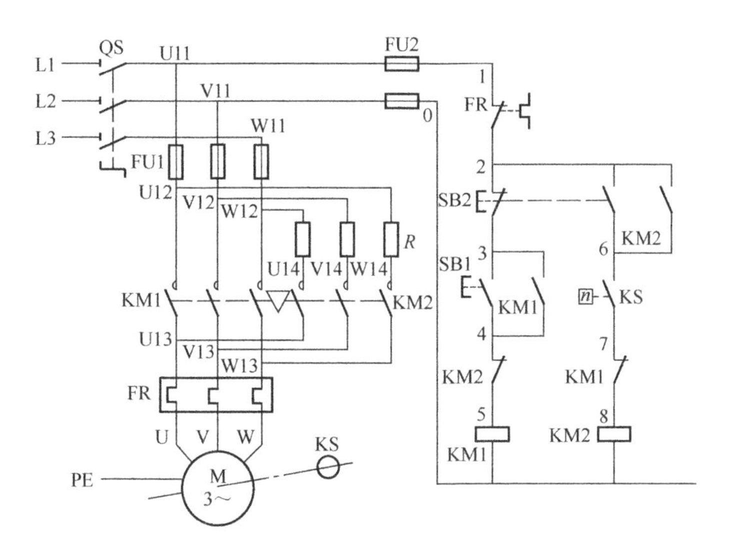

图 4.1.1　单向起动反接制动控制线路图

1. 制动电阻

在图 4.1.1 所示线路中 R 为制动电阻。反接制动时，电动机的旋转磁场与转子的相对速度很高，制动电流很大，一般为电动机额定电流的 10 倍左右，因此制动时需要在定子绕组中串入电阻，以限制反接制动电流。电阻的大小可根据以下经验公式估算。

反接制动电流等于电动机直接起动时起动电流的 1/2，三相电路每相应串入制动电阻取

$$R \approx 1.5 \times \frac{220}{I_{st}}(\Omega)$$

反接制动电流等于电动机直接起动时的起动电流，三相电路每相应串入制动电阻取

$$R \approx 1.3 \times \frac{220}{I_{st}}(\Omega)$$

2. 速度继电器

在图 4.1.1 所示线路中 KS 为速度继电器。速度继电器是反映转速和转向的继电器，作用是以旋转速度作为指令信号，与接触器配合实现对电动机的反接制动控制。其结构如图 4.1.2 所示，主要由定子、转子、支架和触头系统组成。

转子由永久磁铁与转轴构成；定子由硅钢片叠成并装有笼形短路绕组，能小范围偏转；触头系统由一组正转时动作的触头和一组反转时动作的触头组成，两组触头都有一常开触头和一常闭触头。其图形及文字符号如图 4.1.3（a）所示。

工作原理：如图 4.1.3（b）所示，速度继电器的轴与电动机的轴相连接，转子固定在轴上，定子与轴同心。当电动机转动时，速度继电器的转子随之转动，绕组切割磁场产生感应电动势和电流，此电流和永久磁铁的磁场作用产生转矩，使定子向轴的

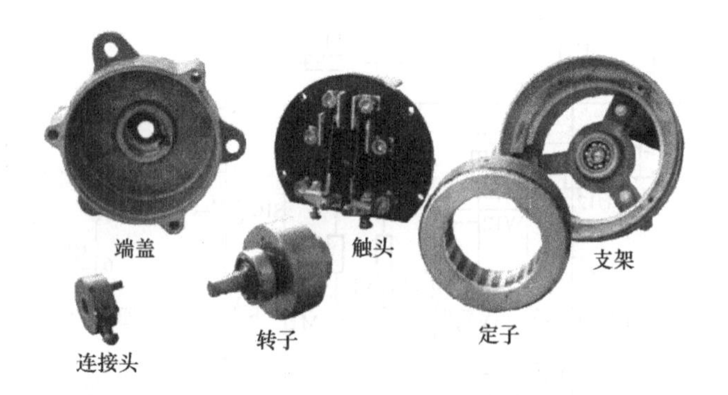

图 4.1.2 速度继电器的结构

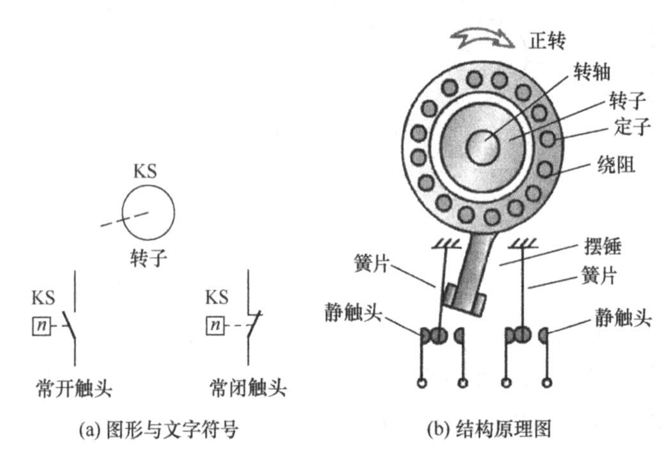

(a) 图形与文字符号 (b) 结构原理图

图 4.1.3 速度继电器的符号与结构原理图

转动方向偏摆，通过摆锤（摆杆）拨动触点，使常闭触点断开、常开触点闭合。当电动机转速下降到接近零时，转矩减小，定子柄在弹簧力的作用下恢复原位，触点也复原。

速度继电器触头动作转速在 120r/min 以上，低于 120r/min 时触头复位，触头动作方向与旋转方向相反。

3. 控制线路组成

如图 4.1.1 所示，控制线路由电源转换开关 QS、主电路短路保护熔断器 FU1、控制电路短路保护熔断器 FU2、起动控制交流接触器 KM1、制动控制交流接触器 KM2、过载保护热继电器 FR、制动电阻 *R*、速度继电器 KS、起动按钮 SB1 和停止按钮 SB2 组成。

4. 工作原理

首先合上电源开关 QS。

(1) 起动

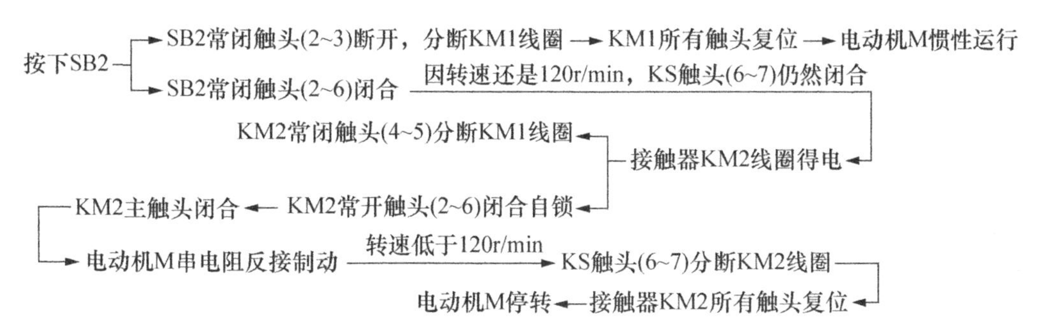

（2）停止制动

按下SB2
SB2常闭触头(2~3)断开，分断KM1线圈 → KM1所有触头复位 → 电动机M惯性运行
SB2常闭触头(2~6)闭合
因转速还是120r/min，KS触头(6~7)仍然闭合
接触器KM2线圈得电
KM2常闭触头(4~5)分断KM1线圈
KM2常开触头(2~6)闭合自锁
KM2主触头闭合
电动机M串电阻反接制动
转速低于120r/min
KS触头(6~7)分断KM2线圈
接触器KM2所有触头复位
电动机M停转

4.1.2 双向起动反接制动控制线路

双向起动反接制动控制线路如图 4.1.4 所示。

1. 控制线路组成

如图 4.1.4 所示，控制线路由电源转换开关 QS、主电路短路保护熔断器 FU1、控制电路短路保护熔断器 FU2、正转起动控制交流接触器 KM1、反转起动控制交流接触器 KM2、制动控制交流接触器 KM3、过载保护热继电器 FR、制动电阻 *R*、速度继电器 KS、中间继电器 KA1～KA4、正转起动按钮 SB1、反转起动按钮 SB2 和停止按钮 SB3 组成。

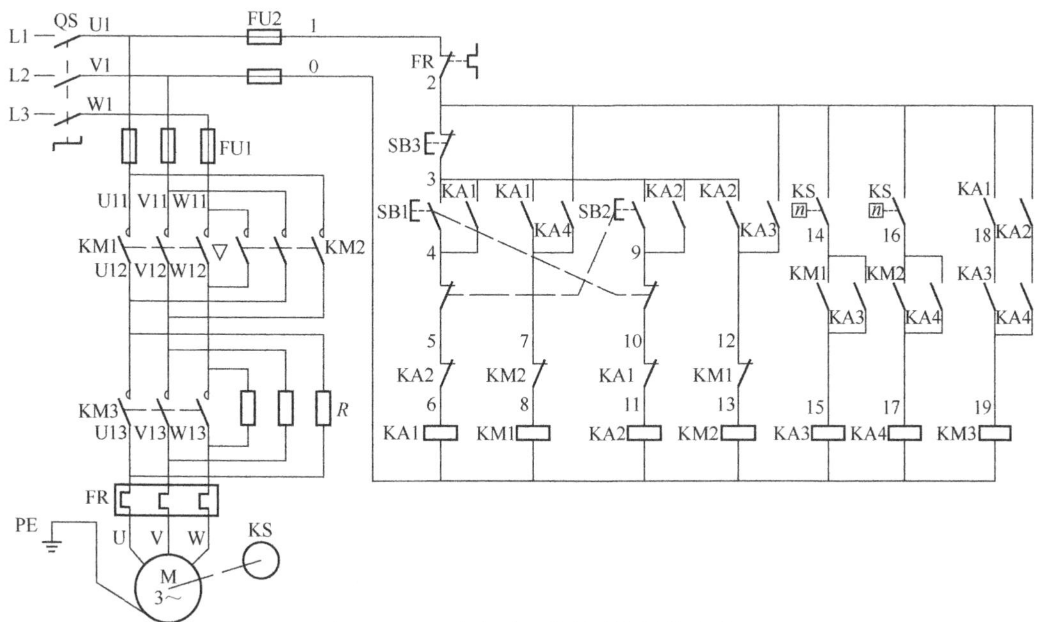

图 4.1.4 双向起动反接制动控制线路图

2. 工作原理

首先合上电源开关QS。

（1）正转

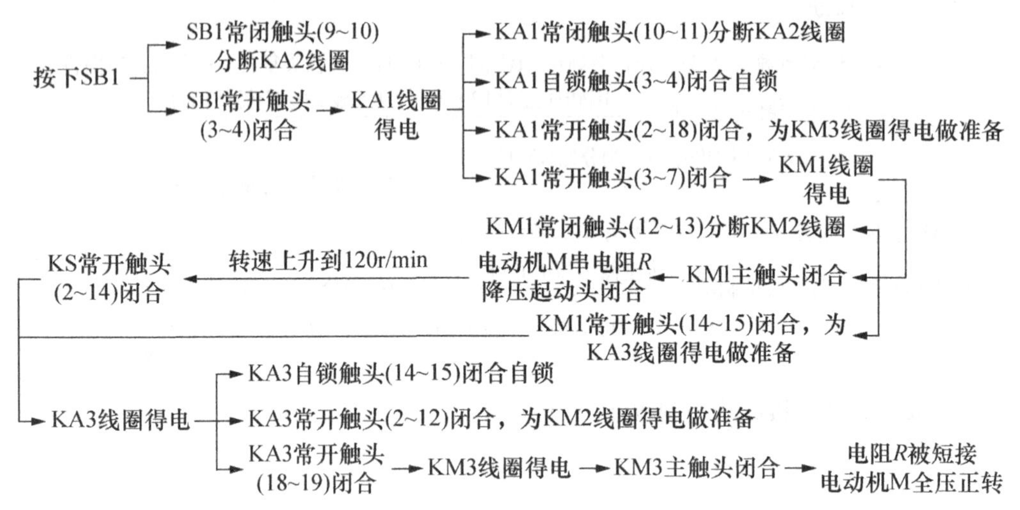

（2）正转停止制动

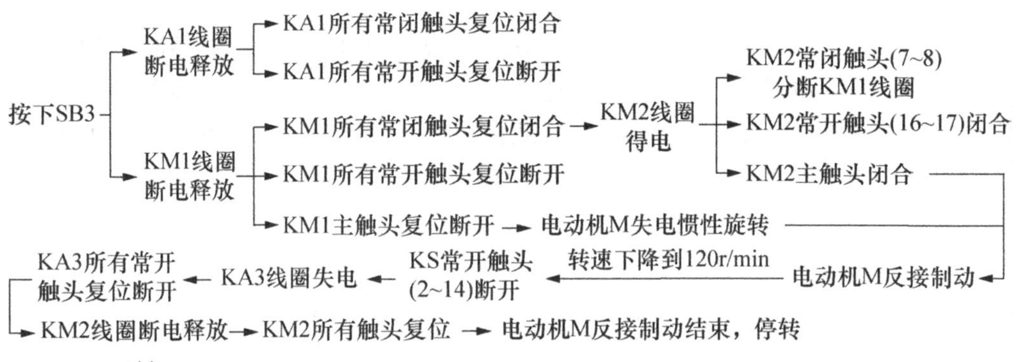

（3）反转

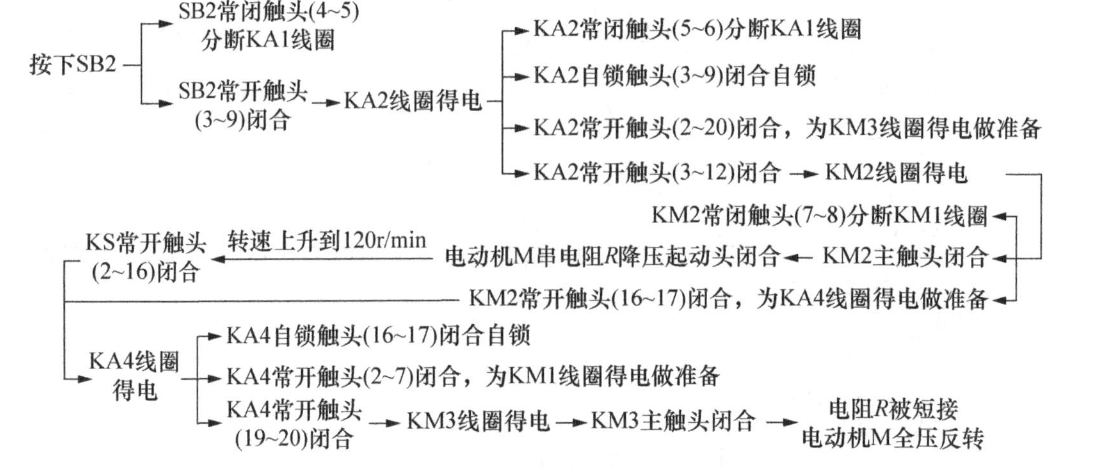

（4）反转停止制动

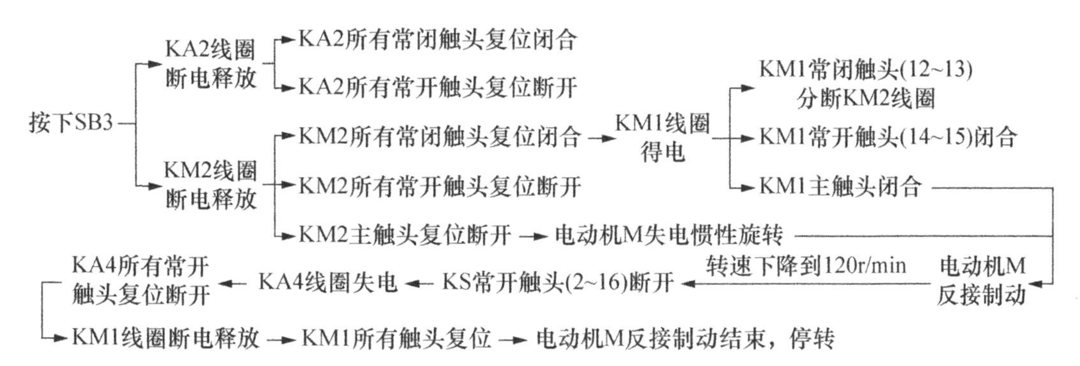

4.1.3　线路安装

1）分析控制线路，根据图 4.1.4 所示控制线路图及控制电动机功率（7.5kW）配齐所用电气元器件、导线，并检查元件质量。

2）根据元件布置图安装元件，安装线槽，各元件的安装位置整齐、匀称、间距合理。

3）布线。布线时以接触器为中心，由里向外，由低至高，先电源电路，再控制电路，后主电路，以不妨碍后续布线为原则。同时，布线应层次分明，不得交叉。布线完成后如图 4.1.5 所示。

4）安装速度继电器，如图 4.1.6 所示。安装时，采用速度继电器的连接头与电动机转轴直接连接的方法，并使电动机转轴与速度继电器转轴的中心线重合。

图 4.1.5　安装完成后的控制板

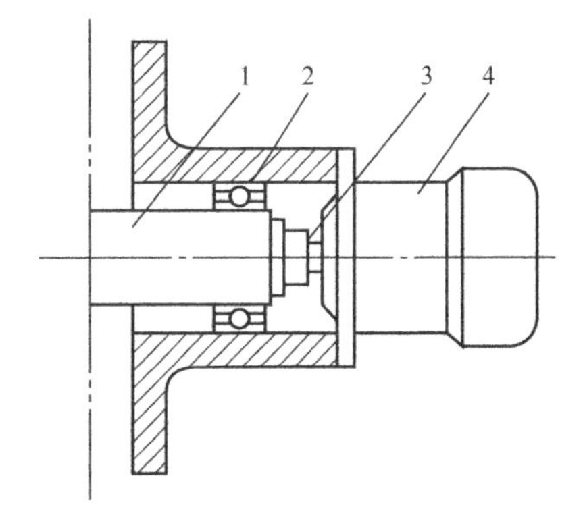

图 4.1.6　安装速度继电器

1—电动机轴；2—电动机轴承；3—联轴器；4—速度继电器

4.1.4　调试

1）整定热继电器。

2）连接电动机和按钮金属外壳的保护接地线。

3）连接速度继电器，接线如图 4.1.7 所示。接线时应注意正反向触头不能接错，否则不能反接制动。

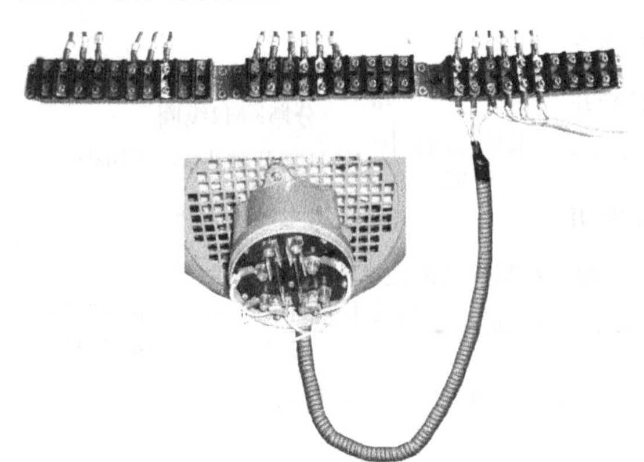

图 4.1.7 速度继电器接线图

4）连接制动电阻。

5）整定速度继电器。

6）连接电动机和电源。

7）检查。通电前应认真检查有无错接、漏接造成不能正常运转或短路事故的现象。

8）通电试车。试车时注意观察接触器的情况。观察电动机运转是否正常，若有异常现象应马上停车。

9）试车完毕，应遵循停转、切断电源、拆除三相电源线、拆除电动机线的顺序断开线路。

4.1.5 注意事项

1）注意接触器 KM3 与 R 的接线，否则会由于相序接反而造成电动机反转。

2）务必注意电阻的防范措施，配线必须加以防护，以确保安全。教师加强监护，以免发生触电事故。

3）安装速度继电器时，应使转轴与电动机转轴中心线重合。

4）速度继电器的两对常开触头接线必须正确，否则会造成不能停车制动的现象。

5）控制板外配线必须加以防护，以确保安全。

6）螺旋式熔断器的接线务必正确，以确保安全。

7）电动机及按钮金属外壳必须保护接地。

8）热继电器的整定电流应按电动机功率整定。

9）通电试车、调试及检修时，必须在指导教师的监护和允许下进行。

10）要做到安全操作和文明生产。

4.1.6 评分

评分细则见评分表。

“三相交流异步电动机反接制动控制线路的安装”技能自我评分表

项　　目	技术要求	配分/分	评分细则	评分记录
安装前检查	正确无误检查所需元件	5	电器元件漏检或错检，每个扣 1 分	
安装元件	按布置图合理安装元件	15	不按布置图安装，扣 15 分 元件安装不牢固，每个扣 2 分 元件安装不整齐、不合理，扣 5 分 损坏元件，每个扣 15 分 速度继电器安装不符合要求，扣 10 分	

续表

项　目	技术要求	配分/分	评分细则	评分记录
布线	按控制接线图正确接线	40	不按控制线路图接线，扣 25 分	
			布线不符合要求： 主电路，每根扣 3 分 控制电路，每根扣 2 分	
			接线端子松动，导线金属部分裸露过长，反圈、有毛刺，每处扣 1 分	
			损伤导线，每处扣 1 分	
			编码管套装不正确，每处扣 1 分	
通电试车	正确整定元件，检查无误，通电试车一次成功	40	热继电器未整定或错误，扣 10 分	
			熔体选择错误，每组扣 15 分	
			试车不成功，每返工一次扣 15 分	
定额工时 210min	超时，此项从总分中扣分（速度继电器安装时间另计）		每超过 5min，扣 3 分	
安全、文明生产	按照安全、文明生产要求		违反安全、文明生产，从总分中扣 20 分	

思　考　题

1. 某三相异步电动机功率为 10kW，电压为 380V，额定电流为 21A，直接起动时的起动电流与制动电流为 142A，每相应选择多大的制动电阻？

2. 如图 4.1.4 所示的线路，试车时，电动机 M 在正转状态，当按下停止按钮 SB3 后，电动机不制动停止而仍然正转，试分析原因。

课题 4.2　异步电动机能耗制动控制线路的安装与调试

学习目标

1. 会分析定子能耗制动起动控制线路。
2. 掌握反接制动控制线路的安装、调试。
3. 知道能耗制动原理。
4. 会选用电气控制元件和导线。
5. 能排除电气控制线路的一般故障。

当电动机切断交流电源后，立即在定子绕组的任意两相中通入直流电，迫使电动机迅速停转的制动方式称为能耗制动。能耗制动具有制动准确、平稳等优点，缺点是需要附加直流电源装置，制动力较弱。能耗制动的附加直流装置分无变压器单相半波整流和有变压器单相桥式整流两种形式。无变压器单相半波整流能耗制动线路简单，成本低，适用于10kW以下的电动机，且制动要求不高的场合。10kW以上的电动机多采用有变压器单相桥式整流能耗制动控制方式。

4.2.1 能耗制动原理

制动原理如图4.2.1所示。当通电旋转的交流电动机切断电源后，转子仍沿原方向惯性旋转，这时，在电动机V和W两相定子绕组中通入直流电，使定子绕组产生一个恒定磁场（一对磁极），这样惯性旋转的转子切割磁力线而在转子绕组中产生感生电流，其方向用右手定则判断，感生电流从上面流入（⊗），从下面流出（⊙）。

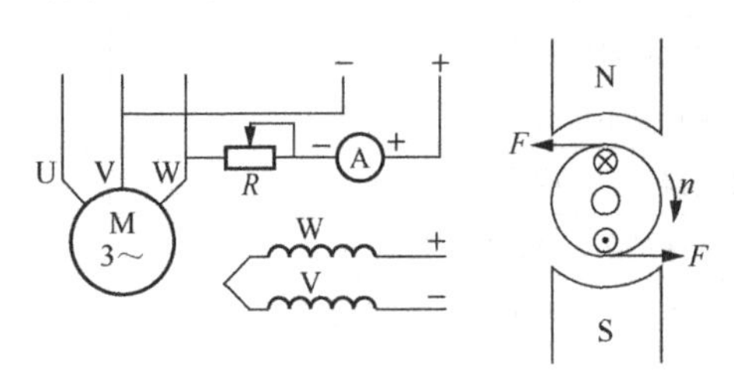

图4.2.1 能耗制动原理

转子绕组中的感生电流又立即受到静止磁场的作用，产生电磁转矩F，其方向用左手定则判断，此时转矩的方向正好与电动机旋转的方向相反，使电动机受到制动力而迅速停转。

4.2.2 制动直流电源

能耗制动时产生的制动力矩大小与通入定子绕组的直流电流大小、电动机转速的高低以及转子电路中的电阻有关。电流越大，产生的磁场就越强，而转速越高，转子切割磁场的速度就越大，产生的制动力矩也就越大。对于鼠笼式异步电动机，增大制动力矩只能通过增大通入电动机的直流电流实现，而通入的直流电流又不能太大，过大会烧坏电动机定子绕组。因此，要在定子绕组中串入电阻，以限制能耗制动电流。因此，能耗制动所需的直流电源要进行计算，方法与步骤如下：

1）首先测量出电动机三相绕组中任意两相之间的电阻R（Ω）。可查阅电动机手册。

2）测量电动机的空载电流I_0（A）。可查阅电动机手册，也可估算。一般小型电动机的空载电流为额定电流的30%～70%，大中型电动机的空载电流为额定电流的20%～40%。

3）计算能耗制动所需的直流电流，$I_L=KI_0$(A)，以及直流电压，$U_L=I_LR$(V)。其中，K一般取3.5～4，转速高、惯性大的电动机取上限值4。

4）选择变压器。

变压器次级电压：$U_2=U_L/0.9$(V)。

变压器次级电流：$I_2=I_L/0.9$(A)

变压器容量：$S=U_2I_2$(V·A)，不频繁制动可取$S=(1/3\sim1/4)U_2I_2$(V·A)。

5）选择整流二极管。二极管选择一般考虑流过二极管的平均电流I_F和二极管承受

的最大反向电压 U_{RM}。

$$I_F = 0.5 I_L ,\quad U_{RM} = 1.57 U_L$$

6）选择可调电阻。阻值取 2Ω，功率 $P = I_L^2 R(W)$。

4.2.3　控制线路

能耗制动控制线路如图 4.2.2 所示。

1. 控制线路组成

如图 4.2.2 所示，控制线路由电源转换开关 QS、主电路短路保护熔断器 FU1、控制电路短路保护熔断器 FU2、整流单元短路保护熔断器 FU3 和 FU4、起动控制交流接触器 KM1、制动控制交流接触器 KM2、过载保护热继电器 FR、制动电阻 R、速度继电器 KS、中间继电器 KA1～KA4、起动按钮 SB1 及停止按钮 SB2 组成。

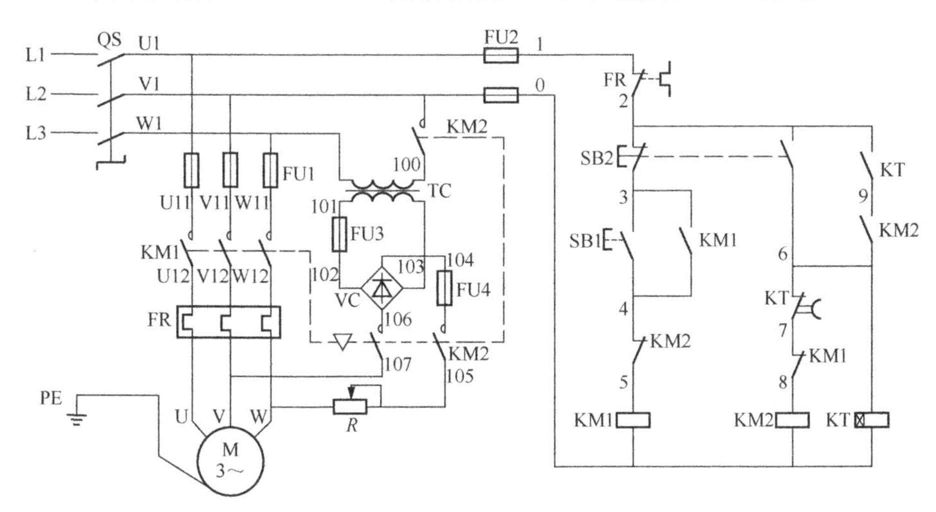

图 4.2.2　能耗制动控制线路图

2. 工作原理

首先合上电源开关 QS。

（1）起动

（2）停止制动

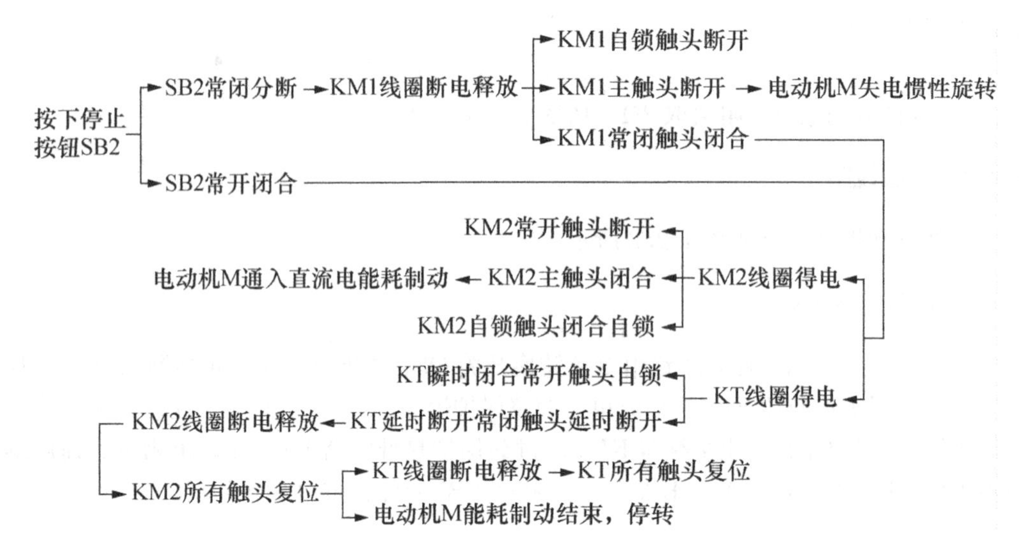

4.2.4 线路安装

1）分析控制线路，根据图 4.2.2 所示控制线路图及控制电动机功率（4kW）配齐所用电气元器件、导线，并检查元件质量。

2）根据元件布置图安装元件，安装线槽，各元件的安装位置整齐、匀称、间距合理。

3）布线。布线时以接触器为中心，由里向外，由低至高，先电源电路，再控制电路，后主电路，以不妨碍后续布线为原则。同时，布线应层次分明，不得交叉。接线时可参考图 4.2.3 所示的实物接线图接线。

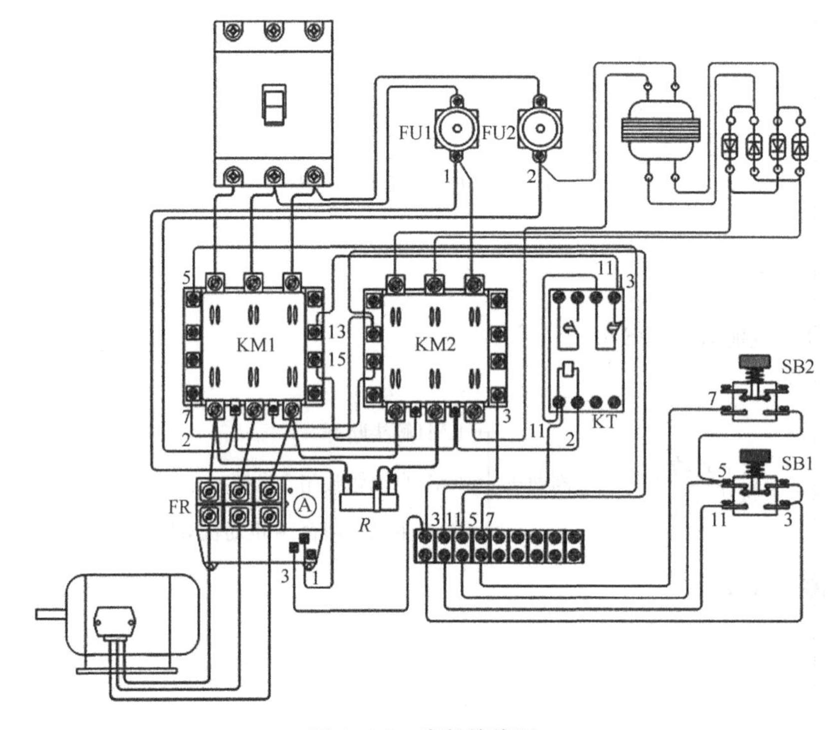

图 4.2.3 实物接线图

布线完成后如图 4.2.4 所示。

4）安装制动单元部分，如图 4.2.5 所示。

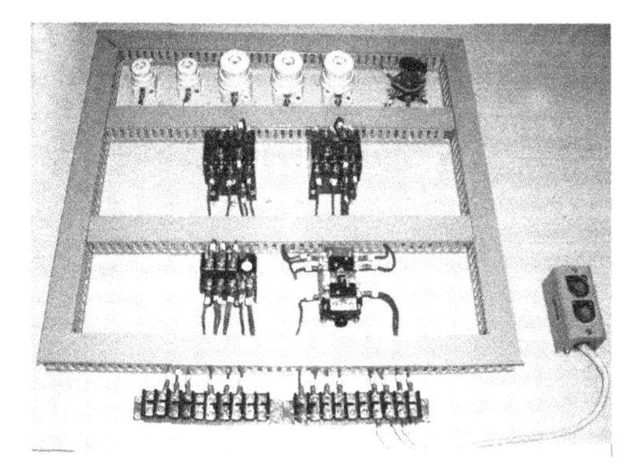

图 4.2.4　安装完成后的控制板

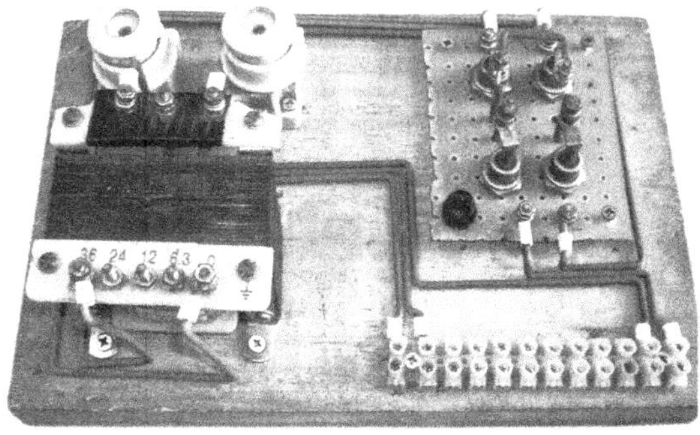

图 4.2.5　安装制动单元

5）连接制动单元直流电源与主控制板，如图 4.2.6 所示。

4.2.5　调试

1）连接电动机和按钮金属外壳的保护接地线。

2）连接电动机和电源。

3）整定热继电器。

4）检查。通电前应认真检查有无错接、漏接造成不能正常运转或短路事故的现象。

5）通电调试。

图 4.2.6　连接主控制板与制动单元

① 调试制动电流。制动电流过小，制动效果差；制动电流大，会烧坏绕组。Y-112M-4/4kW 的电动机所需制动电流为 14A，如不相符，应调整可调电阻 R，调试方法如下：

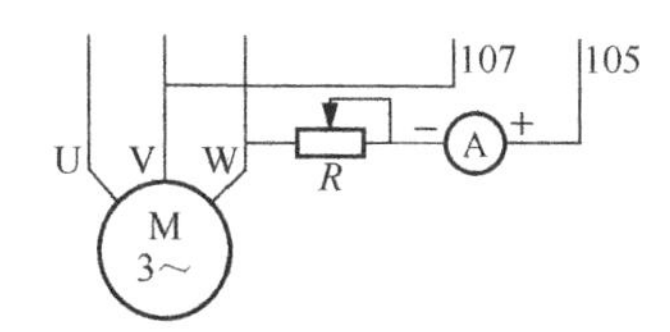

图 4.2.7　制动电流的调试

a. 断开直流电路 105# 线，串接一个 20A 的直流电流表，如图 4.2.7 所示。

b. 按下停止按钮 SB2，观察电流表的指示值，根据电流的大小调整可调电阻 R。

c. 调整后，拆除电流表，恢复接线。

② 调试制动时间，根据电动机制动情况调节时间继电器 KT 的时间。已经制动停车，KM2 没有断开，将时间调短；还没有制动停车，KM2 已经断开，将时间调长。

6）调试完毕通电试车。试车时注意观察接触器、继电器的运行情况。观察电动机运转是否正常，若有异常现象应马上停车。

7）试车完毕，应遵循停转、切断电源、拆除三相电源线、拆除电动机线的顺序断开线路。

4.2.6 注意事项

1）整流元件要先固定在固定板上，再安装在安装板上。
2）电阻用紧固件安装在控制板上。
3）时间继电器的整定时间应适当，不宜过长或过短。
4）制动控制时停止按钮 SB2 要按到底。
5）控制板外配线必须加以防护，以确保安全。
6）螺旋式熔断器的接线务必正确，以确保安全。
7）电动机及按钮金属外壳必须保护接地。
8）热继电器的整定电流应按电动机功率整定。
9）通电试车、调试及检修时，必须在指导教师的监护和允许下进行。
10）要做到安全操作和文明生产。

4.2.7 评分

评分细则见评分表。

“三相异步电动机能耗制动控制线路的安装”技能自我评分表

项　目	技术要求	配分/分	评分细则	评分记录
安装前检查	正确无误检查所需元件	5	电器元件漏检或错检，每个扣1分	
安装元件	按布置图合理安装元件	15	不按布置图安装，扣15分 元件安装不牢固，每个扣2分 元件安装不整齐、不合理，扣5分 损坏元件，每个扣15分	
布线	按控制接线图正确接线	40	不按控制线路图接线，扣25分	
			布线不符合要求： 主电路，每根扣3分 控制电路，每根扣2分	
			接线端子松动，导线金属部分裸露过长，反圈、有毛刺，每处扣1分	
			损伤导线，每处扣1分	
			编码管套装不正确，每处扣1分	
通电试车	正确整定元件，检查无误，通电试车一次成功	40	热继电器未整定或错误，扣10分	
			时间未整定或错误，每个扣10分	
			制动电流未整定或错误，扣10分	
			熔体选择错误，每组扣15分	
			试车不成功，每返工一次扣15分	
定额工时120min	超时，此项从总分中扣分（包括整流元件的安装）		每超过5min，扣3分	
安全、文明生产	按照安全、文明生产要求		违反安全、文明生产，从总分中扣20分	

思考题

1. 试将图4.2.2所示的时间继电器控制能耗制动改成速度继电器控制能耗制动，并比较各自的特点。

2. 某三相异步电动机功率为7.5kW，电压为380V，额定电流为15.4A，如果采用能耗制动，请选择变压器、二极管以及可调电阻（电动机定子绕组每相电阻为1.9Ω）。

3. 设计双向起动的能耗制动控制线路。

单元 5 双速电动机控制线路的安装与调试

一些生产机械如 T68 镗床等常采用双速电动机工作，以扩大调速范围。双速电动机属于异步电动机变极调速，这种调速方法是有级的，不能平滑调速，而且只适用于鼠笼式电动机。

对于主控电路，可采用按钮、接触器或者时间继电器等构建双速电动机控制电路。

课题 5.1 按钮、接触器控制的双速电动机控制线路的安装与调试

学习目标

1. 了解变极原理。
2. 会分析控制线路。
3. 掌握控制线路的安装、调试。
4. 会选用电气控制元件和导线。

5.1.1 变极原理

双速电动机属于异步电动机变极调速，是通过改变定子绕组的连接方法达到改变定子旋转磁场磁极对数，从而改变电动机的转速。根据公式 $n_1=60f/p$ 可知异步电动机的同步转速与磁极对数成反比，磁极对数增加一倍，同步转速 n_1 下降至原转速的一半，电动机额定转速 n 也将下降近似一半，所以改变磁极对数可以达到改变电动机转速的目的。绕组常用的接法有△/YY 和 Y/YY 两种，如图 5.1.1 所示。

三相电动机定子的三相绕组是对称的，只要了解其中一相绕组就可知道其他两相绕组的结构。下面以 2/4 极 U 相绕组为例说明变极的基本原理。

图 5.1.2（a）、（c）是绕组分布图，图 5.1.2（b）、（d）是绕组展开图。当电动机绕组按如图 5.1.2（a）、（b）所示的连接工作时，电流从绕组 1U1 流进，从 1U2 流出

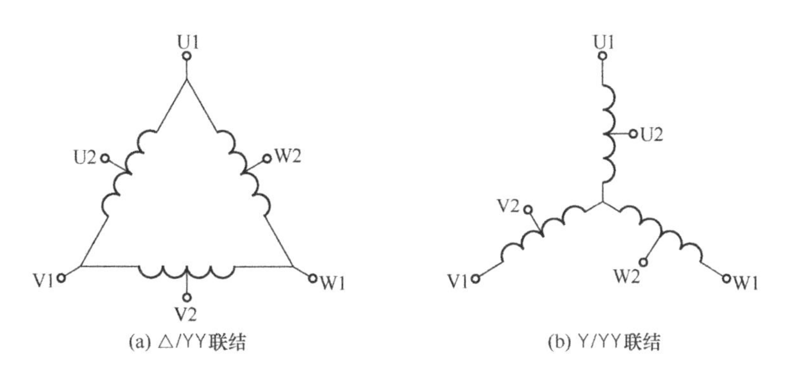

(a) △/YY联结　　(b) Y/YY联结

图 5.1.1　双速电动机定子绕组接法

后又从 2U1 流入，最后从 2U2 流出，用安培定则可判断出产生了两对磁极，即极数 $2p=4$。

如果把电动机绕组改接成如图 5.1.2（c）、（d）所示的连接，工作时电流同时从绕组 1U1 和 2U2 流进，同时从绕组 1U2 和 2U1 流出，用安培定则可判断出 1U1 和 2U2 之间、1U2 和 2U1 之间的磁力线方向相反，相互抵消，1U1、1U2 与 2U1、2U2 之间产生一对磁极，即极数 $2p=2$。

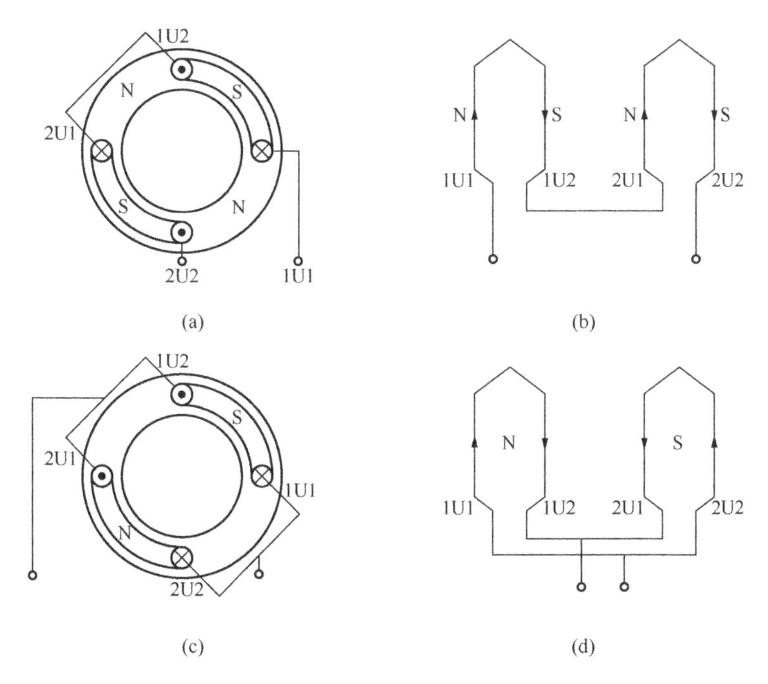

(a)　(b)　(c)　(d)

图 5.1.2　变极原理

5.1.2　控制线路

按钮、接触器控制的双速电动机控制线路如图 5.1.3 所示。

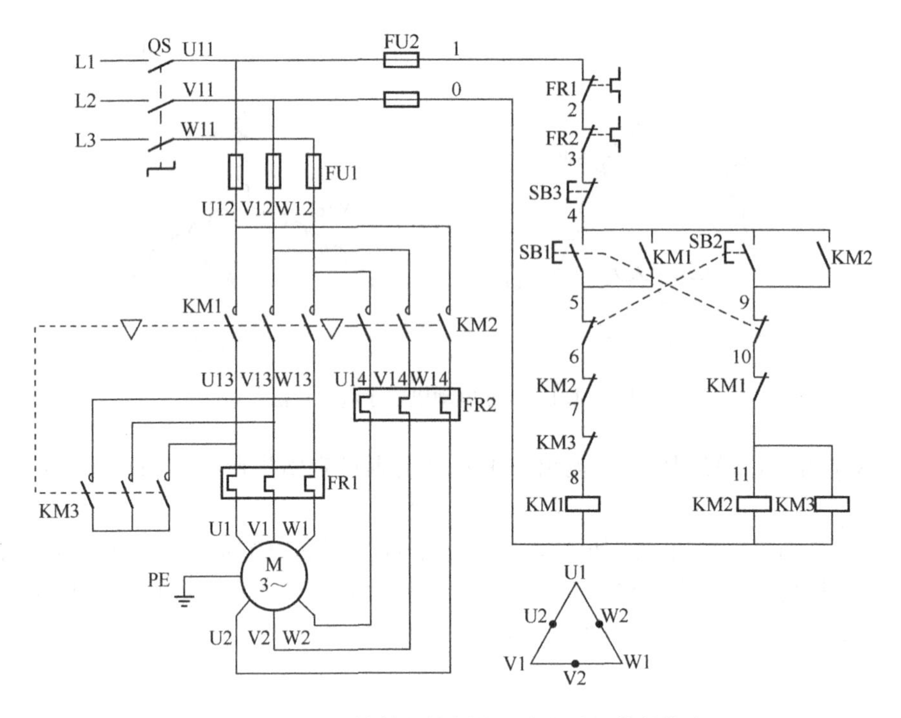

图 5.1.3　按钮、接触器控制的双速电动机控制线路图

1. 控制线路组成

如图 5.1.3 所示，控制线路由电源转换开关 QS、主电路短路保护熔断器 FU1、控制电路短路保护熔断器 FU2、低速（△）控制交流接触器 KM1、高速（YY）控制交流接触器 KM2 和 KM3、低速（△）过载保护热继电器 FR1、高速（YY）过载保护热继电器 FR2、低速起动按钮 SB1、高速起动按钮 SB2 及停止按钮 SB3 组成。

2. 工作原理

首先合上电源开关 QS。

(1) 低速（△）

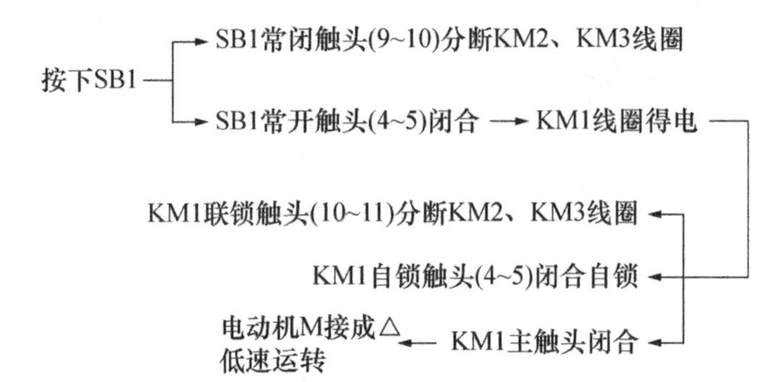

此时，电动机定子绕组 U1、V1、W1 接电源，而 U2、V2、W2 空着不接，如

图 5.1.4 所示。

（2）高速（YY）

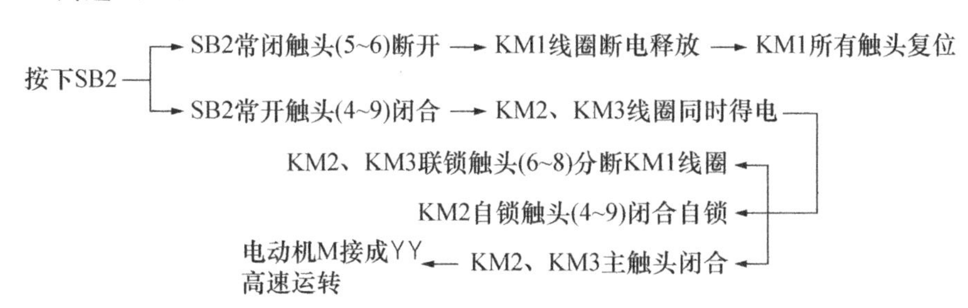

此时，电动机定子绕组 U2、V2、W2 接电源，而 U1、V1、W1 被接触器 KM3 短接，如图 5.1.5 所示。

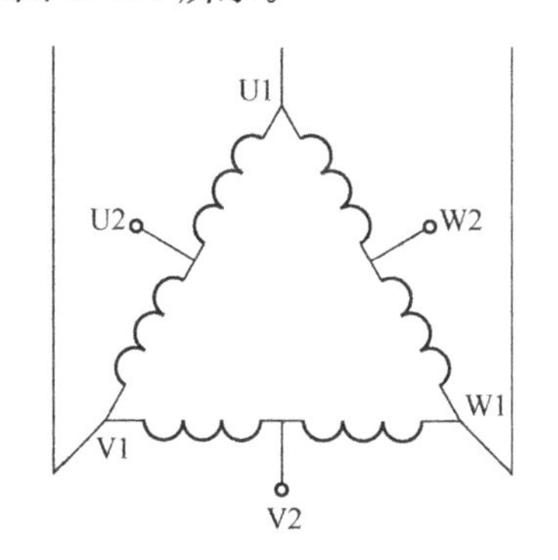

图5.1.4　低速（△）时绕组接线图

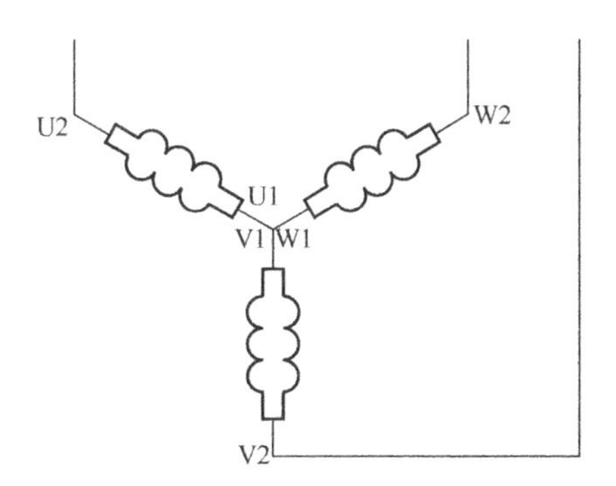

图 5.1.5　高速（YY）时绕组接线图

（3）停止

只需按下停止按钮 SB3 即可。

5.1.3　线路安装

1）首先进行控制线路分析，根据图 5.1.3 所示控制线路图及控制电动机功率（△/YY，7.5kW/8.3kW）配齐所用电气元器件、导线，并检查元件质量。

2）根据元件布置图安装元件，安装线槽，各元件的安装位置整齐、匀称、间距合理。

3）布线。布线时以接触器为中心，由里向外，由低至高，先电源电路，再控制电路，后主电路，以不妨碍后续布线为原则。同时，布线应层次分明，不得交叉。可参考图 5.1.6 所示实物接线图接线。布线完成后如图 5.1.7 所示。

5.1.4　调试

1）连接电动机和按钮金属外壳的保护接地线。

2）连接电动机和电源。

3）整定热继电器。

4）检查。通电前，应认真检查有无错接、漏接造成不能正常运转或短路事故的

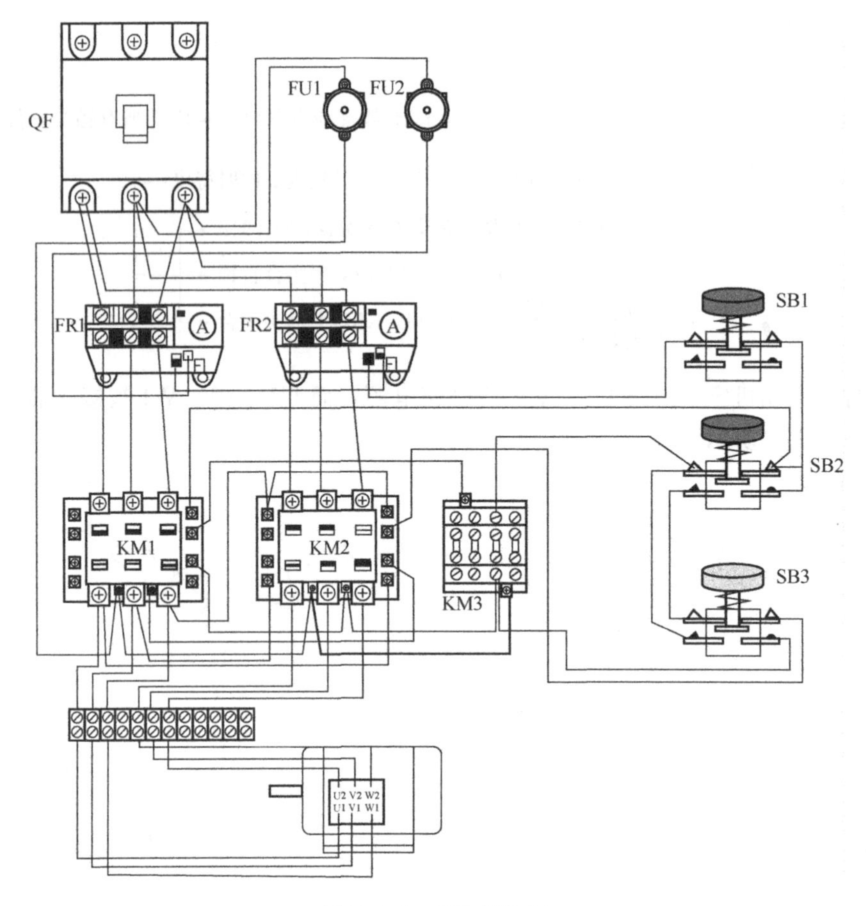

图 5.1.6　实物接线图

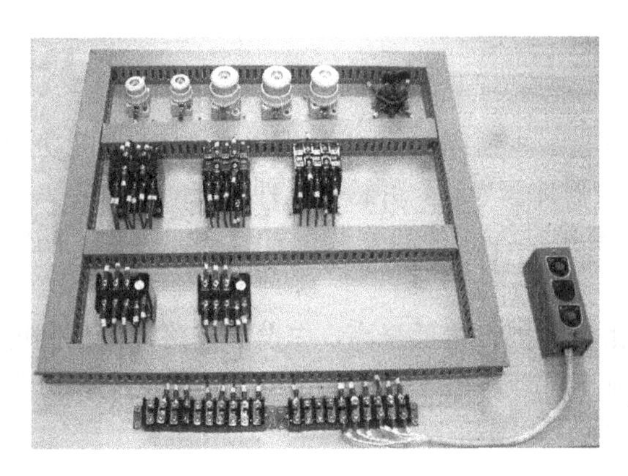

图 5.1.7　安装完成后的控制板

现象。

5）通电试车。试车时，注意观察接触器情况。观察电动机运转是否正常，若有异常现象应马上停车。

6）试车完毕，应遵循停转、切断电源、拆除三相电源线、拆除电动机线的顺序断开线路。

5.1.5　注意事项

1）接线时注意接触器 KM1、KM2 在两种转速下电源相序的改变，不能接错，否则会造成两种转速下电动机的转向相反，换向时将产生很大的冲击电流。

2）接触器 KM1、KM2 的主触头不能对换接线，否则不但无法实现双速控制的要求，而且会造成短路事故。

3）由于电动机在两种转速下功率不同，热继电器 FR1、FR2 在主电路中的接线不能选错，整定电流值也不能选错。

4）控制板外配线必须加以防护，确保安全。

5）电动机及按钮金属外壳必须保护接地。

6）通电试车、调试及检修时，必须在指导教师的监护和允许下进行。

7）要做到安全操作和文明生产。

5.1.6　评分

评分细则见评分表。

“按钮、接触器控制的双速电动机控制线路的安装”技能自我评分表

项　目	技术要求	配分/分	评分细则	评分记录
安装前检查	正确无误检查所需元件	5	电器元件漏检或错检，每个扣1分	
安装元件	按布置图合理安装元件	15	不按布置图安装，扣15分 元件安装不牢固，每个扣2分 元件安装不整齐、不合理，扣5分 损坏元件，每个扣15分	
布线	按控制接线图正确接线	40	不按控制线路图接线，扣25分	
			布线不符合要求： 主电路，每根扣3分 控制电路，每根扣2分	
			接线端子松动，导线金属部分裸露过长，反圈、有毛刺，每处扣1分	
			损伤导线，每处扣1分	
			编码管套装不正确，每处扣1分	
通电试车	正确整定元件，检查无误，通电试车一次成功	40	热继电器未整定或错误，扣10分	
			不会测量转速，扣10分	
			测量转速方法不正确，扣5分	
			熔体选择错误，每组扣15分	
			试车不成功，每返工一次扣15分	
定额工时120min	超时，此项从总分中扣分		每超过5min，扣3分	
安全、文明生产	按照安全、文明生产要求		违反安全、文明生产，从总分中扣20分	

思　考　题

1. 如图5.1.3所示的线路为什么要用两个热继电器？

2. 如图5.1.3所示的线路U1、V1、W1与U2、V2、W2对换接线，会出现什么现象？试分析原因。

课题 5.2　按钮、时间继电器控制的双速电动机控制线路的安装与调试

学习目标

1. 会分析控制线路。
2. 掌握控制线路的安装、调试。
3. 会选用电气控制元件和导线。
4. 能排除电气控制线路的一般故障。

为减小起动电流，双速电动机在高速运行前往往都要先进行低速起动，再转换到高速运行。如果将课题 5.1 中接触器、按钮控制的双速电动机控制线路应用在生产机械中，当需要高速时必须进行两次操作，操作繁琐。为便于操作，生产机械中的双速电动机采用按钮和时间继电器自动转换控制。

5.2.1　控制线路

按钮、时间继电器控制的双速电动机控制线路如图 5.2.1 所示。

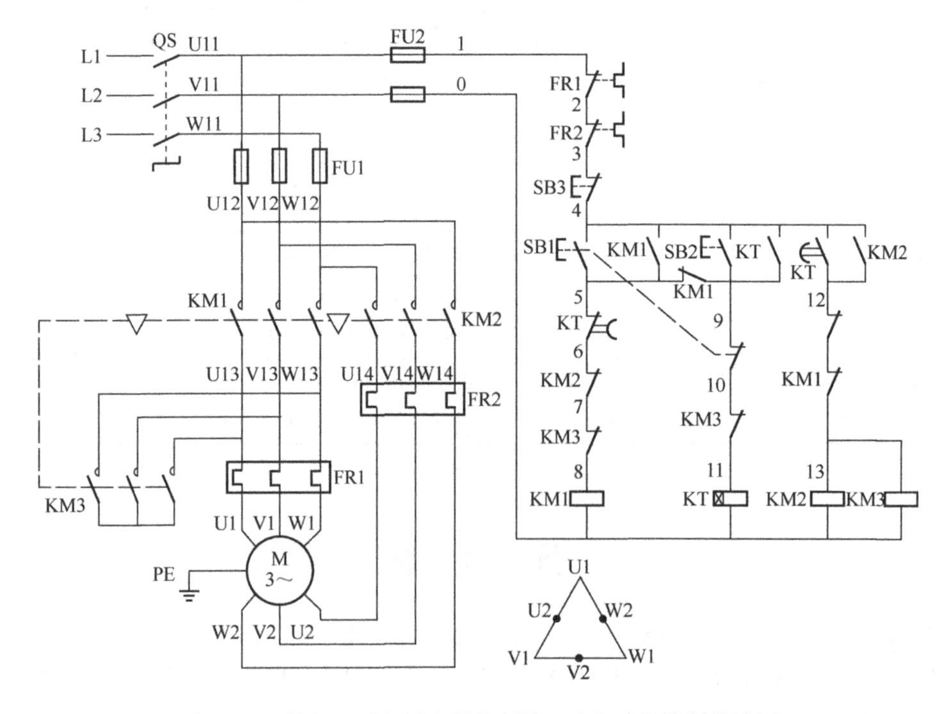

图 5.2.1　按钮、时间继电器控制的双速电动机控制线路图

1. 控制线路组成

如图 5.2.1 所示，控制线路由电源转换开关 QS、主电路短路保护熔断器 FU1、控制电路短路保护熔断器 FU2、低速（△）控制交流接触器 KM1、高速（YY）控制交流接触器 KM2 和 KM3、低速（△）过载保护热继电器 FR1、高速（YY）过载保护热继电器 FR2、高低速自动转换时间继电器 KT、低速起动按钮 SB1、高速起动按钮 SB2 及停止按钮 SB3 组成。

2. 工作原理

首先合上电源开关 QS。

（1）低速

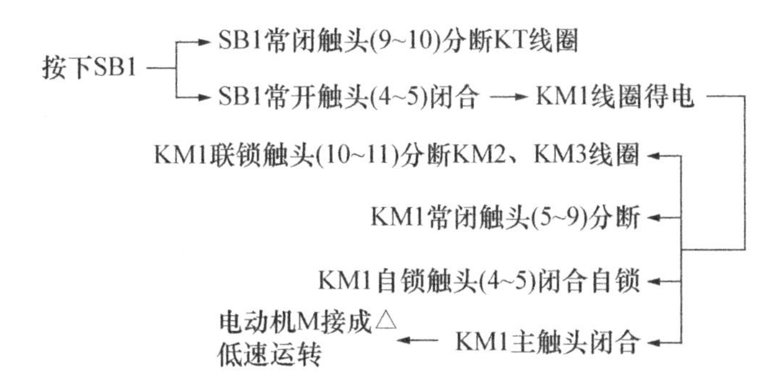

此时，电动机定子绕组 U1、V1、W1 接电源，而 U2、V2、W2 空着不接。

（2）高速

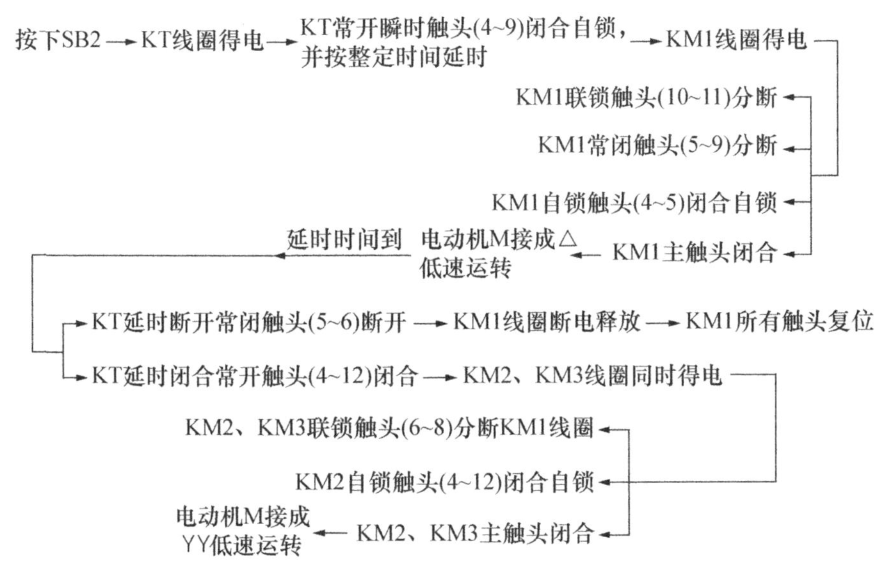

此时，电动机定子绕组 U2、V2、W2 接电源，而 U1、V1、W1 被接触器 KM3 短接。

（3）停止

只需按下停止按钮 SB3 即可。

通过上述分析可知，当需要电动机高速运转时，只要按下高速起动按钮 SB2，电动机就可以经低速起动后自动切换到高速。

5.2.2 线路安装

1）首先进行控制线路分析，根据图 5.2.1 所示控制线路图及控制电动机功率（△/YY，7.5kW/8.3kW）配齐所用电气元器件、导线，并检查元件质量。

2）根据元件布置图安装元件，安装线槽，各元件的安装位置整齐、匀称、间距合理。

3）布线。布线时以接触器为中心，由里向外，由低至高，先电源电路，再控制电路，后主电路，以不妨碍后续布线为原则。同时，布线应层次分明，不得交叉。布线完成后如图 5.2.2 所示。

图 5.2.2 安装完成后的控制板

5.2.3 调试

1）连接电动机和按钮金属外壳的保护接地线。

2）连接电动机和电源。

3）整定热继电器。

4）检查。通电前应认真检查有无错接、漏接造成不能正常运转或短路事故的现象。

5）通电试车。试车时注意观察接触器情况。观察电动机运转是否正常，若有异常现象应马上停车。

6）试车完毕，应遵循停转、切断电源、拆除三相电源线、拆除电动机线的顺序断开线路。

5.2.4 注意事项

1）接线时注意接触器 KM1、KM2 在两种转速下电源相序的改变，不能接错，否则会造成两种转速下电动机的转向相反，换向时将产生很大的冲击电流。

2）接触器 KM1、KM2 的主触头不能对换接线，否则不但无法实现双速控制的要求，而且会造成短路事故。

3）由于电动机在两种转速下功率不同，所以热继电器 FR1、FR2 在主电路中的接线不能接错，整定电流值也不能选错。

4）要求延时时间调整为 3s。

5）电动机接线时，注意电动机接线柱上的标识，以免接线错误。

6）控制板外配线必须加以防护，确保安全。

7）电动机及按钮金属外壳必须保护接地。

8）转速表压合在电动机的转轴上测量转速时力度要适当。

9）通电试车、调试及检修时，必须在指导教师的监护和允许下进行。

10）要做到安全操作和文明生产。

5.2.5　评分

评分细则见评分表。

“按扭、时间继电器控制的双速电动机控制线路的安装”技能自我评分表

项　　目	技术要求	配分/分	评分细则	评分记录
安装前检查	正确无误检查所需元件	5	电器元件漏检或错检，每个扣 1 分	
安装元件	按布置图合理安装元件	15	不按布置图安装，扣 15 分 元件安装不牢固，每个扣 2 分 元件安装不整齐、不合理，扣 5 分 损坏元件，每个扣 15 分	
布线	按控制接线图正确接线	40	不按控制线路图接线，扣 25 分	
			布线不符合要求： 主电路，每根扣 3 分 控制电路，每根扣 2 分	
			接线端子松动，导线金属部分裸露过长，反圈、有毛刺，每处扣 1 分	
			损伤导线，每处扣 1 分	
			编码管套装不正确，每处扣 1 分	
通电试车	正确整定元件，检查无误，通电试车一次成功	40	热继电器未整定或错误，扣 10 分	
			时间未整定或错误，每个扣 10 分	
			不会测量转速，扣 10 分	
			测量转速方法不正确，扣 5 分	
			熔体选择错误，每组扣 15 分	
			试车不成功，每返工一次扣 15 分	
定额工时 120min	超时，此项从总分中扣分		每超过 5min，扣 3 分	
安全、文明生产	按照安全、文明生产要求		违反安全、文明生产，从总分中扣 20 分	

思　考　题

1. 在图 5.2.1 中，为什么按钮 SB2 不采用联锁？
2. 在图 5.2.1 中，如果 KT 的延时断开的常闭触头始终不断开，会出现什么现象？
3. 在图 5.2.1 中，如果将 KM3 接到 U2、V2、W2 之间会出现什么现象？

单元 6 绕线转子电动机控制系统的安装与调试

在实际生产中对要求起动转矩大、又能平滑调速的场合，如桥式起重机，常采用三相绕线转子异步电动机。

三相绕线式交流异步电动机的优点是可以通过改变转子绕组电阻改善电动机的机械特性，从而达到减小起动电流、增大起动转矩以及平滑调速的目的。

三相绕线式异步电动机通常采用转子绕组串接起动电阻和转子绕组串接频敏变阻器两种方式。

课题 6.1 凸轮控制器控制转子绕组串电阻控制线路的安装与调试

学习目标

1. 了解绕线电动机、凸轮控制器和过流继电器。
2. 会选用电阻器。
3. 会分析控制线路。
4. 掌握控制线路的安装、调试。
5. 会选用电气控制元件和导线。

容量不大的三相绕线式交流异步电动机常采用转子绕组回路中串联不对称电阻——凸轮控制器来实现起动、调速及正反转控制的方式。桥式起重机中大部分采用这种控制线路。

6.1.1 绕线转子异步电动机

绕线转子异步电动机由定子和转子两个基本部分组成。

定子同笼型电动机相似，是电动机的固定部分，用于产生旋转磁场，主要由定子铁心、定子绕组和基座等部件组成。

电动机转子的绕组和定子绕组相似，三相绕组连接成星形，三根端线连接到装在转轴上的三个铜滑环上，通过一组电刷与外电路相连接，如图 6.1.1 所示。

图 6.1.1　绕线转子电动机的转子

6.1.2　凸轮控制器

凸轮控制器是利用凸轮操作触头动作的控制器，主要用于容量不大于 30kW 的中小型绕线转子电动机控制线路中，可实现电动机的正反转起动、停止、调速和制动，广泛应用在桥式起重机等起重设备中。

1. 型号意义

凸轮控制器型号意义示例如下：

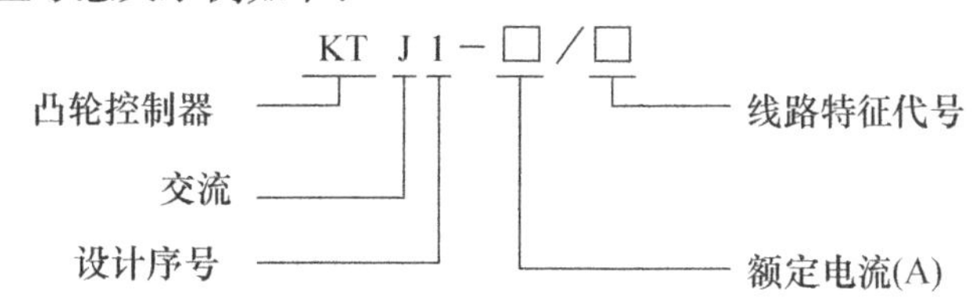

2. 凸轮控制器的外观及符号

凸轮控制器的外观及符号如图 6.1.2 所示。凸轮控制器由于触头数目较多，各触头分合情况不一样，为说明触头分合情况，通常符号与触头分合表同时出现在控制线路中。各触头符号可以分开画在控制线路对应的控制位置。

3. 选用

凸轮控制器主要依据所控制电动机的容量、额定电流、额定电压、工作制（短时

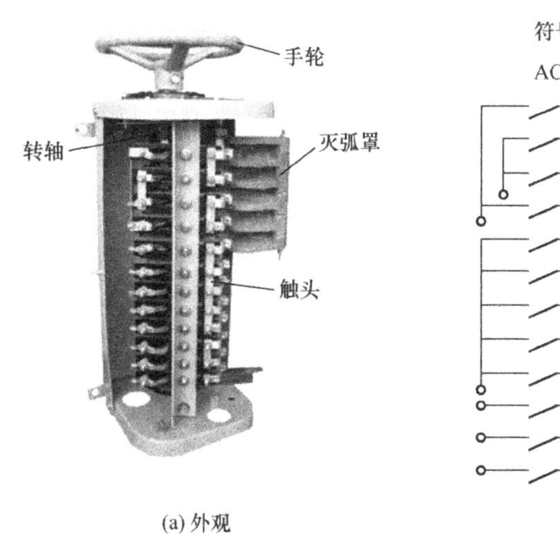

(a) 外观

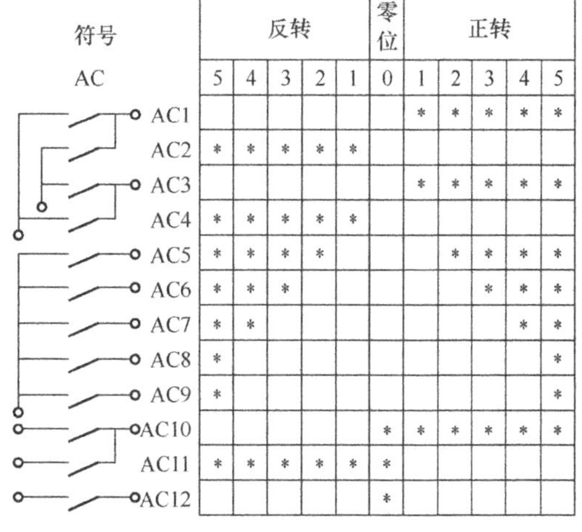

触头分合表

符号 AC	反转 5	4	3	2	1	零位 0	正转 1	2	3	4	5
AC1							*	*	*	*	*
AC2	*	*	*	*	*						
AC3							*	*	*	*	*
AC4	*	*	*	*	*						
AC5	*	*	*	*				*	*	*	*
AC6	*	*	*						*	*	*
AC7	*	*								*	*
AC8	*										*
AC9	*										*
AC10						*	*	*	*	*	*
AC11	*	*	*	*	*	*					
AC12						*					

(b) 符号

图 6.1.2　凸轮控制器的外观及符号

工作、连续工作）和控制位置数目等选择。

4. 安装与使用

1）安装前应检查外观及零部件有无损坏。

2）安装前应转动手轮检查有无卡轧现象，次数不得少于5次。

3）必须牢固安装在墙壁或支架上，金属外壳必须可靠接地保护。

4）应按触头分合表和电路图的要求接线，反复检查确认无误后才能通电。

5）安装结束后应进行空载试验。起动时若凸轮控制器转到“2”位置后电动机仍没有转动，应停止起动，检查线路。

6）起动操作时手轮不能转动太快，每级之间保持至少约1s的时间间隔。

6.1.3 过流继电器

过流继电器主要用于频繁、重载起动的场合，作为电动机的过载和短路保护。常用的过电流继电器有JT4、JL12及JL14等系列。

1. 型号意义

过流继电器型号意义示例如下：

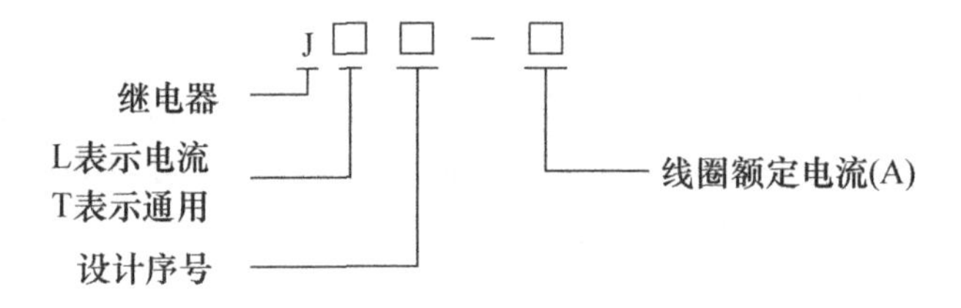

2. 外观及图形符号

过流继电器的外观及图形符号如图6.1.3所示。

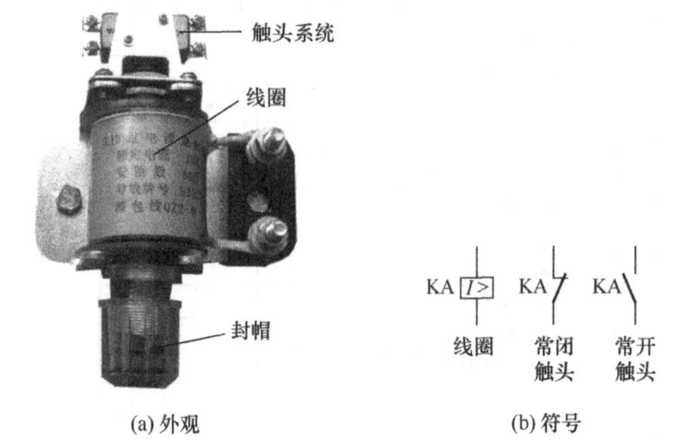

图6.1.3 过流继电器的外观及符号

3. 选用

1）过流继电器的额定电流一般可按长期工作的额定电流选择。

2）过流继电器的种类、数量、额定电流及复位方式应满足控制线路的要求。

3）过流继电器的整定值一般为电动机额定电流的1.7～2倍，频繁起动场合可取2.25～2.5倍。

4. 安装与使用

1）安装前应检查额定电流是

否与实际要求相符。

2）安装前应检查电流整定值是否与实际要求相符，如不相符应整定。整定时，拧下封帽，用螺丝刀调节调整螺钉，如果动作电流值过大，向顺时针方向调节，反之向逆时针方向调节。

3）安装后，在触头不通电的情况下，使线圈通电操作几次，看过流继电器动作是否可靠。

4）定期检查继电器各零部件是否有松动及损坏现象，并保持触头的清洁。

6.1.4　电阻器

在绕线转子异步电动机的转子电路中，若接入适量的外加电阻，不仅可以减小电动机的起动电流，还能得到所需的起动转矩。在起重设备中，电阻器有对称和不对称两种形式。

1. 型号意义

电阻器型号意义示例如下。

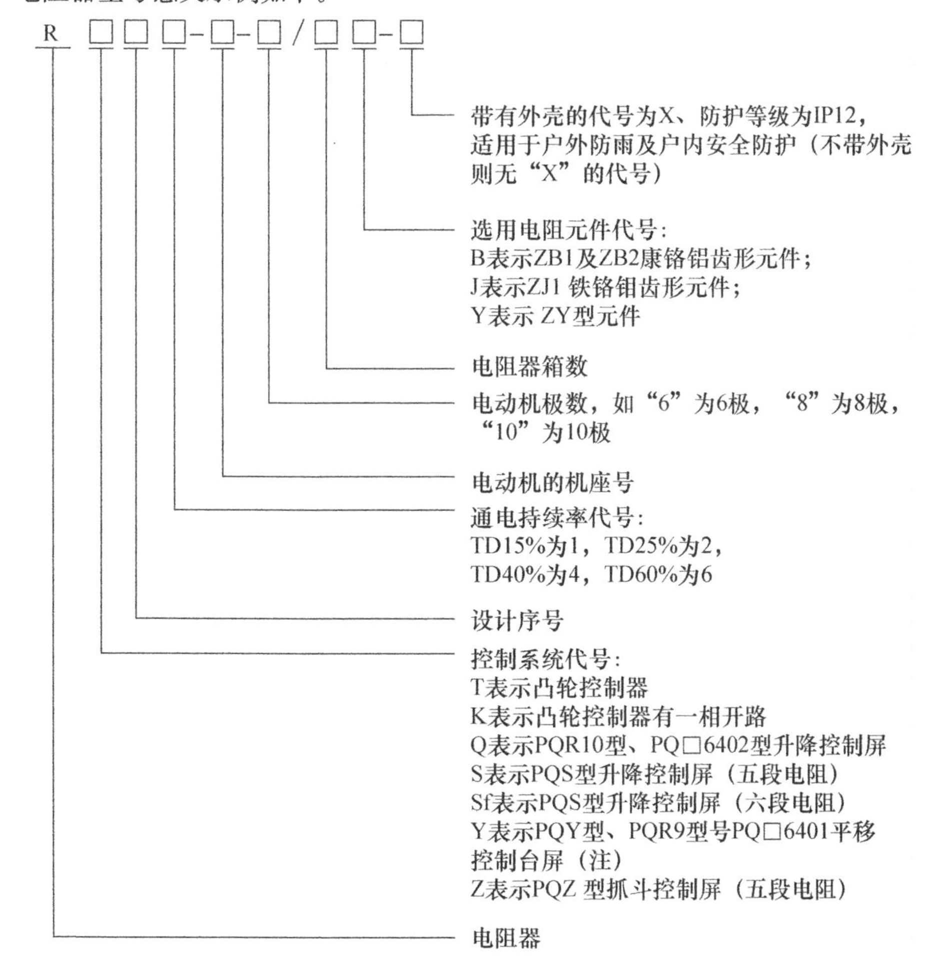

2. 绕线式电动机对称起动电阻的计算

(1) 计算转子额定电阻

$$R=\frac{U_2}{1.73I_2}(\Omega)$$

式中，U_2——转子电压（V）；

I_2——转子电流（A）。

(2) 计算转子每相的内电阻

$$r=SR=\frac{n_1-n}{n_1}R(\Omega)$$

式中，S——转差率；

n_1——同步转速；

n——电动机额定转速。

(3) 计算电动机额定力矩

$$M_e=\frac{9555P_e}{n}(\mathrm{N\cdot m})$$

式中，M_e——电动机额定力矩（N·m）；

P_e——电动机额定容量（kW）。

(4) 计算电动机最大起动力矩与额定力矩之比 M_x

$$M_x=\frac{M_{max}}{M_e}$$

式中，M_{max}——最大起动力矩（N·m）。

(5) 确定起动电阻级数 m

电阻级数可查表 6.1.1 确定。

表 6.1.1 起动电阻级数

电动机容量/kW	手动控制操纵	接触器操纵	备 注
2.5 以下	2	1	容量大时选大值
3.5～7.5	2～3	1～2	
11～18.5	2～3	2～3	
22～33	3～4	2～3	
37～55	3～4	3～4	
60～92	4～5	4	
100～200	4～5	5	

(6) 计算最大起动力矩与切换力矩之比

$$\lambda=\sqrt[m]{\frac{1}{SM_x}}$$

式中，λ——最大起动力矩与切换力矩之比。

(7) 计算各级电阻

第一级电阻

$$r_1 = r(\lambda - 1)(\Omega)$$

第二级电阻

$$r_2 = r_1\lambda(\Omega)$$

第三级电阻

$$r_3 = r_2\lambda(\Omega)$$

以此类推。切除电阻时，r_1 最后切除。

【例6.1】 JZR51-8绕线转子电动机，功率为22kW，转速为723r/min，转子电压为197V，转子电流为70.5A，现要求该电动机起动时最大转矩为额定转矩的两倍，试计算三级对称起动电阻有关数据。

解： 1）计算转子额定电阻。

$$R = \frac{U_2}{1.73I_2} = \frac{197}{1.73 \times 70.5} = 1.63(\Omega)$$

2）计算转子每相内阻。

$$r = \frac{n_1 - n}{n_1}R = \frac{750 - 723}{750} \times 1.63 = 0.059(\Omega)$$

3）计算额定转矩。

$$M_e = \frac{9555P_e}{n} = \frac{9555 \times 22}{723} = 290.7(\mathrm{N \cdot m})$$

4）确定最大转矩。取

$$M_{max} = 2M_e$$

$$M_x = \frac{M_{max}}{M_e} = 2$$

5）确定电阻级数。由表6.1.1选 $m=3$。

6）计算力矩比。

$$\lambda = \sqrt[m]{\frac{1}{SM_x}} = \sqrt[3]{\frac{1}{0.036 \times 2}} = \sqrt[3]{13.9} = 2.4$$

7）计算各级电阻。

第一级电阻

$$r_1 = r(\lambda - 1) = 0.059 \times (2.4 - 1) = 0.083(\Omega)$$

第二级电阻

$$r_2 = r_1\lambda = 0.083 \times 2.4 = 0.2(\Omega)$$

第三级电阻

$$r_3 = r_2\lambda = 0.2 \times 2.4 = 0.48(\Omega)$$

3. 绕线式电动机不对称起动电阻的计算

根据经验计算不对称电阻值。

(1) 计算转子额定电阻

$$R = \frac{U_2}{1.73 I_2}(\Omega)$$

(2) 计算各级电阻

$$r_1 = R \times 277\%(\Omega)$$
$$r_2 = R \times 171\%(\Omega)$$
$$r_3 = R \times 64\%(\Omega)$$
$$r_4 = R \times 128\%(\Omega)$$
$$r_5 = R \times 234\%(\Omega)$$

切除电阻时按 $r_5 \sim r_1$ 的顺序切除。

6.1.5 控制线路

凸轮控制器控制转子绕组串电阻器的控制线路如图 6.1.4 所示。

1. 控制线路组成

控制线路主要由主电路短路保护过流继电器 KA1、KA2、FU1，控制电路短路保护熔断器 FU2，主控接触器 KM，不对称起动电阻 R，凸轮控制器 AC，终端保护行程开关 SQ1、SQ2，起动按钮 SB1 和停止按钮 SB2 组成。

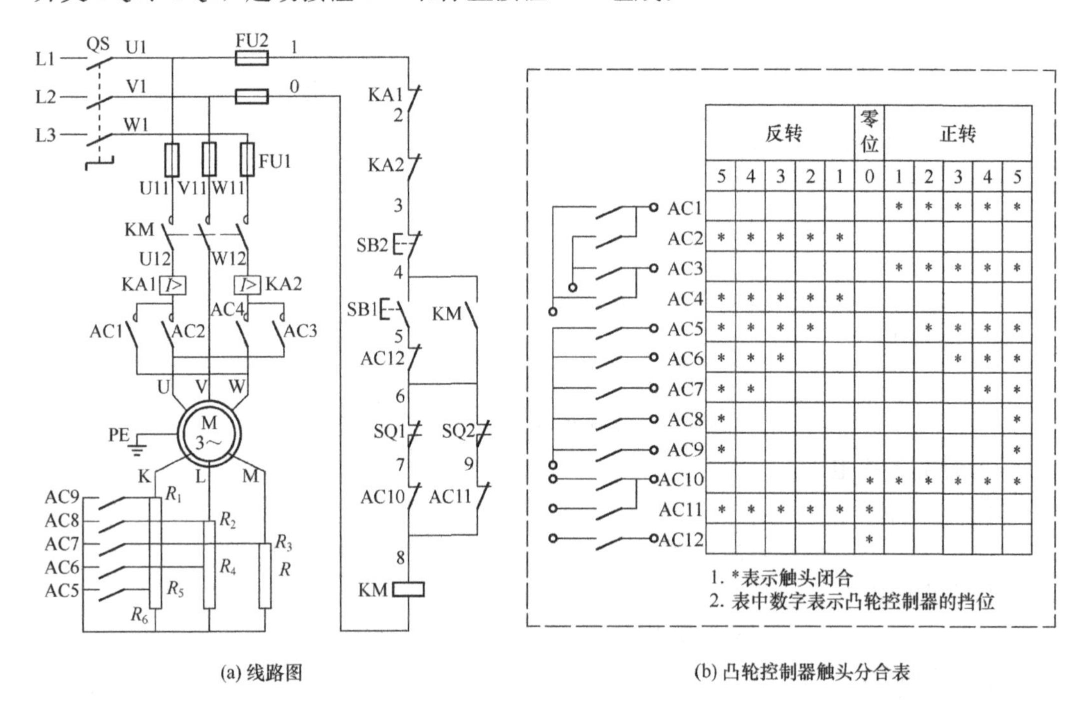

	反转					零位	正转				
	5	4	3	2	1	0	1	2	3	4	5
AC1							*	*	*	*	*
AC2	*	*	*	*	*						
AC3							*	*	*	*	*
AC4	*	*	*	*	*						
AC5	*	*	*	*				*	*	*	*
AC6	*	*	*						*	*	*
AC7	*	*								*	*
AC8	*										*
AC9	*										*
AC10						*	*	*	*	*	*
AC11	*	*	*	*	*	*					
AC12						*					

1. *表示触头闭合
2. 表中数字表示凸轮控制器的挡位

(a) 线路图　　(b) 凸轮控制器触头分合表

图 6.1.4 凸轮控制器控制转子绕组串电阻器的控制线路图

2. 工作原理

首先将凸轮控制器 AC 置于“0”位，此时凸轮控制器 AC 的三对触头 AC10～

AC12闭合，为控制电路的工作做好准备。然后合上电源开关QS，按下起动按钮SB1，接触器KM线圈得电并自锁，主触头接通主电路电源，为电动机的起动做好准备。

（1）正转

将凸轮控制器AC的手轮转到正转“1”位，这时凸轮控制器的触头AC11和AC12断开，而AC10仍然闭合，保持接触器KM线圈得电（此时接触器线圈供电回路1#、FA1、FA2、SB2、接触器KM的自锁触头、SQ1、AC10、接触器KM线圈、2#），凸轮控制器的触头AC1、AC3闭合，接通电动机M定子绕组正转电源，由于凸轮控制器的触头AC5～AC9还处于断开状态，转子绕组串接全部电阻R正向起动。

当凸轮控制器AC的手轮转到正转“2”位，AC5闭合，切除电阻器R的一级电阻R_5，电动机M正转加速，再将手轮依次转到“3”“4”位，AC6、AC7闭合，切除电阻器R的两级电阻R_4、R_3，电动机继续加速。当手轮转到“5”位时，AC8、AC9同时闭合，切除电阻器R的电阻R_2、R_3，此时电阻器R的全部电阻被切除，电动机起动完毕，全速正转。

在后级触头闭合时，前级闭合的触头仍然保持闭合状态。

（2）反转

将凸轮控制器AC的手轮转到反转“1”位，这时凸轮控制器的触头AC10和AC12断开，而AC11仍然闭合，保持接触器KM线圈得电（此时接触器线圈供电回路1#、FA1、FA2、SB2、接触器KM的自锁触头、SQ2、AC11、接触器KM线圈、2#），凸轮控制器的触头AC2、AC4闭合，接通电动机M定子绕组反转电源，由于凸轮控制器的触头AC5～AC9还处于断开状态，转子绕组串接全部电阻R反向起动。

当凸轮控制器AC的手轮转到反转“2”位，AC5闭合，切除电阻器R的一级电阻R_5，电动机M反转加速，再将手轮依次转到“3”“4”位，AC6、AC7闭合，切除电阻器R的两级电阻R_4、R_3，电动机继续加速。当手轮转到“5”位时，AC8、AC9同时闭合，切除电阻器R的电阻R_2、R_3，此时电阻器R的全部电阻被切除，电动机起动完毕，全速反转。

（3）停止

不管电动机是在正转还是反转状态，正常停止时，应将凸轮控制器AC的手轮依次逐级退回到“0”位。遇到紧急状态停止，立即按下停止按钮SB2。

凸轮控制器AC的三对触头AC10、AC11、AC12除在“0”时同时闭合，在其他挡位时只能有一对闭合，其目的是保证凸轮控制器AC必须置于“0”位时才能使接触器KM线圈得电吸合，然后通过凸轮控制器AC使电动机逐级起动，避免电动机直接起动快速运转产生意外事故。

6.1.6　线路安装

1）分析控制线路，根据图6.1.4所示控制线路图以及控制电动机功率（7.5kW）配齐所用电气元器件、导线，并检查元件质量。

2）根据元件布置图安装元件，安装线槽，各元件的安装位置整齐、匀称、间距合理。

3）布线。布线时以接触器为中心，由里向外，由低至高，先控制线路，后主电路，以不妨碍后续布线为原则。布线完成后如图 6.1.5 所示。

4）安装并连接行程开关，如图 6.1.6 所示（实际应用中行程开关安装在设备上）。

图 6.1.5　安装完成后的控制板

图 6.1.6　连接行程开关

5）安装凸轮控制器，并连接电阻器、控制板、电动机。

① 连接电阻器 R_6 与凸轮控制器的公共点，如图 6.1.7 所示。

② 连接电阻器 R_5 与凸轮控制器 AC5，如图 6.1.8 所示。

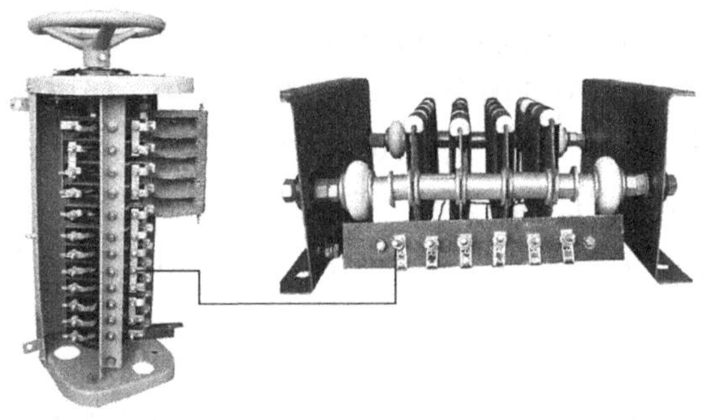

图 6.1.7　电阻器 R_6 与凸轮控制器公共点连接

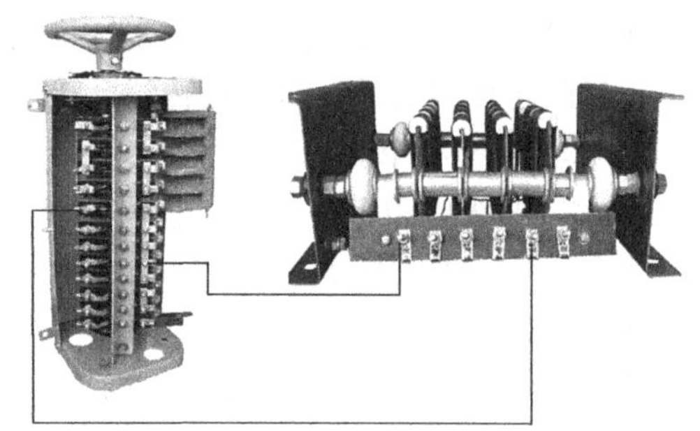

图 6.1.8　电阻器 R_5 与凸轮控制器 AC5 连接

③ 连接电阻器 R_4 与凸轮控制器 AC6，如图 6.1.9 所示。

④ 连接电阻器 R_3 与凸轮控制器 AC7，如图 6.1.10 所示。

⑤ 连接电阻器 R_2 与凸轮控制器 AC8，如图 6.1.11 所示。

⑥ 连接电阻器 R_1 与凸轮控制器 AC9，如图 6.1.12 所示。

⑦ 连接控制板的 8# 线与凸轮控制器 AC10 和 AC11 的公共点，如图 6.1.13 所示。

⑧ 连接控制板的 7# 线与凸轮控制器 AC10，如图 6.1.14 所示。

⑨ 连接控制板的 9# 线与凸轮控制器 AC11，如图 6.1.15 所示。

⑩ 连接控制板的 5# 线与凸轮控制器 AC12，如图 6.1.16 所示。

⑪ 连接控制板的 6# 线与凸轮控制器 AC12，如图 6.1.17 所示。

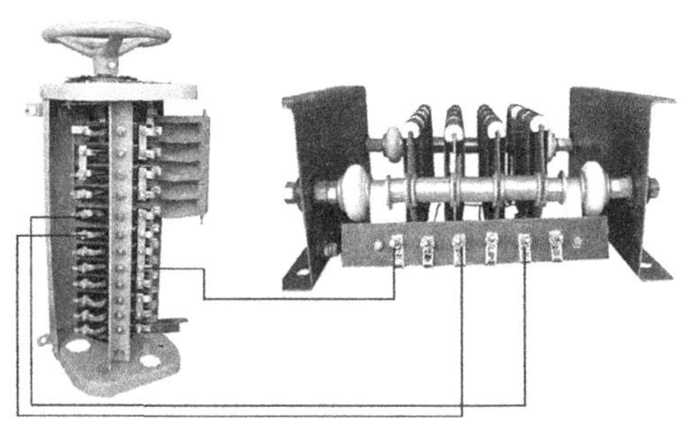

图 6.1.9　电阻器 R_4 与凸轮控制器 AC6 连接

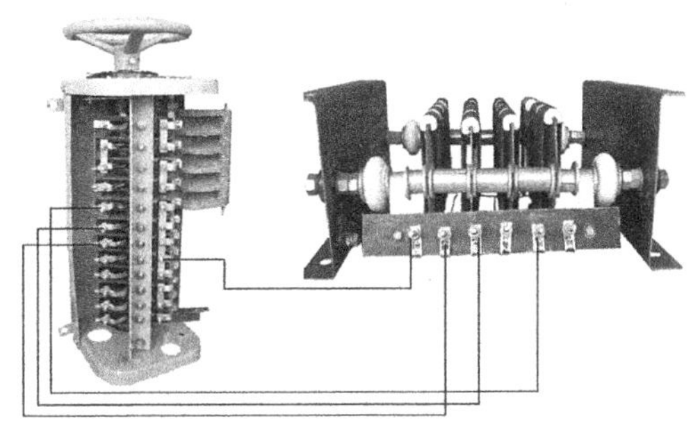

图 6.1.10　电阻器 R_3 与凸轮控制器 AC7 连接

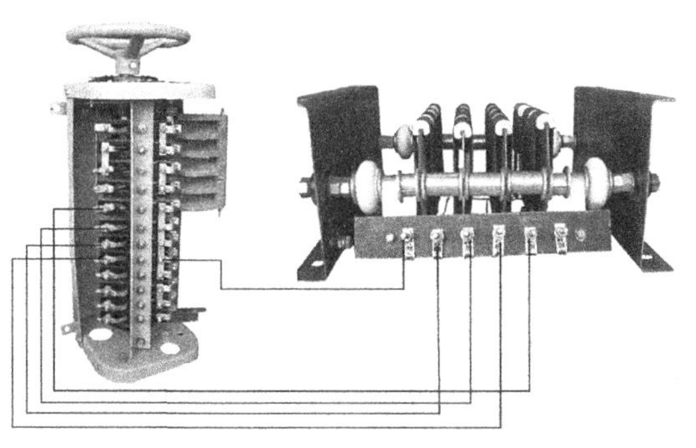

图 6.1.11　电阻器 R_2 与凸轮控制器 AC8 连接

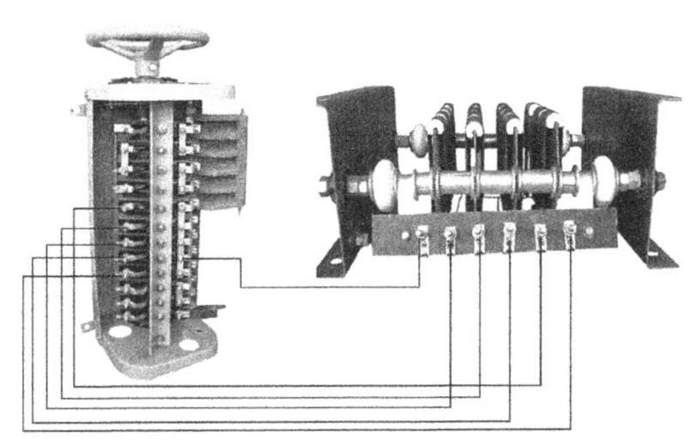

图 6.1.12　电阻器 R_1 与凸轮控制器 AC9 连接

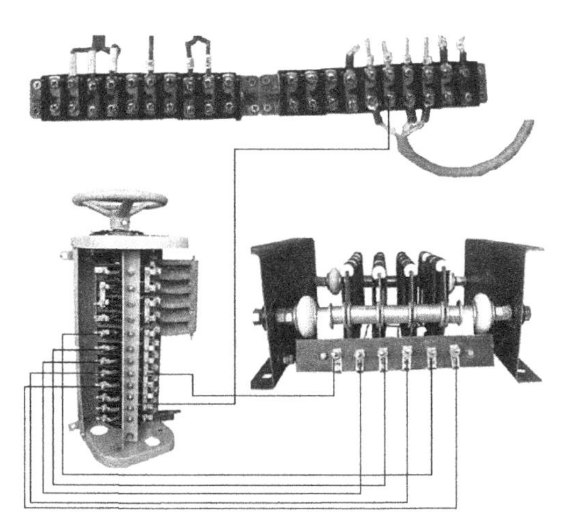

图 6.1.13　8# 线与凸轮控制器 AC10、AC11 公共点连接

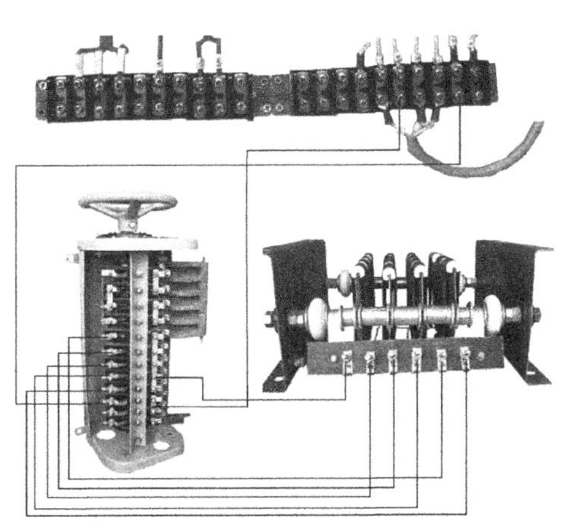

图 6.1.14　7# 线与凸轮控制器 AC10 连接

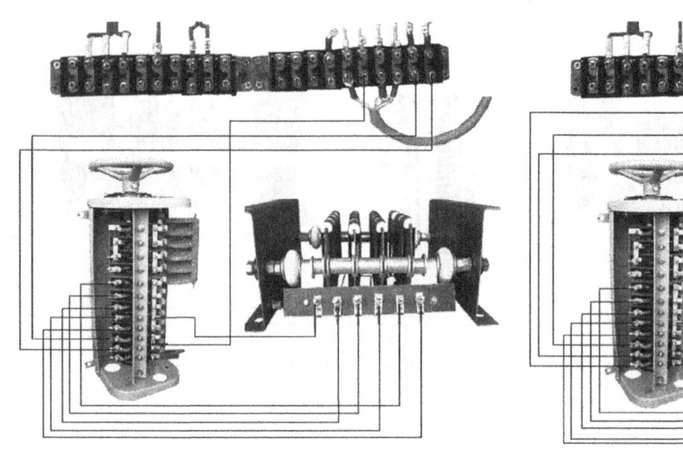

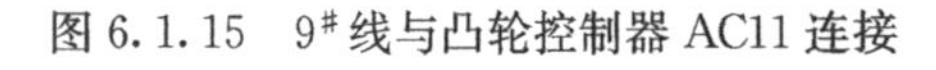

图 6.1.15　9#线与凸轮控制器 AC11 连接

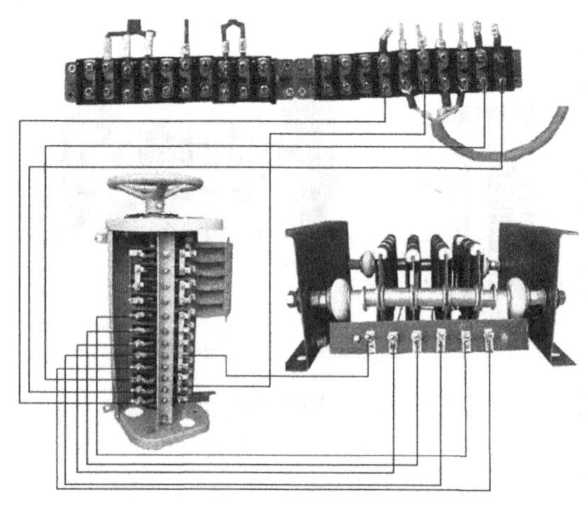

图 6.1.16　5#线与凸轮控制器 AC12 连接

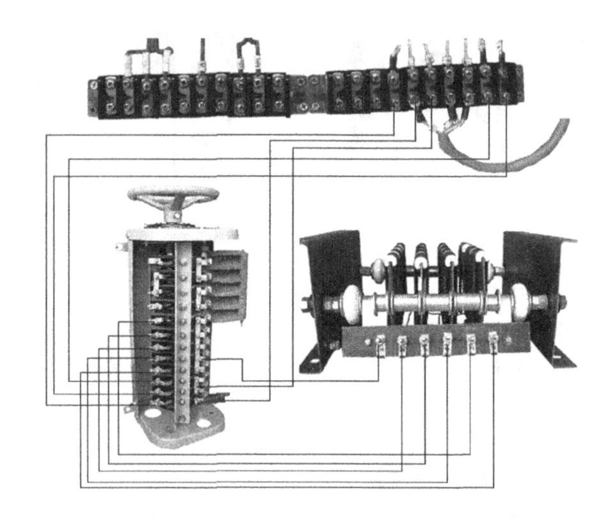

图 6.1.17　6#线与凸轮控制器 AC12 连接

⑫ 连接控制板的主电路与凸轮控制器，连接凸轮控制器与电动机定子绕组，如图 6.1.18 所示。

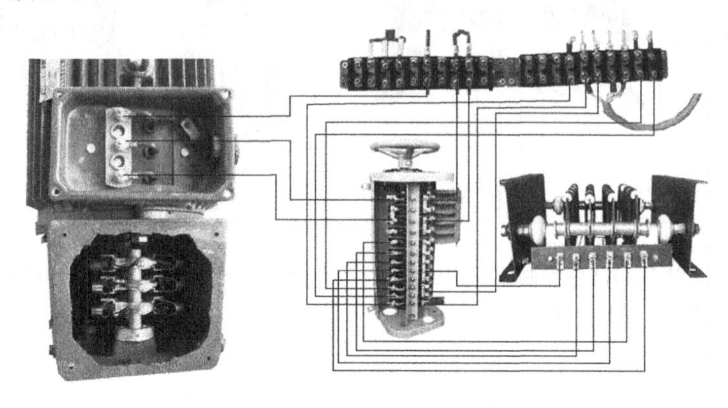

图 6.1.18　主电路与凸轮控制器连接

⑬ 连接电动机转子绕组，如图 6.1.19 所示。

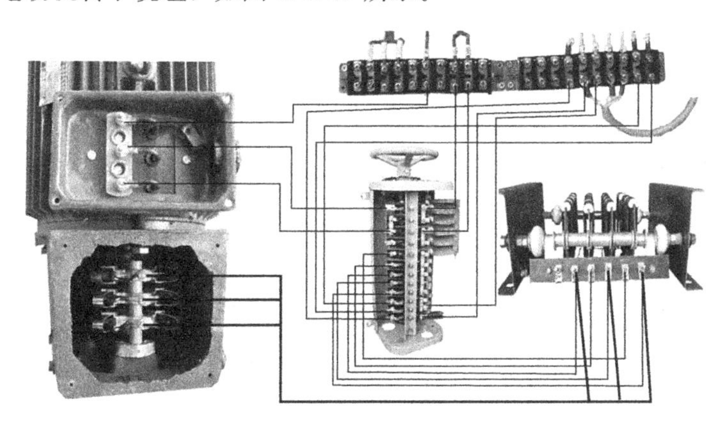

图 6.1.19　连接电动机转子绕组

6.1.7　调试

1）连接电动机、电阻器和按钮、行程开关金属外壳的保护接地线。

2）连接电源。

3）整定过流继电器。

4）检查。通电前应认真检查有无错接、漏接造成不能正常运转或短路事故的现象。

5）通电试车。试车时注意观察接触器情况。观察电动机运转是否正常，若有异常现象应马上停车。

6）试车完毕，应遵循停转、切断电源、拆除三相电源线、拆除电动机定子绕组线和转子绕组线的顺序断开线路。

6.1.8　注意事项

1）凸轮控制器安装前应转动手轮，检查运动系统是否灵活，触头分合顺序是否与分合表相符合。

2）凸轮控制器必须牢固安装在墙壁或支架上。

3）凸轮控制器接线务必正确，接线后必须盖上灭弧罩。

4）电阻器接线前应检查电阻片的连接线是否牢固，有无松动现象。

5）控制板外配线必须套管加以防护，确保安全。

6）电动机、电阻器及按钮金属外壳必须保护接地。

7）通电试车、调试及检修时，必须在指导教师的监护和允许下进行。

8）起动操作凸轮控制器时，转动手轮不能太快，应逐级起动，每级之间保持至少 1s 的时间间隔。

9）电动机旋转时，注意转子滑环与电刷之间的火花，如果火花太大，或滑环有灼伤痕迹，应立即停车检查。

10）电阻器必须采取遮护或隔离措施，以防止发生触电事故。

11）要做到安全操作和文明生产。

6.1.9 评分

评分细则见评分表。

“凸轮控制器控制转子绕组串电阻控制线路的安装”技能自我评分表

项　　目	技术要求	配分/分	评分细则	评分记录
安装前检查	正确无误检查所需元件	5	电器元件漏检或错检，每个扣1分	
安装元件	按布置图合理安装元件	15	不按布置图安装，扣15分 元件安装不牢固，每个扣2分 元件安装不整齐、不合理，扣5分 损坏元件，每个扣15分	
布线	按控制接线图正确接线	40	不按控制线路图接线，扣25分	
			布线不符合要求： 主电路，每根扣3分 控制电路，每根扣2分	
			接线端子松动，导线金属部分裸露过长，反圈、有毛刺，每处扣1分	
			损伤导线，每处扣1分	
			编码管套装不正确，每处扣1分	
通电试车	正确整定元件，检查无误，通电试车一次成功	40	电流继电器未整定或错误，扣10分	
			电阻器连接错误，每处扣5分	
			熔体选择错误，每组扣15分	
			试车不成功，每返工一次扣15分	
定额工时120min	超时，此项从总分中扣分		每超过5min，扣3分	
安全、文明生产	按照安全、文明生产要求		违反安全、文明生产，从总分中扣20分	

思　考　题

1. 如图6.1.4所示的线路，接触器KM不能起动，试分析故障原因。

2. 如图6.1.4所示的线路，凸轮控制器手轮转到正转“1”位，接触器KM立即断电释放，试分析故障原因。

3. 如图6.1.4所示的线路，只要转动凸轮控制器手轮，不管是正转还是反转，接触器KM立即断电释放，试分析故障原因。

课题6.2　按钮、接触器控制转子绕组串电阻控制线路的安装与调试

> **学习目标**
> 1. 会分析控制线路。
> 2. 掌握控制线路的安装、调试。
> 3. 会选用电气控制元件和导线。

在课题6.1中绕线电动机转子串接的是不对称电阻，当绕线电动机转子串接对称电阻且不用调速时，一般采用按钮、接触器控制转子绕组串电阻控制线路。

6.2.1　控制线路

按钮、接触器控制转子绕组串电阻控制线路如图6.2.1所示。

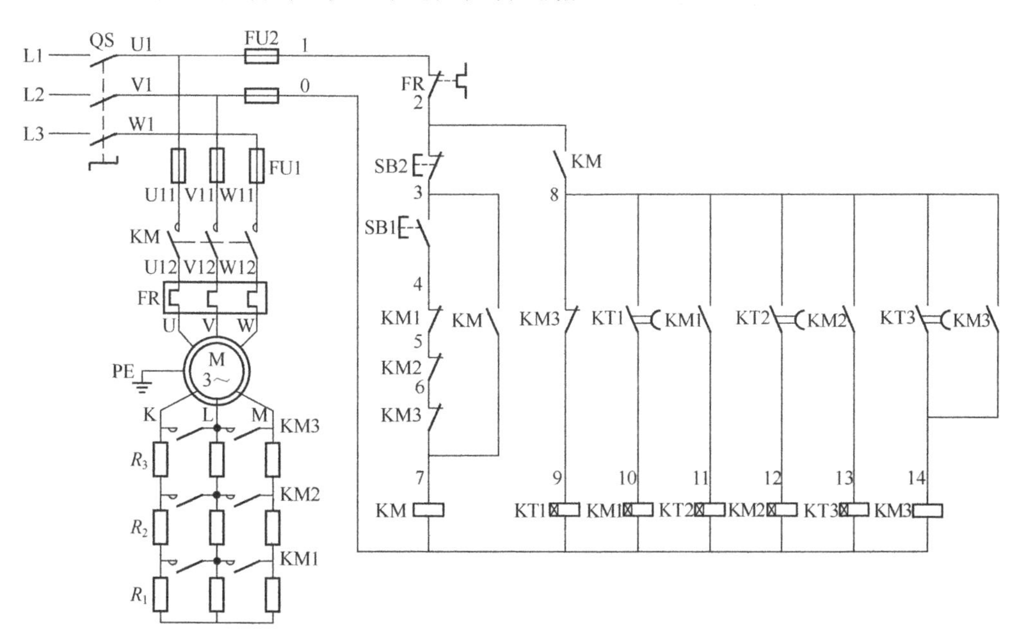

图6.2.1　按钮、接触器控制转子绕组串电阻控制线路图

1. 控制线路组成

如图6.2.1所示，控制线路由电源转换开关QS、主电路短路保护熔断器FU1、控制电路短路保护熔断器FU2、过载保护热继电器FR、主控制交流接触器KM、逐级起

动控制交流接触器 KM1～KM3、逐级起动延时时间继电器 KT1～KT3、起动电阻器 R_1～R_3、起动按钮 SB1 和停止按钮 SB2 组成。

2. 工作原理

首先合上电源开关 QS。

（1）起动

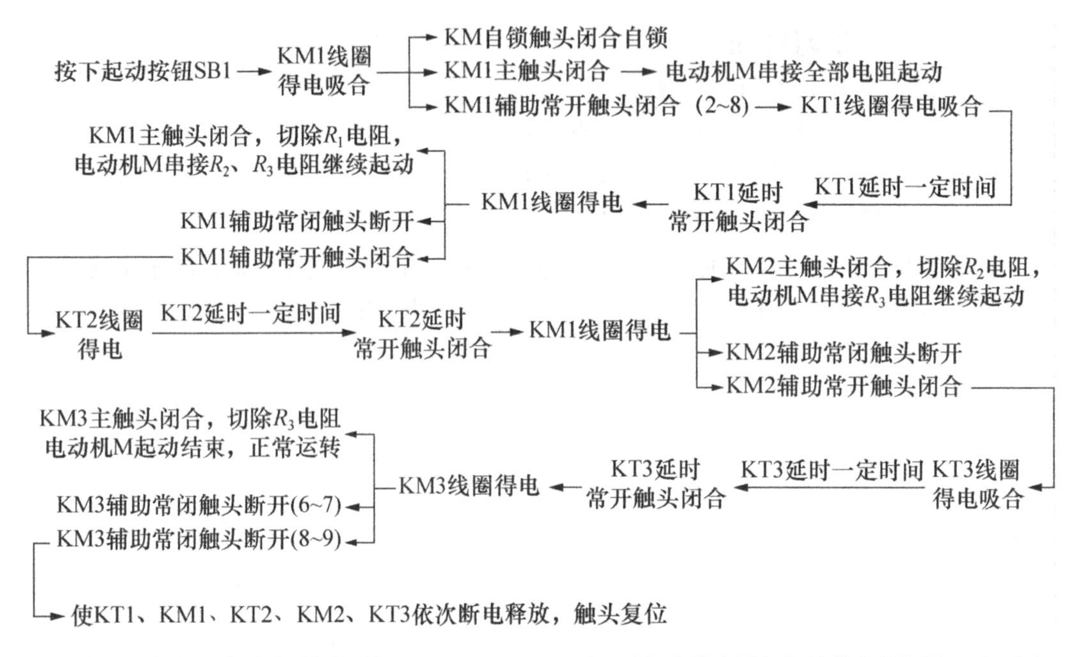

与起动按钮串接的接触器 KM1、KM2、KM3 辅助常闭触头的作用是保证电动机在转子绕组中接入全部外加电阻的条件下才能起动。

（2）停止

只需按下停止按钮 SB2 即可。

6.2.2 线路安装

1）分析控制线路，根据图 6.2.1 所示控制线路图以及控制电动机功率（2.2kW）配齐所用电气元器件、导线，并检查元件质量。

2）根据元件布置图安装元件，安装线槽，各元件的安装位置整齐、匀称、间距合理。

3）布线。布线时以接触器为中心，由里向外，由低至高，先电源电路，再控制电路，后主电路，以不妨碍后续布线为原则。布线应层次分明，不得交叉。布线完成后如图 6.2.2 所示。

图 6.2.2 安装完成后的控制板

4）安装连接电阻器。

① 电阻器之间牢固紧定后连接，如图 6.2.3 所示。

② 连接电阻器 R_1，如图 6.2.4 所示。

图 6.2.3　电阻器连接

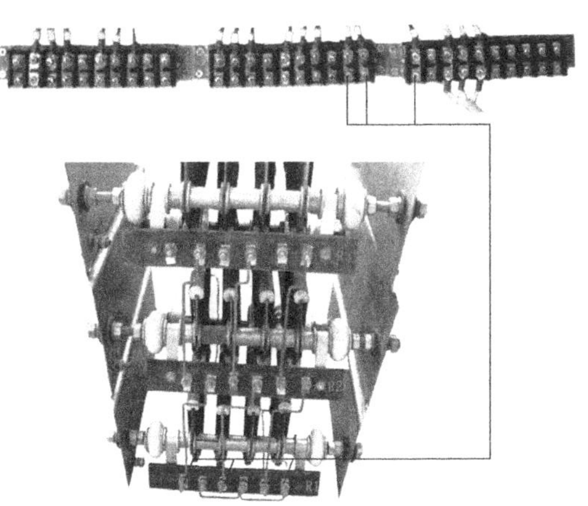

图 6.2.4　连接电阻器 R_1

③ 连接电阻器 R_2，如图 6.2.5 所示。

④ 连接电阻器 R_3，如图 6.2.6 所示。

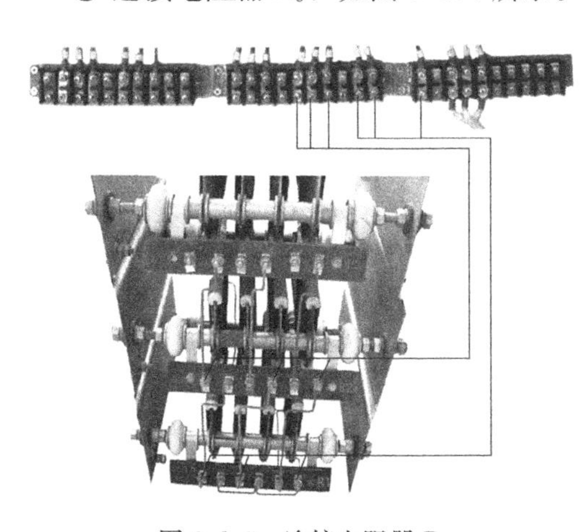

图 6.2.5　连接电阻器 R_2

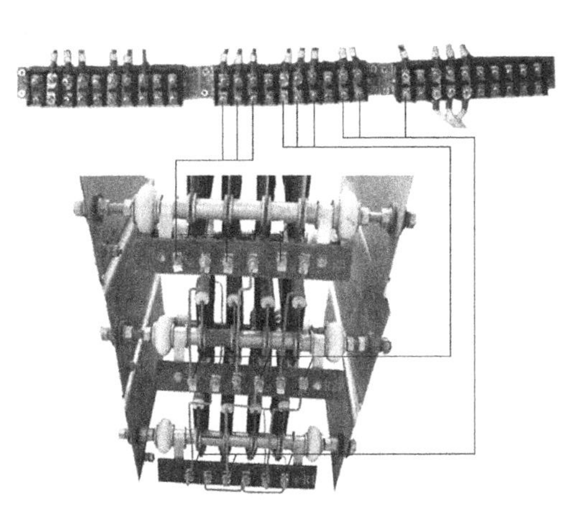

图 6.2.6　连接电阻器 R_3

⑤ 连接转子绕组 K、L、M 与电阻器，如图 6.2.7 所示。

⑥ 连接定子绕组，如图 6.2.8 所示。

6.2.3　调试

1）连接电动机、电阻器和按钮金属外壳的保护接地线。

2）连接电源。

3）整定时间继电器、热继电器。

4）检查。通电前应认真检查有无错接、漏接造成不能正常运转或短路事故的现象。

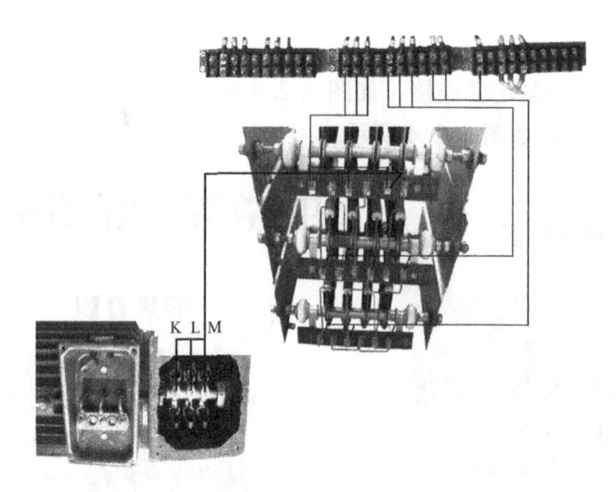

图 6.2.7 连接绕组 K、L、M 与电阻器

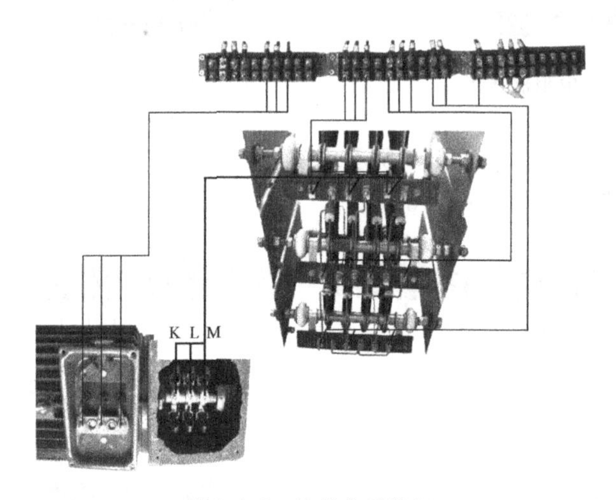

图 6.2.8 连接定子绕组

5）通电试车。试车时注意观察接触器情况。观察电动机运转是否正常，若有异常现象应马上停车。

6）试车完毕，应遵循停转、切断电源、拆除三相电源线、拆除电动机定子绕组线和转子绕组线的顺序断开线路。

6.2.4 注意事项

1）接触器 KM1、KM2、KM3 与时间继电器 KT1、KT2、KT3 的接线务必正确，否则会造成按下起动按钮，将电阻全部切除起动，电动机过流的现象。

2）电阻器接线前应检查电阻片的连接线是否牢固，有无松动现象。

3）控制板外配线必须套管加以防护，确保安全。

4）电动机、电阻器及按钮金属外壳必须保护接地。

5）时间整定为 3s。

6）通电试车、调试及检修时，必须在指导教师的监护和允许下进行。

7）电动机旋转时，注意转子滑环与电刷之间的火花，如果火花太大，或滑环有灼伤痕迹，应立即停车检查。

8）电阻器必须采取遮护或隔离措施，以防止发生触电事故。

9）要做到安全操作和文明生产。

6.2.5　评分

评分细则见评分表。

“按钮、接触器控制转子绕组串电阻控制线路的安装”技能自我评分表

项　目	技术要求	配分/分	评分细则	评分记录
安装前检查	正确无误检查所需元件	5	电器元件漏检或错检，每个扣 1 分	
安装元件	按布置图合理安装元件	15	不按布置图安装，扣 15 分 元件安装不牢固，每个扣 2 分 元件安装不整齐、不合理，扣 5 分 损坏元件，每个扣 15 分	
布线	按控制接线图正确接线	40	不按控制线路图接线，扣 25 分	
			布线不符合要求： 主电路，每根扣 3 分 控制电路，每根扣 2 分	
			接线端子松动，导线金属部分裸露过长，反圈、有毛刺，每处扣 1 分	
			损伤导线，每处扣 1 分	
			编码管套装不正确，每处扣 1 分	
通电试车	正确整定元件，检查无误，通电试车一次成功	40	热继电器未整定或错误，扣 10 分	
			时间继电器未整定或错误，扣 10 分	
			电阻器连接不正确，每处扣 5 分	
			熔体选择错误，每组扣 15 分	
			试车不成功，每返工一次扣 15 分	
定额工时 120min	超时，此项从总分中扣分		每超过 5min，扣 3 分	
安全、文明生产	按照安全、文明生产要求		违反安全、文明生产，从总分中扣 20 分	

思　考　题

1. 图 6.2.1 中，接触器 KM 不能起动，试分析故障原因。
2. 根据例 6.1 中提供的数据，试计算五级不对称电阻。
3. 图 6.2.1 所示的线路要求实现正反转，线路怎样改进？

课题 6.3 转子绕组串联频敏变阻器的控制线路的安装与调试

学习目标

1. 了解频敏变阻器。
2. 会分析控制线路。
3. 掌握控制线路的安装、调试。
4. 会选用电气控制元件和导线。

绕线式异步电动机采用转子绕组串接电阻起动，要获得良好的起动特性，需要较多的起动级数，因而使用的电器较多，控制线路复杂，同时由于逐级切除电阻，会产生一定的机械冲击力。对于不频繁起动，且不要求调速的设备，广泛采用频敏变阻器代替起动电阻器控制绕线式异步电动机的起动。

6.3.1 频敏变阻器

频敏变阻器是一种无触点电磁元件，相当于一个等值阻抗。当电动机在起动或制动过程初始的瞬间，转子感应电势很大，频率高，此时频敏变阻器的阻抗亦很大，转子电路产生的能量一小部分将被电抗限制，而绝大部分消耗在频敏变阻器上并转化成热能。随着转子转速增加，转子电路中的电流和频率不断减小，频敏变阻器的等值阻抗和消耗在频敏变阻器上的能量也随之减小。当起动完毕，转差率接近零，频敏变阻器的等值阻抗和损耗亦接近零，从而达到自动变阻的目的。

1. 型号意义

频敏变阻器型号意义示例如下：

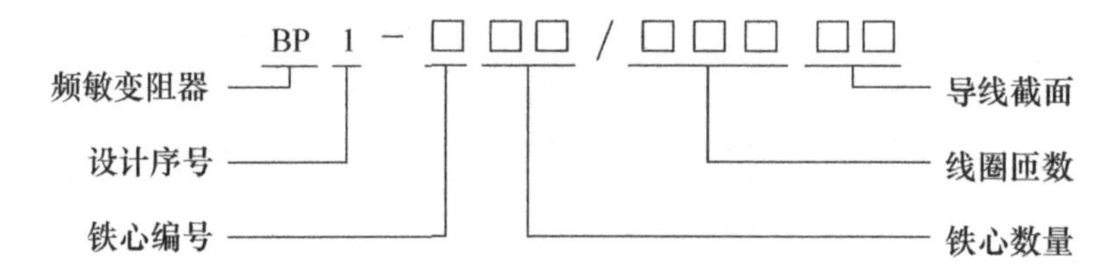

2. 频敏变阻器的结构

频敏变阻器主要由铁心、绕组及附件三大部分构成。铁心由数片 E 形厚钢板叠合，绕组由铜导线绕制而成，结成 Y 形，一般有 0、30%、80%、90%、100%五个抽头。其外形及结构如图 6.3.1 所示。

图 6.3.1　频敏变阻器的外形及结构

3. 频敏变阻器的选择

频敏变阻器计算比较复杂，一般根据电动机功率和工作制式（偶尔起动制、重复短时起动制）查表选择。

1）偶尔起动负载：水泵、空气压缩机、轧钢机、传送带。

2）重复短时起动负载：桥式起重机、升降台、推钢机。

4. 频敏变阻器的使用

1）对于偶尔起动的频敏变阻器，在起动完毕后必须切除；对于重复短时起动的频敏变阻器，允许长期接于转子电路中。

2）偶尔起动的频敏变阻器允许连续起动几次，但是总的起动时间轻载不得超过80s，重载不得超过120s。

3）如果起动电流过小，起动转矩太小，起动时间过长，应换接频敏变阻器的抽头，使匝数减少，一般使用80%的抽头或更少的抽头匝数。由于匝数少，起动电流增大，起动转矩也增大。

4）如果起动电流过大，起动时间过短，应换接频敏变阻器的抽头，使用100%的抽头匝数。匝数增加后，起动电流减小，起动转矩也减小。

5）如果在刚起动时起动转矩过大，伴有机械冲击现象，但起动完毕后稳定转速又偏低（偶尔起动频敏变阻器，起动完毕切除时冲击电流较大），应增加频敏变阻器的铁心气隙。由于气隙增加，起动电流略增，起动转矩略减，但起动完毕时转矩增大，提高了稳定转速。

增加气隙的方法：首先松开频敏变阻器的四个拉紧螺栓，然后在E形铁心的上下铁心之间增加非磁性垫片（铜、铝、绝缘板），最后拧紧拉紧螺栓。

6.3.2　控制线路

图6.3.2所示是转子绕组串接频敏变阻器的控制线路图。

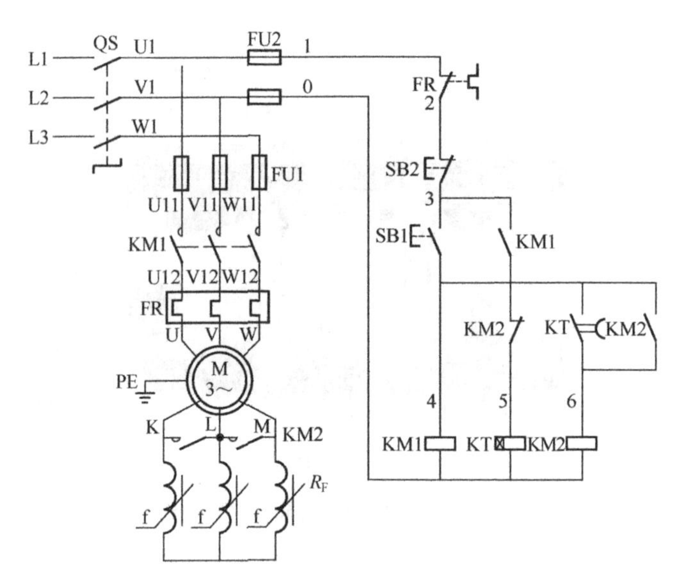

图 6.3.2 转子绕组串接频敏变阻器的控制线路图

1. 控制线路组成

如图 6.3.2 所示，控制线路由电源转换开关 QS、主电路短路保护熔断器 FU1、控制电路短路保护熔断器 FU2、过载保护热继电器 FR、主控制交流接触器 KM1、起动控制交流接触器 KM2、频敏变阻器 R_F、起动延时时间继电器 KT、起动按钮 SB1 和停止按钮 SB2 组成。

2. 工作原理

首先合上电源开关 QS，按下起动按钮 SB1，接触器 KM1 得电吸合并自锁，KM1 主触头闭合，电动机 M 转子串接频敏变阻器 R_F 起动，与此同时，时间继电器 KT 线圈得电吸合开始延时。

延时时间到，时间继电器 KT 延时闭合的常开触头闭合，接触器 KM2 线圈得电吸合并自锁，KM2 辅助常闭触头断开，时间继电器 KT 线圈断电释放，KT 的触头复位，KM2 主触头闭合，切除频敏变阻器 R_F，电动机 M 起动结束，正常运行。

如果要使电动机 M 停止，按下停止按钮 SB2 即可。

6.3.3 线路安装

1）分析控制线路，根据图 6.3.2 所示控制线路图以及控制电动机功率（11kW）配齐所用电气元器件、导线，并检查元件质量。

2）根据元件布置图安装元件，安装线槽，各元件的安装位置整齐、匀称、间距合理。

3）布线。布线时以接触器为中心，由里向外，由低至高，先电源电路，再控制电路，后主电路，以不妨碍后续布线为原则。同时，布线应层次分明，不得交叉。布线完成后如图6.3.3所示。

4）安装并连接频敏变阻器、控制板、电动机。

① 连接频敏变阻器与控制板，如图6.3.4所示。

图6.3.3　安装完成后的控制板

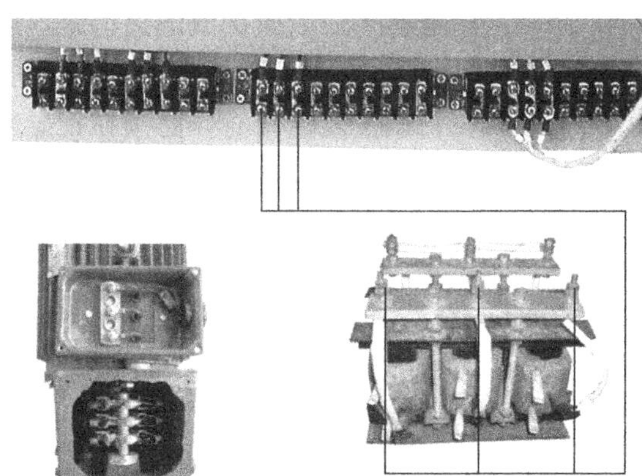

图6.3.4　控制板与频敏变阻器连接

② 连接频敏变阻器与电动机转子，如图6.3.5所示。

③ 连接电动机定子绕组与控制板，如图6.3.6所示。

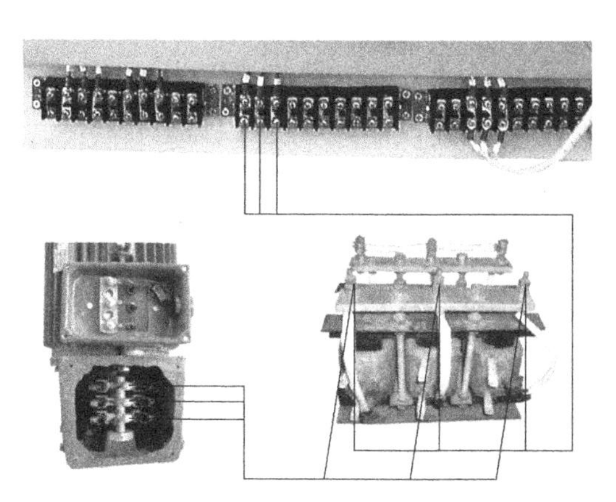

图6.3.5　电动机转子与频敏变阻器连接

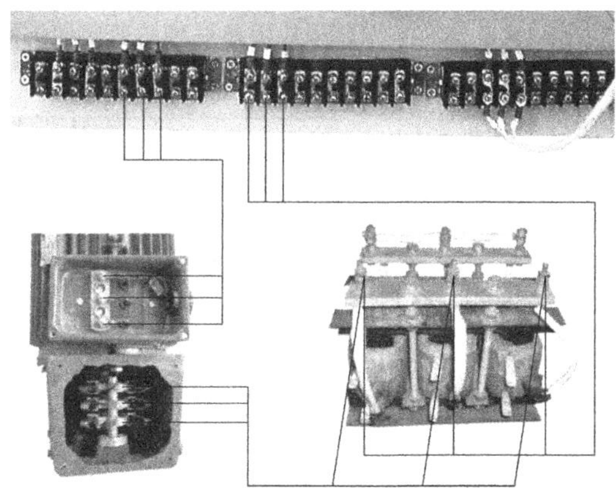

图6.3.6　电动机定子与控制板连接

6.3.4　调试

1）连接电动机、频敏变阻器和按钮金属外壳的保护接地线。

2）连接电源。

3）整定热继电器、时间继电器。

4）检查。通电前应认真检查有无错接、漏接造成不能正常运转或短路事故的现象。

5）通电试车。试车时，用钳形电流表测量并观察电动机起动电流。

6）试车完毕，应遵循停转、切断电源、拆除三相电源线、拆除电动机定子绕组线和转子绕组线的顺序断开线路。

6.3.5 注意事项

1）频敏变阻器必须采取遮护或隔离措施，以防止发生触电事故。

2）控制板外配线必须套管加以防护，确保安全。

3）通电试车、调试及检修时，必须在指导教师的监护和允许下进行。

4）如果起动电流过小，起动转矩太小，起动时间过长，应换接频敏变阻器的抽头，使匝数减少，一般使用80%的抽头。

5）如果起动电流过大，起动时间过短，应换接频敏变阻器的抽头，使用全部抽头。

6）如果起动时伴有机械冲击现象，起动完毕后转速又偏低，应增加频敏变阻器的铁心气隙。

7）电动机、频敏变阻器及按钮金属外壳必须保护接地。

8）要做到安全操作和文明生产。

6.3.6 评分

评分细则见评分表。

“转子绕组串联频敏变阻器的控制线路安装”技能自我评分表

项　　目	技术要求	配分/分	评分细则	评分记录
安装前检查	正确无误检查所需元件	5	电器元件漏检或错检，每个扣1分	
安装元件	按布置图合理安装元件	15	不按布置图安装，扣15分 元件安装不牢固，每个扣2分 元件安装不整齐、不合理，扣5分 损坏元件，每个扣15分	
布线	按控制接线图正确接线	40	不按控制线路图接线，扣25分	
			布线不符合要求： 主电路，每根扣3分 控制电路，每根扣2分	
			接线端子松动，导线金属部分裸露过长，反圈、有毛刺，每处扣1分	
			损伤导线，每处扣1分	
			编码管套装不正确，每处扣1分	
通电试车	正确整定元件，检查无误，通电试车一次成功	40	频敏变阻器连接错误，扣10分	
			熔体选择错误，每组扣15分	
			试车不成功，每返工一次扣15分	
定额工时90min	超时，此项从总分中扣分		每超过5min，扣3分	
安全、文明生产	按照安全、文明生产要求		违反安全、文明生产，从总分中扣20分	

思　考　题

1. 如图6.3.2所示的线路，接触器KM2不能起动，试分析故障原因。

2. 如图6.3.2所示的线路，频敏变阻器的抽头在90%处，起动时起动电流过小，怎样处理?

3. 试将图6.3.2所示线路改成按钮切换控制方式。

单元 7 直流电动机调速系统的调试及故障处理

由于直流调速具有调速范围较宽、调速平滑、动态响应过程快、低速运转时力矩大的特性，广泛应用于数控机床、造纸印刷、机械加工、机车车辆等行业中。

课题 7.1 概　　述

学习目标

1. 了解调速技术指标。
2. 了解直流调速系统。
3. 了解系统框图。

7.1.1 调速技术指标

在评价调速系统时，应考虑调速范围、静差率、调速的平滑性、调速时的容许输出（调速的负载能力）和经济性等。

1. 调速范围

在额定负载转矩下电动机可能调到的最高转速 n_{max} 与最低转速 n_{min} 之比称为调速范围，用 D 表示，即

$$D=\frac{n_{max}}{n_{min}}$$

式中，最高转速 n_{max} 受电动机换向及机械强度的限制，最低转速则受生产机械对转速相对稳定性要求的限制。所谓转速相对稳定性，是指负载转矩变化时转速变化的程度，转速变化越小，相对稳定性越好，能达到的 n_{min} 就越低，调速范围 D 就越大。

不同的生产机械对调速范围 D 的要求不同，如车床要求 D 为 20～120，造纸机要求 D 为 3～20，龙门刨床要求 D 为 10～40，轧钢机要求 D 为 3～120 等。

2. 静差率

直流他励电动机工作在某条机械特性上，由理想空载到额定负载运行的转速降 Δn_N 与理想空载转速 n_0 之比，取其百分数，称为该特性的静差率，用 S 表示。固有机械特性的静差率用 S_N 表示。

$$S_N = \frac{\Delta n_N}{n_0} \times 100\% = \frac{n_0 - n_N}{n_0} \times 100\%$$

静差率一般为 5%～10%。静差率 S 的大小反映静态转速相对稳定的程度，S 越小，额定转矩时的转速降 Δn_N 越小，转速相对稳定性越好。不同的生产机械要求不同的静差率，如普通车床要求 $S \leqslant 30\%$，龙门刨床要求 $S \leqslant 10\%$，造纸机要求 $S \leqslant 0.1\%$等。

3. 平滑性

在允许的调速范围内，调节的级数越多，即每一级速度的调节量越小，则调速的平滑性越好。调速的平滑性可用平滑系数 Φ 表示，其定义为相邻两级（i 级和 $i-1$ 级）转速或线速度之比，即

$$\Phi = \frac{n_i}{n_{i-1}} = \frac{v_i}{v_{i-1}}$$

一般取 $n_i > n_{i-1}$，即取 $\Phi > 1$。显然，Φ 越接近于 1，调速平滑性越好。如果可以任意接近于 1，则 n 可调至任意数值，平滑性最好，称为平滑调速或无级调速。

4. 调速时的容许输出

容许输出是指保持额定电流条件下调速时，电动机容许输出的最大转矩或最大功率与转速的关系。容许输出的最大转矩与转速无关的调速方法称为恒转矩调速方法；容许输出的最大功率与转速无关的调速方法称为恒功率调速方法。

注意：容许输出并不是实际输出，实际输出还要看负载的特性。

5. 调速经济指标

调速经济指标主要有投资大小、能量损耗和维护费用三个方面。

7.1.2 直流电动机调速系统

直流电动机调速系统按信号传递方式分为开环系统和闭环系统。

1. 开环调速系统

控制量决定被控量，而被控量对控制量不能产生任何影响的调速系统称为开环调速系统，系统示意图如图 7.1.1 所示。

若要改变电动机的转速，只要调节电位器 R_g，使放大器的给定电压 U_g 相应变化，从而改变晶闸管触发电路的控制角 α，改变晶闸管的整流输出电压 U_a，使直流电动机

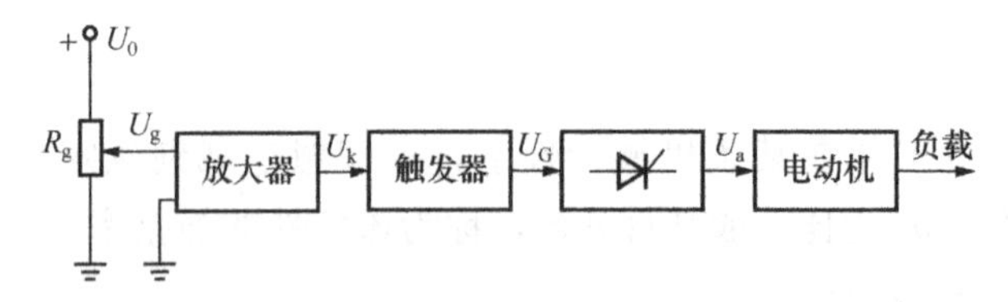

图 7.1.1　开环系统示意图

的转速也发生相应的改变。开环系统的特点：

1）系统输出量对控制作用无影响。

2）无反馈环节。

3）出现干扰靠人工消除。

4）无法实现高精度控制。

2. 闭环调速系统

系统的输出量对系统的控制作用有直接影响的控制系统，输出量直接或间接地反馈到输入端，形成闭环参与控制的系统称为闭环控制系统，也叫反馈控制系统。为了实现闭环控制，必须对输出量进行测量，并将测量的结果反馈到输入端，与输入量相减得到偏差，再由偏差产生直接控制作用而消除偏差。系统示意图如图 7.1.2 所示。

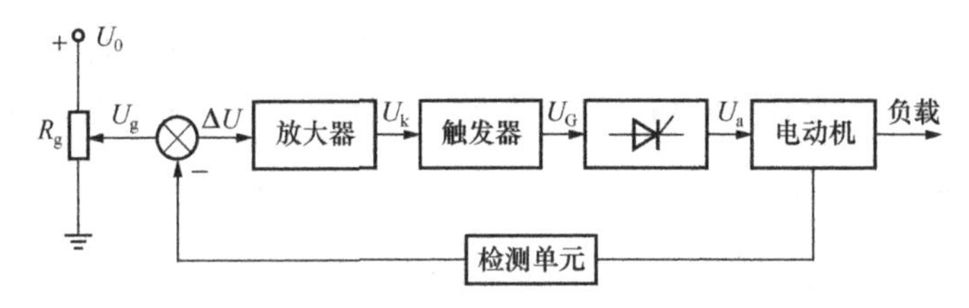

图 7.1.2　闭环系统示意图

闭环控制系统的特点：

1）系统输出量直接或间接地参与了对系统的控制作用。

2）有负反馈环节，并应用反馈减小或消除误差。

3）当出现干扰时可以自动减弱其影响。

4）系统可能工作不稳定。

7.1.3　转速负反馈调速系统

如图 7.1.3 所示，系统给定电压 U_g 仍由电位器 R_g 调节，测速发电机 TG 作为检测元件。工作中的发电机与直流电动机转速成正比，将测速发电机电压 U_f 一部分反馈到系统的输入端，与给定电压 U_g 比较，得到一个偏差电压 $\Delta U=U_g-U_f$，打开控制放大器，使晶闸管整流装置的控制角 α 减小，整流电压上升，电动机转速回升。

转速负反馈调速系统能克服系统扰动作用（负载变化、电源电压变化）对电动机转速的影响，但是电动机的转速不能回升到原来的数值。

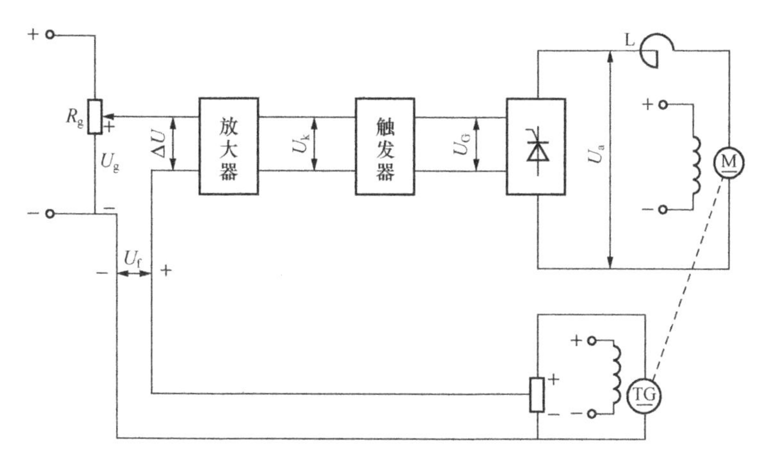

图 7.1.3　转速负反馈调速系统

因为假如电动机的转速已经回升到了原值，则测速发电机的电压也要回升到原来的数值，由于存在偏差电压 $\Delta U=U_g-U_f$，偏差电压又将下降到原来的数值，也就是说偏差电压 ΔU 没有增加；ΔU 不增加，晶闸管整流装置的输出整流电压 U_a 也不能作相应的增加，以补偿电枢主电路电阻引起的电压降落，这样，电动机的转速又将重新下降到原来的数值，不能因引入转速负反馈而得到相应的提高。

转速负反馈只能减少静态转速降落，使转速尽可能维持接近恒定，而不可能完全回复到原来的数值（即有误差）。这种维持被调节量（转速）近于恒值但又有静差的调节系统通常称为有差恒值调节系统，简称有静差系统。

7.1.4　电压负反馈调速系统

如图 7.1.4 所示，系统给定电压 U_g 仍由电位器 R_g 调节。电阻器 R_P 作为检测元件。当负载发生变化时，如负载增加，电动机转速下降，而电枢回路的电流 I_a 增加，导致电源电压降 I_aR_0 增加，继而整流输出电压 $U_a=U_L-I_aR_0$ 下降，电动机转速下降，同时反馈电压 U_f 下降，使得偏差电压 $\Delta U=U_g-U_f$ 增加，从而改变晶闸管触发电路的控制角 α，继而使晶闸管的整流输出电压 U_a 改变，直流电动机的转速回升。

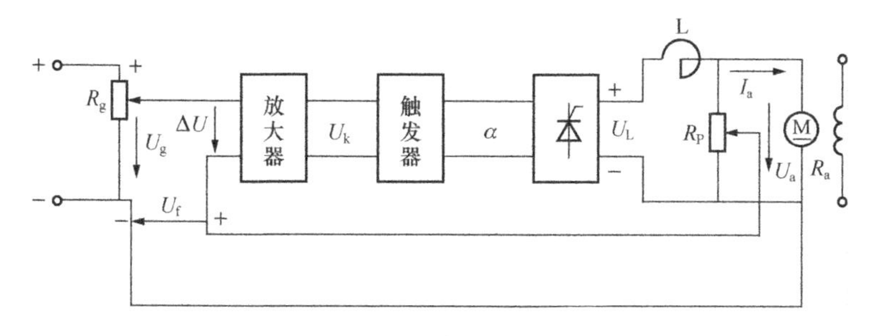

图 7.1.4　电压负反馈调速系统

电压负反馈调速系统的特点是线路简单，只能维持整流输出电压 U_a 不变。当负载增加时，由于电枢回路的电流 I_a 增加而引起的电枢电阻 R_a 上的电压降 I_aR_a 所引起的转速下降并没有得到补偿，说明电压负反馈调速系统没有转速负反馈调速系统的效果好。

7.1.5 电压负反馈与电流正反馈调速系统

为了克服电压负反馈调速系统对电动机电枢电阻 R_a 上的电压降 I_aR_a 所引起的转速下降并没有得到补偿的缺陷，一般在电压负反馈的基础上再增加一个电流正反馈环节，如图 7.1.5 所示。

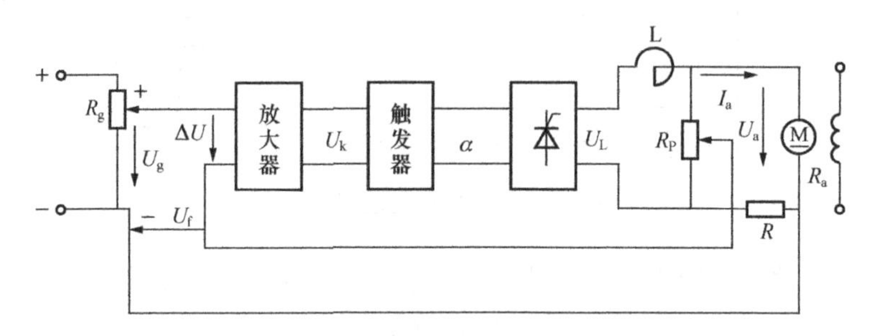

图 7.1.5 电压负反馈与电流正反馈调速系统

系统给定电压 U_g 仍由电位器 R_g 调节。电阻器 R_P 作为电压负反馈检测元件，R 作为电流正反馈检测元件。当负载增加时，电动机转速下降，而电枢回路的电流 I_a 增加，导致电源电压降 I_aR_0 增加，R 上的 U_i 增加，继而整流输出电压 $U_a=U_L-I_aR_0$ 下降，同时反馈电压 U_f 下降，使得偏差电压 $\Delta U=U_g-(U_f-U_i)=U_g-U_f+U_i$ 增加，从而改变晶闸管触发电路的控制角 α，继而使晶闸管的整流输出电压 U_a 改变，直流电动机的转速回升。

在调速系统中的电流正反馈实质上是一种负载转矩扰动前馈补偿，属于补偿控制，而不是反馈控制。

7.1.6 电流截止负反馈（保护环节）

电流正反馈改善了电动机的运行特性，但是当负载突然增大，或机械部分被卡住时，电枢回路的电流 I_a 会增加到极其危险的程度，可能会烧毁电动机，或使机械部件发生变形损坏，这就需要采取保护措施，使电动机过载时其转速迅速下降，直到堵转，这种措施就是电流截止负反馈，如图 7.1.6 所示。

当负载正常时，二极管承受反向电压截止，电流负反馈不起作用。当负载增大时，二极管导通，偏差电压 $\Delta U=U_g-U_{fn}-U_{fi}$减小，从而晶闸管触发电路的控制角 α 增大，晶闸管的整流输出电压 U_a 减小，电动机转速下降。负载电流越大，反馈电压越高，控制角 α 越大，整流输出电压 U_a 越小，直至电动机堵转。

7.1.7 系统框图

为了清楚表明系统各环节的关系，常用方框图表示系统。方框表示环节；箭头表示信号的传递方向；⊗表示比较环节，将输入信号与反馈信号叠加在此处；“—”表示

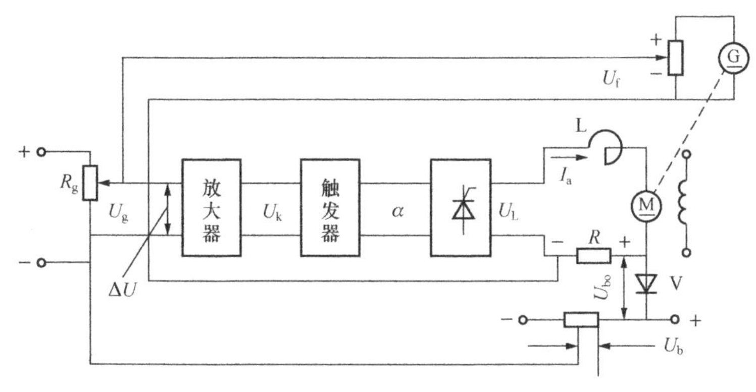

图 7.1.6　电流截止负反馈调速系统

负反馈。例如图 7.1.6 所示的系统原理图用方框图可表示为如图 7.1.7 所示的框图。

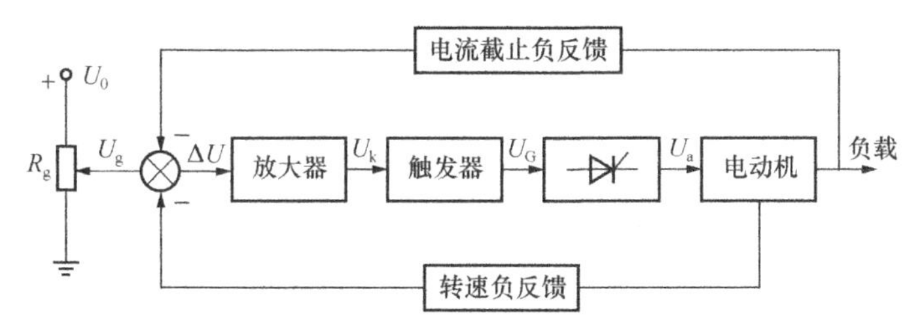

图 7.1.7　电流截止负反馈调速系统框图

思　考　题

1. 调速技术指标有哪些?
2. 请画出图 7.1.5 所示系统原理图的方框图。

课题 7.2　转速负反馈调速系统的调试与故障处理

学习目标

1. 了解转速负反馈调速系统的工作原理。
2. 会调试转速负反馈调速系统。
3. 会处理转速负反馈调速系统常见的故障。

如图 7.2.1 所示是直流电动机转速负反馈自动调速系统的典型电路，系统主要由主电路、给定电压环节、转速负反馈环节、放大器和触发脉冲环节五部分组成。系统框图如图 7.2.2 所示。

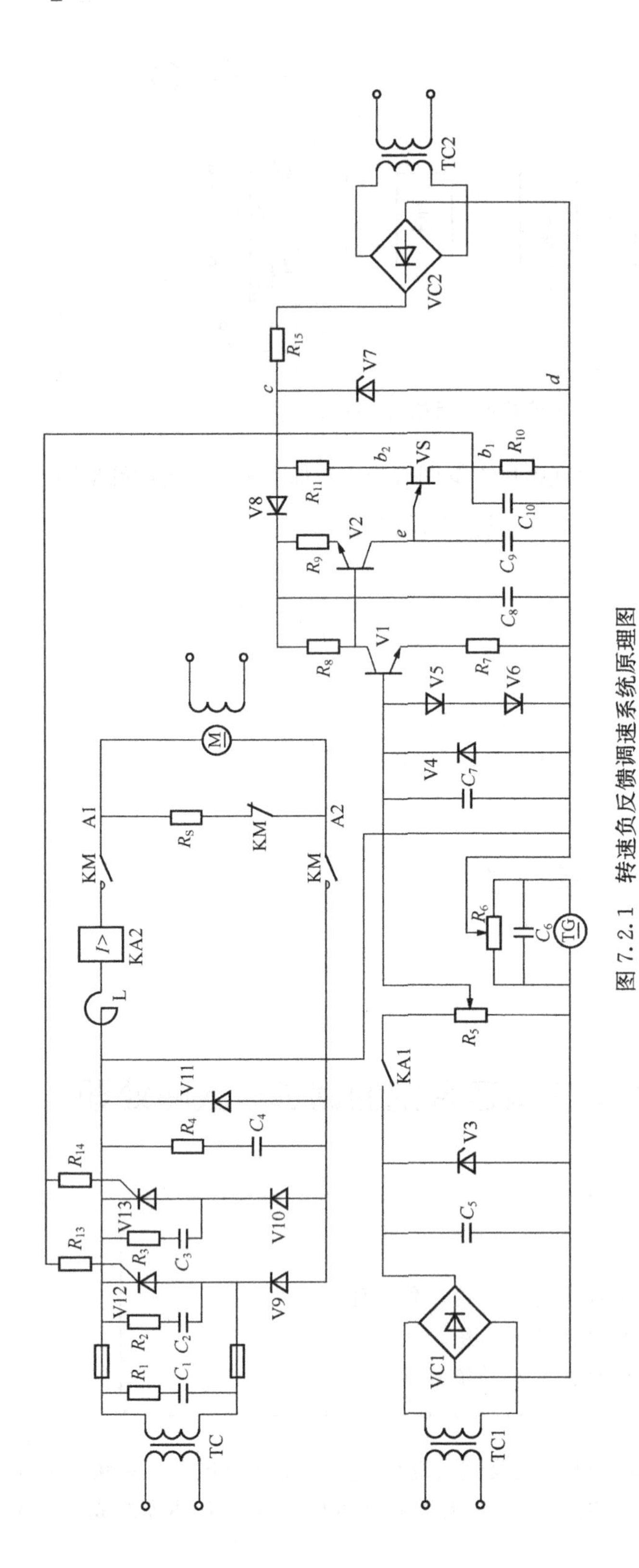

图 7.2.1 转速负反馈调速系统原理图

图 7.2.2 转速负反馈调速系统框图

7.2.1 系统分析

1. 主电路

主电路由单相半控桥、平波电抗器和电动机等组成。

触发电压（信号）经 R_{13}、R_{14} 同时分别加到晶闸管 V12、V13 的控制极。R_1 与 C_1、R_2 与 C_2、R_3 与 C_3、R_4 与 C_4 组成吸收电路，起过压保护作用。

二极管 V11 是续流二极管；平波电抗器 L 用来改善电动机的电流波形；过流继电器 KA2 作为电枢的短路保护；电阻 R_S 与接触器常闭触头构成能耗制动。

2. 给定电压环节

给定电压环节主要由桥式整流电路 VC1、滤波电容 C_5、稳压管 V3 和调速电位器 R_5 组成。

3. 放大与触发器

放大与触发器电路由整流电源装置 VC2 供给，放大器由单级放大器三极管 V1、电阻 R_7 和 R_8 组成。触发器由三极管 V2、电阻 R_{10} 和 R_{11}、电容器 C_9、C_{10}、单结晶体管 VS 构成。

V4 输入反向限幅，保证所加的反向电压不超过一个二极管的管压降；V5、V6 输入正向限幅，保证所加的反向电压不超过两个二极管的管压降。

当电动机没有起动时，反馈信号 $U_{fn}=0$，$\Delta U=U_g$，约为几十伏，这样高的电压加在放大器的输入端是绝对不允许的。在放大器的输入端除了 V5、V6 限幅外，还利用 C_7 充电，保证放大器的输入端电压缓慢上升，起到延时作用。C_7 是延迟起动元件。

同步变压器 TC2 提供同步电压与触发器工作电源，C_8 起滤波作用，V7 起稳压作用，V8 的作用是将放大器的直流电压与脉冲发生器的梯形波电压隔离。同步原理：如图 7.2.3 所示，每当 u_{cd} 过零时，单结晶体管的两个基极 b_1 和 b_2 之间的点也为零，单结晶体管 VS 导通，电容 C_9 放电。这样使 C_9 在每个梯形波的起始处都能从零开始充电，从而实现与主电路的同步。

4. 转速负反馈环节

转速负反馈环节由测速发电机 TG 和反馈系数调节电位器 R_6 构成。测速发电机 TG 的输出电压经电容器 C_6 滤波后，通过 R_6 分压得到反馈电压 U_{fn}，把 U_g 和 U_{fn} 反极性串联得到偏差电压 $\Delta U=U_g-U_{fn}$，输送到放大器的输入端。

5. 系统调速过程

负载增加：$T\uparrow\rightarrow n\downarrow\rightarrow U_{fn}\downarrow\rightarrow\Delta U=U_g-U_{fn}\uparrow\rightarrow\alpha\downarrow\rightarrow U_a\uparrow\rightarrow n\uparrow$。

负载减小：$T\downarrow\rightarrow n\uparrow\rightarrow U_{fn}\uparrow\rightarrow\Delta U=U_g-U_{fn}\downarrow\rightarrow\alpha\uparrow\rightarrow U_a\downarrow\rightarrow n\downarrow$。

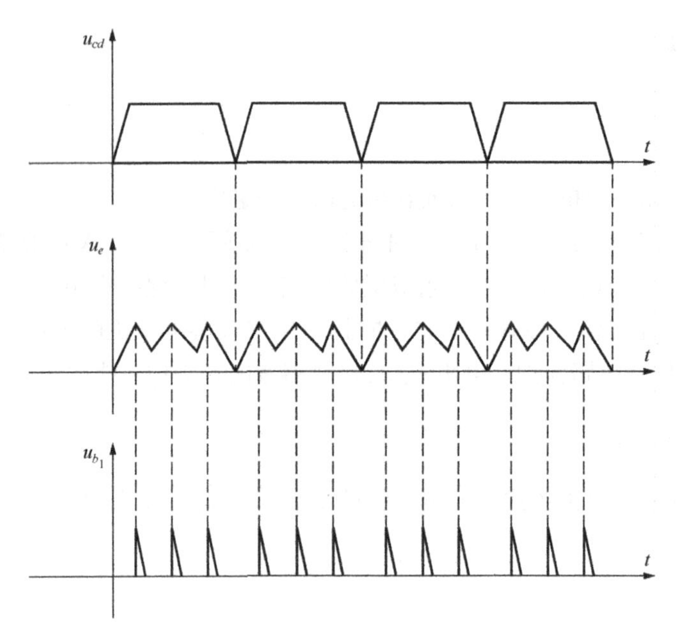

图 7.2.3　各点波形图

7.2.2　调试

1. 调试原则

直流电动机调速线路调试的基本原则是：

1）先部件后系统，保证各部件正常，性能符合要求，然后进行系统调试。

2）先开环后闭环，保证在没有反馈单元的条件下控制电路与主电路协调工作，然后逐一将反馈单元接入，进行闭环调试。

3）先电阻性负载后电动机负载，因为电阻性负载没有惯性，一旦出现故障容易查找故障点。

2. 调试

1）拆除调速整流装置（整流器）A1、A2 到电动机的电枢电源线。

2）将电阻性负载（220V/500W 白炽灯）接到整流装置（整流器）A1、A2 的两端。

3）合上电源开关并起动整流装置，缓慢调节调速电位器 R_5，并观察白炽灯的亮度是否平滑、有无闪烁现象。

4）当调速电位器 R_5 调至最大时，用示波器观察 cd、e、b_1 点的波形，应与图 7.2.3 中的波形图相符，如不相符，检查电路。

5）上述无误后，断开电源，拆除白炽灯，并将电动机的电枢电源线接到整流装置的 A1、A2 端。

6）将反馈系数调节电位器 R_6 调至中间位置。

7）合上电源开关并起动整流装置，缓慢调节调速电位器 R_5，使直流电动机转速在额定转速的30%左右，观察电动机运转是否正常、稳定。

8）用示波器观察 cd、e、b_1 点的波形，应与图7.2.3中的波形图相符。

9）直流电动机转速在额定转速的30%左右运转10min，缓慢调节调速电位器 R_5，直至最大。

10）当调速电位器 R_5 调节至最大时，直流电动机转速应为额定转速，否则调节反馈系数调节电位器 R_6，使转速达到额定转速，并观察转速是否稳定。

11）用示波器观察 cd、e、b_1 点的波形，应与图7.2.3中的波形图相符。

12）整定过流继电器KA2，使整定值为电动机额定电流的1.5～2.5倍。

13）反复重启运行无误后，使直流电动机在额定转速下运行30min，无异常、稳定则调试成功。

7.2.3　常见故障处理

1. 故障一

1）故障现象：直流电动机电刷下火花过大。

2）故障原因：①电刷磨损。②电刷压力弹簧疲劳，压力不够。

3）故障处理：①更换电刷。②更换电刷压力弹簧。

2. 故障二

1）故障现象：系统不能工作。

2）故障原因：由图7.2.1分析可知，可能是直流电动机失磁保护继电器（欠电流继电器）KA1没有工作。

3）故障处理：①检查直流电动机励磁绕组是否断路，如果断路，修复或更换直流电动机。②检查直流电动机励磁电源整流桥是否正常，如是否有交流电源电压，是否有整流输出，如不正常，修复更换。③检查失磁保护继电器（欠电流继电器）KA1触点接触是否良好，如触点接触不好，修复更换KA1。④检查直流电动机励磁回路是否有断路现象，如果断路，进行修复。

3. 故障三

1）故障现象：直流电动机转速不稳定。

2）故障原因：①转速负反馈环节问题。②触发放大器环节问题。

3）故障处理：①检查测速发电机TG电刷是否磨损，磨损则更换电刷。②检查测速发电机TG与直流电动机连接处是否松动，松动则重新校正紧固。③检查转速负反馈环节电容器 C_6 是否有漏电现象，如有则更换 C_6。④用示波器检查 e、b_1 点波形是否与图7.2.3所示的 u_e、u_{b_1} 的波形相同，如果异常，检查电容器 C_9、C_{10} 是否有漏电现象，如有则更换 C_9、C_{10}。

4. 故障四

1）故障现象：系统起动后，调节调速电位器 R_5 电动机不运转。

2）故障原因：①主电路问题。②给定环节问题。③触发放大器环节问题。

3）故障处理：①检查主电路短路保护熔断器。②检查主电路桥式整流二极管 V9、V10、晶闸管 V12、V13 是否损坏，损坏则更换。③检查调速电位器 R_5 是否损坏，损坏则更换。④检查放大器三极管 V1、触发器三极管 V2 是否损坏，损坏则更换。⑤检查线路是否有断路现象。

7.2.4 评分

评分细则见评分表。

“转速负反馈调速系统的调试与故障处理”技能自我评分表

项目	技术要求	配分/分	评分细则	评分记录
系统调试	调试步骤正确	10	调试步骤不正确，每步扣 2 分	
	调试全面	10	调试不全面，每项扣 3 分	
	故障现象明确	10	不明确故障现象，每个故障扣 2 分	
故障分析	在原理图上分析故障可能的原因，思路正确	30	错标或标不出故障范围，每个故障点扣 10 分	
			不能标出最小的故障范围，每个故障点扣 5 分	
故障排除	正确使用工具和仪表，找出故障点并排除故障	40	实际排除故障中思路不清楚，每个故障点扣 10 分	
			每少查出一次故障点扣 15 分	
			每少排除一次故障点扣 10 分	
			排除故障方法不正确，每处扣 5 分	
其他	操作有误，此项从总分中扣分		排除故障时，产生新的故障后不能自行修复，每个扣 10 分；已经修复，每个扣 5 分	

思考题

1. 用文字叙述转速负反馈调速系统的调速过程。
2. 试分析图 7.2.1 所示线路当直流电动机电枢电源切断后不能立即停转的原因。

课题7.3　电压负反馈调速系统的调试与故障处理

学习目标

1. 了解电压负反馈调速系统的工作原理。
2. 会调试电压负反馈调速系统。
3. 会处理电压负反馈调速系统常见的故障。

对于系统的质量指标不高，4kW以下的直流电动机无级调速系统，通常采用电压负反馈自动调速系统。

如图7.3.1所示是直流电动机电压负反馈自动调速系统的典型电路。系统主要由主电路、给定电压环节、电压负反馈环节、比较和放大环节、触发电路、电流正反馈、电流截止保护七部分组成，系统框图如图7.3.2所示。

7.3.1　系统分析

1. 主电路

主电路由单相半控桥、平波电抗器、电动机等组成。

主电路中的两个二极管V1、V2串联，除整流作用外，还兼起续流作用。平波电抗器L用来限制电流脉动，改善换向条件，减少电枢损耗，使电流连续。在平波电抗器L两端并联的电阻R_{11}有两个作用：一是在主电路突然断电时为平波电抗器L提供放电回路；二是保证晶闸管可靠触发，因为接入平波电抗器L后会延迟晶闸管的电流建立，而单结晶体管产生的脉冲宽度较窄。

励磁电路由桥式整流器VC3组成，电机励磁线圈串有欠电流继电器KA，以实现“失磁”时的停机保护，与欠电流继电器并联的电位器R_{17}用来整定励磁电流。

2. 综合控制信号

本系统由给定电压U_g、电压负反馈U_{fv}和电流正反馈U_{fi}构成综合控制信号，即$\Delta U=U_g-U_{fv}+U_{fi}$。

（1）给定电压环节

给定电压由电位器R_{21}、R_{23}、R_{22}供给。其中R_{21}为最高转速给定电压整定，R_{22}为最低转速给定电压整定，R_{23}为调速电位器。

（2）电压负反馈U_{fv}

如图7.3.3所示，电压负反馈U_{fv}由电阻R_{13}、R_{14}和电位器R_{20}分压取出。电阻R_{13}为反馈电压U_{fv}的上限，电阻R_{14}为反馈电压U_{fv}的下限，R_{20}用来调节反馈量（反馈系数）。

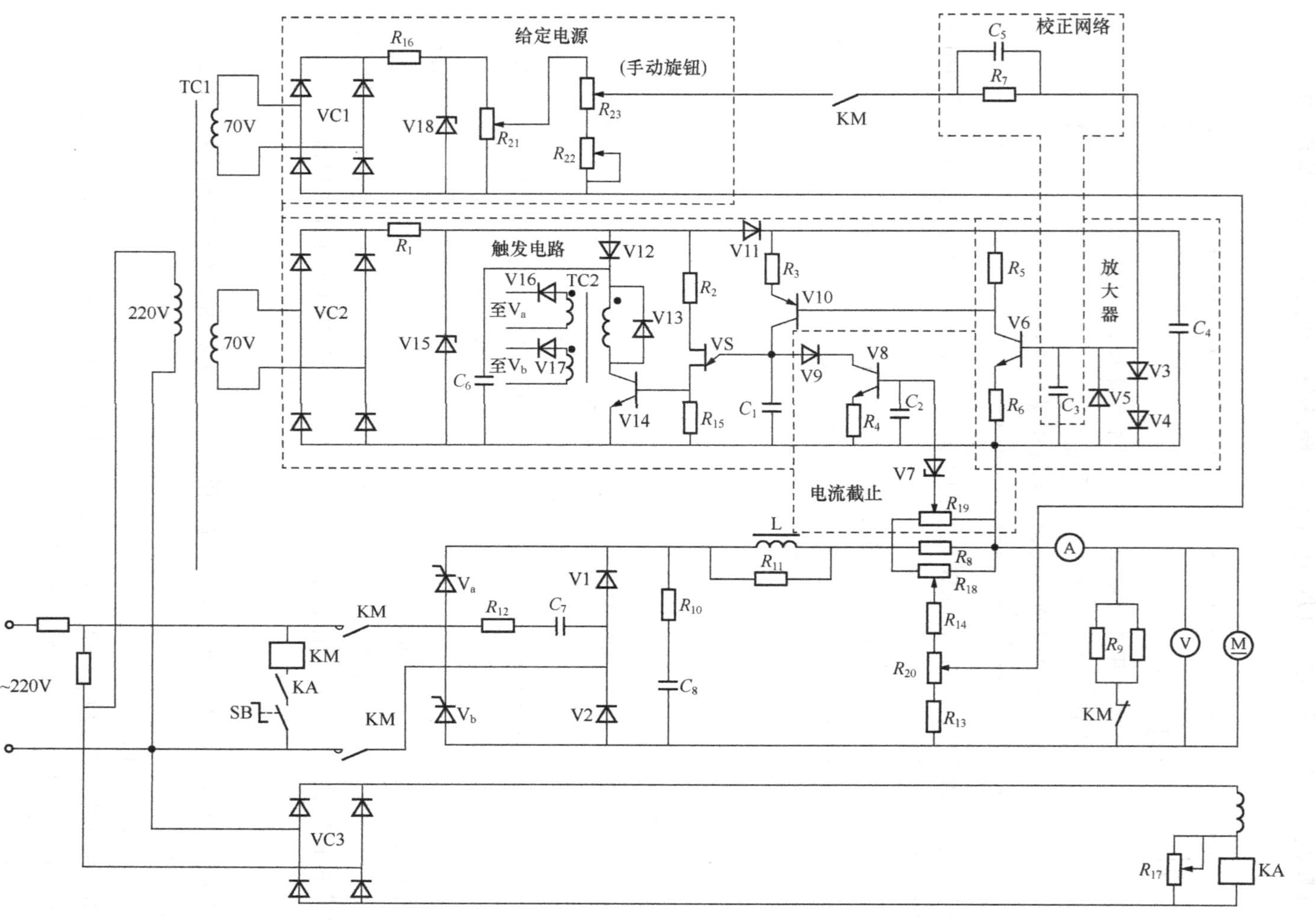

图 7.3.1 电压负反馈调速系统原理图

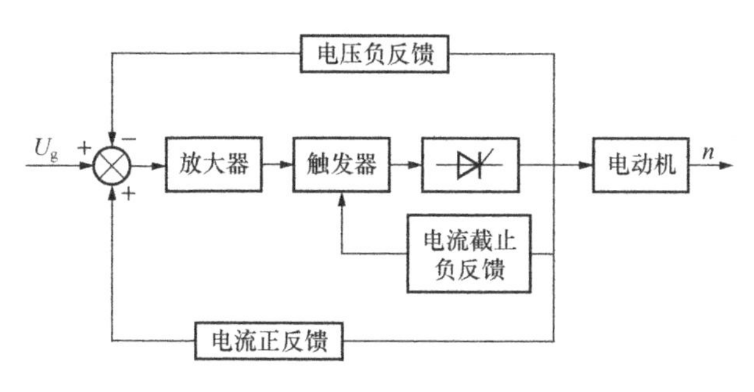

图 7.3.2　电压负反馈调速系统框图

(3) 电流正反馈电压 U_{fi}

如图 7.3.3 所示，电流正反馈电压 U_{fi} 由电位器 R_{18} 取出。R_8 为取样电阻，其阻值一般很小，功率足够大（本系统为 0.125Ω/20W）。电位器 R_{18} 的阻值（100Ω）要比 R_8 的阻值大得多，所以流过 R_{18} 的电流很小。由 R_{18} 分压取出的电流正反馈电压 U_{fi} 与 I_aR_a 电枢压降成正比，调节 R_{18} 即可调节电流正反馈量。

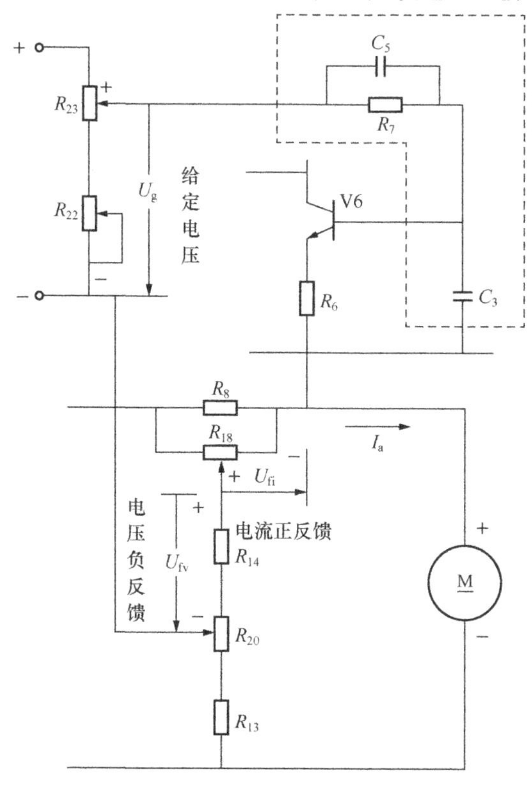

图 7.3.3　综合信号

3. 电流截止保护电路

电流截止保护电路主要由电位器 R_{19}、稳压管 V7 和三极管 V8 组成，如图 7.3.4 所示。

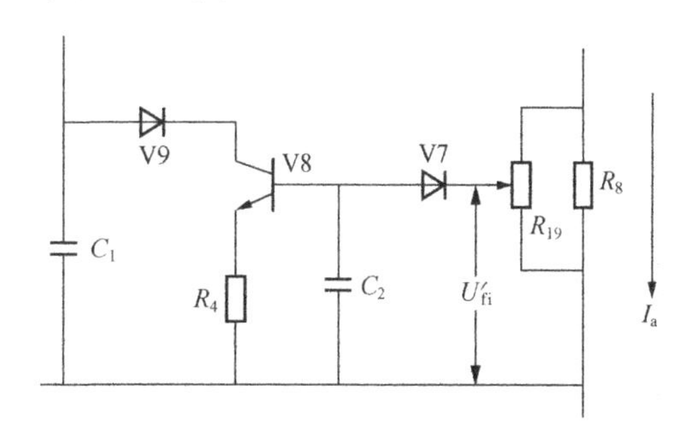

图 7.3.4　电流截止保护电路

电流截止反馈信号由 U'_{fi} 的电位器 R_{19} 分压取得，R_{19} 与 R_{18} 一样，都与取样电阻 R_8 并联。

当电枢电流 I_a 超过一定值（截止值）时，取得的截止反馈电流信号电压 U'_{fi} 击穿稳压二极管 V7，并使三极管 V8 导通。V8 导通后，由于它的分流作用，C_1 充电电流减小，触发脉冲后移，晶闸管输出电压下降，从而限制了电枢电流 I_a 增加过大。当 I_a 降低后，V7 恢复阻断状态，V8 也截止，系统恢复正常工作。

C_2 的作用是对截止信号滤波。其原因是：主电路电流是脉动的，特别是如果电流断续，当每半周过零点时，V8 不能导通，恰好触发脉冲又在这期间产生，当越过零点V8 导通时，所截住的脉冲已经是没有用的脉冲，失去了截止保护的作用。

V9 的作用是防止晶闸管误触发。当主电路脉动电流的峰值很大时，电流截止负反馈信号还有可能通过 V8 的 *bc* 结使 VS 导通，造成误触发。

4. 放大电路

放大电路由 V6、R_5、R_6 组成。

V3、V4 串联作为正向限幅，V5 作为反向限幅。

C_4 的作用是保证放大电路电压平稳。这是因为为了实现同步，满足触发脉冲过零点的要求，在电源两端不能并联电容，而放大电路要求电压平稳，所以在放大电路两端并联一个电容。

V11 为隔离二极管，隔离同步电路与放大电路。

C_3、C_5、R_7 构成串联校正环节。C_3 与 R_7 构成滤波电路，过滤加在放大电路输入端的高次谐波分量，避免系统的不稳定和振荡现象。电容器 C_3 的容量较大，滤波效果好，但是影响了系统过渡过程的快速性，为了兼顾稳定性和快速性，在 R_7 两端再并联一个电容 C_5。

5. 触发电路

触发电路是以单结晶体管 VS 为核心组成的弛张振荡。R_{15} 为输出电阻，R_2 为温度补偿电阻，V10 控制电容 C_1 的充电时间，V14 为功率放大三极管。

TC2 为脉冲变压器。在晶闸管的触发电路采用脉冲变压器输出，可降低脉冲电压，增大输出的触发电流，还能使触发电路与主电路在电气上隔离，既安全又可以防止干扰，而且可以通过脉冲变压器多个二次绕组进行脉冲分配，达到同时触发多个晶闸管的目的。

二极管 V12 的作用有两个：一是作为隔离二极管，使电容 C_6 两端的电压保持稳定而且幅值较高，在 V14 突然导通时 C_6 放电，增强触发脉冲的功率和前沿陡度；二是阻挡 C_6 上的电压对单结晶体管同步电压的影响。

V13 的作用是防止当脉冲信号由峰值降低时脉冲变压器原边产生的反向电势损坏功放管 V14。

V16、V17 的作用是防止反电势引到控制极。

6. 系统调速原理

当负载增加时，I_a 增加，U_a 降低，使 U_{fi}增加、U_{fv}减小，从而使偏差电压 $\Delta U=U_g-U_{fv}+U_{fi}$增加，V6 集电极电位下降；三极管 V10 基极电位降低时，V10 基极电流增加，其集电极电流（电容 C_1 充电电流）也增加，电容电压上升快，使 VS 更早导通，触发脉冲前移，晶闸管整流输出电压增加。

7.3.2 调试

1）整定欠电流继电器 KA，调节 R_{17}，使 KA 欠电流继电器刚好吸合。

2）将电压反馈信号电位器 R_{20} 向增大方向调节，调至约 4/5 处；将电流反馈信号电位器 R_{18} 向减小方向调节，调至约 4/5 处。

3）将转速给定电位器 R_{23} 调至最小位置，调整完毕后起动电动机。

4）慢慢将给定电位器 R_{23} 调至最大位置，看电动机是否能达到额定转速。如不能达到额定转速，调节 R_{21}，直到能达到额定转速为止。

5）将转速给定电位器 R_{23} 调到最小位置，电动机转速应为零。如不能为零，调整 R_{22}，直至电动机转速为零。

6）调节 R_{19}，使整定值为电动机额定电流的 1.5～2.5 倍。

7）电动机带负载，调节电流反馈信号电位器 R_{18}，直到转速变化达到 5%的硬度时为止。如调节 R_{18} 达不到要求，应配合调节 R_{21}、R_{20}，适当增加给定信号比例和电压负反馈比例，使电机在高速运行时也能达到 5%的硬度。

8）反复重启运行无误后，使直流电动机在额定转速下运行 30min，无异常、稳定即调试成功。

7.3.3　常见故障处理

1. 故障一

1）故障现象：电枢电流很大，电机却不能运转。

2）故障原因：①机械发生堵转。②失磁。

3）故障处理：①检查负载机械部件是否有卡、堵现象，如有，进行处理。②检查励磁整流电源是否正常，如正常，检查励磁回路与励磁变阻器 R_{17}。

2. 故障二

1）故障现象：正常运行中突然停车。

2）故障原因：①快速熔断器熔断。②保护环节动作。

3）故障处理：①检查电动机整流电源、电枢回路是否有短路现象，处理并更换快速熔断器。②保护环节动作，说明电动机有过载现象，关闭电源 1min 左右再打开电源，然后起动，看负载情况如何。

3. 故障三

1）故障现象：电动机已达到额定转速，但电枢电压与额定值相差很大。

2）故障原因：励磁回路问题。

3）故障处理：①检查励磁整流电源，查看整流输出电压是否达到额定值。②检查励磁回路。③前者没有问题，调节 R_{17} 使励磁电流达到额定值。

4. 故障四

1）故障现象：电枢电流大于 1.3 倍的额定电流后，电动机速度不能自动下降。

2）故障原因：电压负反馈限幅过低。

3）故障处理：微调 R_{20}，使电枢电流大于1.3倍的额定电流后，电动机速度自动下降。

5. 故障五

1）故障现象：电动机转速振荡。
2）故障原因：电流正反馈太强。
3）故障处理：微调 R_{18}，直至电动机转速不振荡。

7.3.4 评分

评分细则见评分表。

“电压负反馈调速系统的调试与故障处理”技能自我评分表

项　　目	技术要求	配分/分	评分细则	评分记录
系统调试	调试步骤正确	10	调试步骤不正确，每步扣2分	
	调试全面	10	调试不全面，每项扣3分	
	故障现象明确	10	不明确故障现象，每个故障扣2分	
故障分析	在原理图上分析故障可能的原因，思路正确	30	错标或标不出故障范围，每个故障点扣10分	
			不能标出最小的故障范围，每个故障点扣5分	
故障排除	正确使用工具和仪表，找出故障点并排除故障	40	实际排除故障中思路不清楚，每个故障点扣10分	
			每少查出一次故障点扣15分	
			每少排除一次故障点扣10分	
			排除故障方法不正确，每处扣5分	
其他	操作有误，此项从总分中扣分		排除故障时，产生新的故障后不能自行修复，每个扣10分；已经修复，每个扣5分	

思　考　题

1. 说明图7.3.1中KA、R_{17}、R_{9} 的作用。
2. 说明图7.3.1中 R_{11} 的作用。
3. 图7.3.1中电流截止负反馈保护环节由哪些元器件构成？说明其保护原理。
4. 图7.3.1中触发电路由哪些元器件构成？说明各元器件的作用。
5. 图7.3.1所示系统线路中为什么没有单独的续流二极管？
6. 如图7.3.1所示系统线路，若负载减小，说明自动调速过程。

课题7.4　双闭环调速系统的调试与故障处理

学习目标

1. 了解双闭环调速系统的工作原理。
2. 会调试双闭环调速系统。
3. 会处理双闭环调速系统常见的故障。

在闭环系统中，由于采用了负反馈，能使系统的被控量得到自动调节，但同时也出现了系统不稳定的问题。

造成系统不稳定的主要原因是系统放大倍数过大。如果减小放大倍数，系统变得稳定，但是系统的静态指标又会受到影响，系统也会反应迟钝。为使系统稳定工作，又能得到良好的动、静态性能，最好的办法是降低动态放大倍数，而使静态放大倍数不变。解决方法是在系统中加入电压和电流微分反馈，形成双闭环的调速系统。双闭环调速系统如图7.4.1所示，系统主要由主电路、放大电路、触发电路、电流正反馈、给定电路和转速负反馈、电压微分负反馈、电流截止保护等组成，系统框图如图7.4.2所示。

7.4.1　系统分析

1. 主电路

主电路由单相半控桥、平波电抗器、电动机等组成。

平波电抗器L用于减小晶闸管整流输出电压的脉动成分，使电路电流平稳；续流二极管V2保证晶闸管可靠换相而不失控；阻容吸收装置R_1、C_1用于交流侧过压保护，阻容吸收装置R_4、C_4用于直流侧过压保护，阻容吸收装置R_2、C_2、R_3、C_3用于晶闸管过压保护；电阻R_6用于能耗制动；交流接触器KM1、KM2可实现直流电动机M正反转控制。

二极管V4～V7构成单相桥式整流电路，给直流电动机M提供励磁电源，由欠电流继电器KA实现磁保护。

2. 给定电路

给定电源由变压器TC1输出的110V电压经二极管V19～V22桥式整流，C_{13}、R_7、C_{14}滤波后提供。给定电压U_g由电位器R_{P3}、R_{P4}、R_{P5}供给，其中R_{P3}为最高转速给定电压整定，R_{P4}为最低转速给定电压整定，R_{P5}为调速电位器。

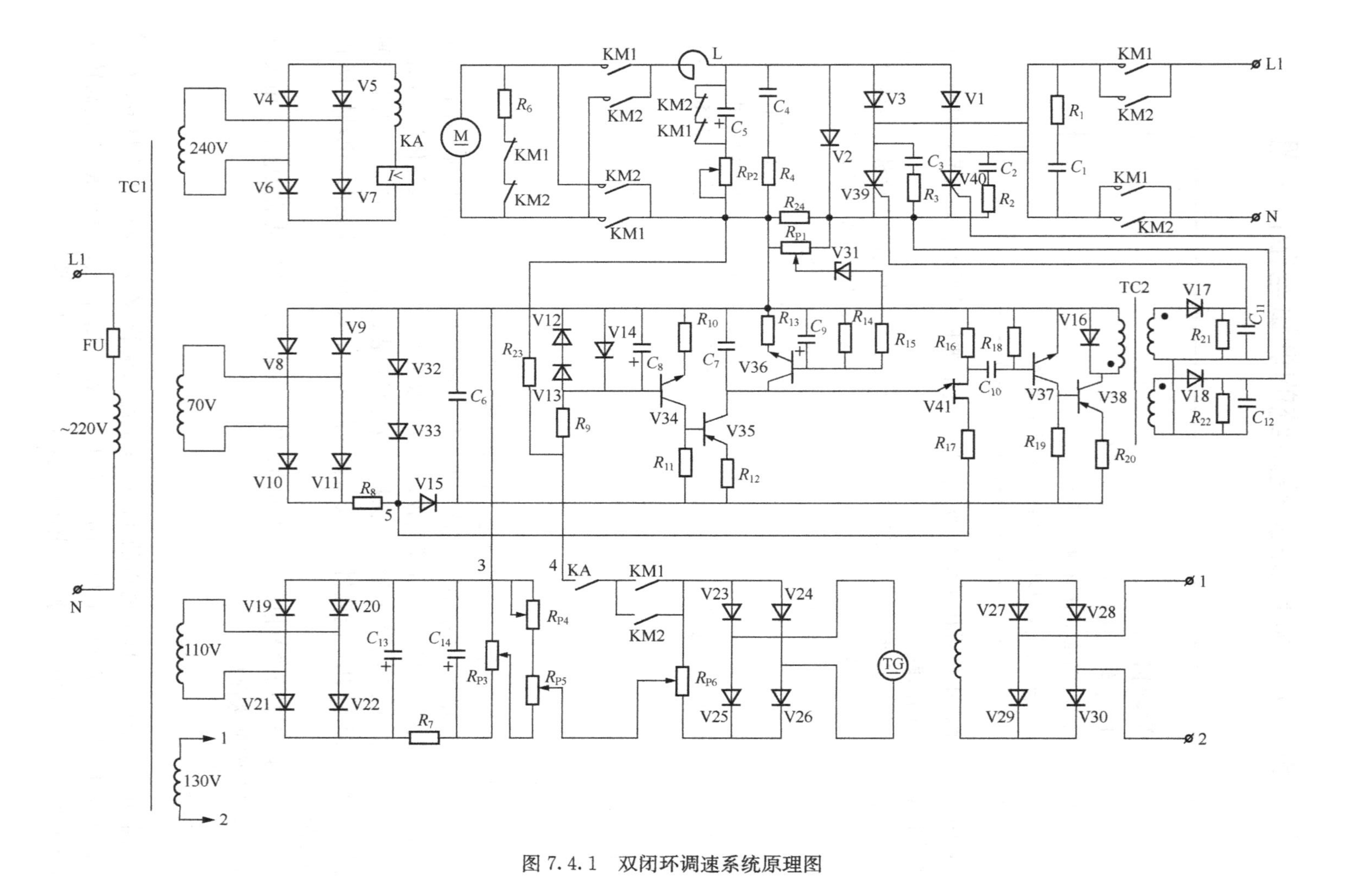

图 7.4.1 双闭环调速系统原理图

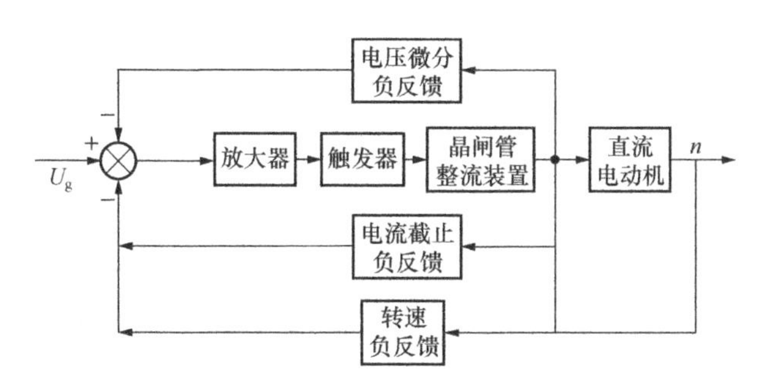

图 7.4.2　双闭环调速系统框图

3. 转速负反馈电路

转速负反馈电压 U_{fn} 由测速发电机 TG 和整流二极管 V23～V26 以及反馈系数整定电位器 R_{P6} 提供。二极管 V23～V26 用于保证系统反馈信号的极性不变。

4. 放大触发电路

放大触发电源由变压器 TC1 输出的 70V 电压经二极管 V8～V11 桥式整流，稳压二极管 V32、V33 及电容器 C_6 滤波后提供，由变压器 TC1 实现同步。

三极管 V34 为前置放大器，放大给定电压 U_g 与转速负反馈电压 U_{fn} 比较得到的偏差电压 $\Delta U=U_g-U_{fn}$。V12、V13 串联正向限幅、V14 反向限幅，用来保护前置放大器 V34 不因输入电压过高而损坏。C_8 是延迟起动元件，可以减小高频信号的影响，保证放大器的输入端电压缓慢上升，起到延时作用。

三极管 V35、电容器 C_7、单结晶体管 V41、电阻 R_{16} 构成移相脉冲形成环节。当三极管 V34 输入电压 ΔU 为零时，V34、V35 截止，电容器 C_7 充电，由于此时的充电时间常数很大，在半周内 C_7 充电电压还不能达到单结晶体管 V41 的峰点电压 U_p，所以单结晶体管 V41 不能导通，没有脉冲输出。当三极管 V34 输入电压 ΔU 增大时，V34 基极电位升高，集电极电位下降，V35 基极电流增大，集电极电流也增大，电容器 C_7 充电时间常数减小，很快 C_7 充电电压达到单结晶体管 V41 的峰点电压 U_p，使单结晶体管 V41 脉冲的相位前移，从而使晶闸管控制角 α 减小，导通角 θ 增大，整流输出电压增大，电动机转速上升。

单结晶体管 V41 脉冲输出由电容器 C_{10} 耦合到三极管 V37 的基极，经两级脉冲放大器 V37、V38 放大后，由脉冲变压器 TC2 输出，由二极管 V17、V18 分别同时加到晶闸管 V39、V40 之上。二极管 V16 用于防止较大的感应电势损坏脉冲变压器 TC2，电容器 C_{11}、C_{12} 用于防止信号干扰导致晶闸管误触发导通。

5. 电压微分负反馈电路

虽然系统引入转速负反馈，调速范围宽，但由于系统放大倍数很大，再加上电动机的惯性，系统容易产生振荡，因此加入 C_5、R_{P2} 组成电压微分反馈环节。

如图 7.4.1 所示的电压微分反馈电路，从主回路上取得负反馈电压，经过电容 C_5、

R_{P2}、R_{23}接到放大器的输入端，与给定信号电压叠加。

电容器具有“隔直通交”的特性，在主回路电压不变化时，电容器将主回路和放大电路隔离，电压微分反馈信号为零。若主电路电压有变化，相当于微分电路的输入有变化，则电容器 C_5 将充放电，导致电阻器 R_{P2}、R_{23}上有电流，这个电流与给定电流合成，作为放大器的输入电流，使得放大器的输出变化，从而影响电动机的转速变化。

注意： 电压微分负反馈与电压负反馈有着本质的区别，无论主电路电压是否有变动，电压负反馈始终存在，而电压微分负反馈只在主回路电压发生变化时才有反馈信号。

6. 电流截止负反馈

电流截止负反馈环节由 R_{24}、R_{15}、R_{P1}、V31、V36 组成，其中 R_{24}为电流截止负反馈取样电阻，R_{P1}为电流截止负反馈强弱整定。

7.4.2 调试

1）断开直流电动机的电枢回路，将电阻性负载（220V/500W 白炽灯）接到整流输出两端。

2）合上电源开关并起动整流装置，缓慢调节调速电位器 R_{P5}，并观察白炽灯亮度是否平滑、有无闪烁现象，同时用示波器观察 R_{16}上的波形。

3）上述无误后，断开电源，拆除白炽灯，连接好电动机的电枢回路。

4）将转速反馈信号电位器 R_{P6}往增大方向调节，调到约 4/5 处；将电流反馈信号电位器 R_{P1}向减小方向调节，调到约 4/5 处。

5）合上电源开关并起动系统，缓慢调节调速电位器 R_{P5}，使直流电动机转速为额定转速的 30%左右，观察电动机运转是否异常、稳定，并用示波器观察 U_g、R_{16}、U_a 的波形。

6）直流电动机转速在额定转速的 30%左右运转 10min，缓慢调节调速电位器 R_{P5}，直至最大，看电动机是否能达到额定转速。如不能达到额定转速，调节 R_{P3}，直到能达到额定转速为止，并用示波器观察 U_g、R_{16}、U_a 的波形。

7）将转速给定电位器 R_{P5} 调到最小位置，电动机转速应为零，如不能为零，调整 R_{P4}，直至电动机转速为零。

8）反复重启运行无误后，使直流电动机在额定转速下运行 30min，无异常、稳定则调试成功。

7.4.3 常见故障处理

1. 故障一

1）故障现象：起动时电流截止保护动作。

2）故障原因：①电流截止负反馈参数调试不当。②直流侧有短路现象。

3）故障处理：①调整 R_{P1}。②检查直流侧的整流管和续流二极管是否有短路击穿现象，如有则更换。

2. 故障二

1）故障现象：转速调不上。

2）故障原因：①最高转速给定电压整定不对。②给定环节问题。③转速负反馈参数不对。④微分负反馈环节问题。⑤主电路整流输出电压偏低。

3）故障处理：①检查并整定 R_{P3}。②检查给定电源电压和给定调速电位器 R_{P5}。③重新整定转速负反馈系数电位器 R_{P6}。④检查微分电路电容器 C_5 和稳压管 V31 是否击穿短路，击穿则更换。⑤检查主电路整流桥整流元件是否损坏，损坏则更换。

3. 故障三

1）故障现象：电动机停车缓慢。

2）故障原因：制动回路问题。

3）故障处理：①检查交流接触器 KM1、KM2 触点是否接触良好，否则给予修复或更换。②检查制动电阻是否开路，开路则更换。

7.4.4 评分

评分细则见评分表。

“双闭环调速系统的调试与故障处理”技能自我评分表

项　目	技术要求	配分/分	评分细则	评分记录
系统调试	调试步骤正确	10	调试步骤不正确，每步扣 2 分	
	调试全面	10	调试不全面，每项扣 3 分	
	故障现象明确	10	不明确故障现象，每故障扣 2 分	
故障分析	在原理图上分析故障可能的原因，思路正确	30	错标或标不出故障范围，每个故障点扣 10 分	
			不能标出最小的故障范围，每个故障点扣 5 分	
故障排除	正确使用工具和仪表，找出故障点并排除故障	40	实际排除故障中思路不清楚，每个故障点扣 10 分	
			每少查出一次故障点扣 15 分	
			每少排除一次故障点扣 10 分	
			排除故障方法不正确，每处扣 5 分	
其他	操作有误，此项从总分中扣分		排除故障时，产生新的故障后不能自行修复，每个扣 10 分；已经修复，每个扣 5 分	

思　考　题

1. 电压负反馈与电压微分负反馈有什么不同？
2. 如图 7.4.1 所示系统线路，KA 不工作，试分析故障原因及处理方法。
3. 如图 7.4.1 所示系统线路，若负载减小，说明自动调速过程。

单元8 机床线路调试及故障处理

通过学习本单元典型机床线路的调试及故障处理，为以后的实际生产工作奠定基础，提高综合分析和处理问题的能力。

课题8.1 机床线路调试及故障处理的方法

学习目标

1. 了解机床电气控制线路调试的一般方法。
2. 了解机床线路故障处理的一般方法。

8.1.1 机床线路调试的方法

电气控制线路是为生产机械服务的，生产中使用的机械设备种类繁多，其控制线路和拖动控制方式各不相同，电气控制线路的调试方法也有一定的差异。然而，从整体上看，在调试的步骤、手段、处理方法上是大致相同的。

1. 调试前的准备工作

1）应具备完整的说明书及主要的技术文件。

2）明确各环节及整个系统的调试步骤、操作方法、技术指标。

3）仔细阅读机床电气说明书，熟悉各电气设备和整个电气控制线路的功能。

4）除一般常用的仪器、仪表、工具、器材、备品、配件等应齐备完好外，还应准备好被调试系统所需的专用仪器和仪表。

2. 调试前的检查

1）根据电气控制原理图、元件布置图和电气安装接线图检查各电气元件的安装位置是否正确，外观有无损伤，触点接触是否良好，配备导线的规格、颜色选择是否符合要求，控制柜（箱）内外的接线是否正确，接线的各种具体要求是否达到，电动机有无卡阻现象，各种操作、复位机构动作是否灵活，保护电器的整定值是否符合要求，各种指标和信号装置是否按要求发出指定信号等。

2）用兆欧表检查电动机和连接导线的绝缘电阻，应分别符合各自绝缘电阻值的要求，如连接导线的绝缘电阻大于 7MΩ，电动机的绝缘电阻大于 0.5MΩ 等。

3）在其他操作人员和技术人员的配合下，检查各电气元件的动作是否符合设计和生产工艺要求。

4）检查各主令电器如控制按钮、行程开关等电气元件是否处在原始位置，调速装置的手柄是否处在最低速位置等。

3. 调试步骤及方法

不同的电气控制线路工作任务各不相同，所以调试过程的顺序不一定相同，但主要顺序基本相同。

（1）空操作试车

断开主电路，接通电源开关，使控制电路空操作，检查控制电路的工作情况，如按钮对继电器、接触器等自动电器的控制作用，自锁、联锁环节的功能能否实现，急停器件的动作是否灵活、可靠，行程开关的控制作用是否符合要求，时间继电器的延时时间是否整定等。如有异常，应随时切断电源，检查原因并处理故障。

（2）空载试车

在空操作试车成功的基础上，接通主电路即可进行空载试车。此时应首先点动检查各电动机的转向及转速是否符合电动机铭牌要求，然后调整好保护电器的整定值，检查指示信号和照明灯的完好性等。

（3）带负荷试车

在空操作试车和空载试车成功之后即可进行带负荷试车。此时，在正常的工作条件下，验证电气设备所有部件运行的正确性，特别是验证在电源中断和恢复时对人身和设备的影响，并进一步观察机械设备的动作和电气元件的动作是否符合原始设计要求；调整行程开关的位置及运动部件的位置；对需要整定参数的电气元件的整定值作进一步的检查和调整。

4. 调试注意事项

1）调试人员在调试前应熟悉生产机械的结构、操作规程和电气控制线路的工作要求。

2）通电时，先接通主电源；断电时，顺序恰好相反。

3）通电后注意观察各种生产机械设备、电气元件等的动作情况，随时做好停车准备，以防意外事故发生。如有异常，应立即停车，待原因查明并处理后方可继续通电，未查明原因不能强行送电。

8.1.2 机床线路故障处理的方法

1. 电气故障检修的一般步骤

(1) 观察和调查故障现象

电气故障现象是多种多样的。同一类故障可能有不同的故障现象，不同类故障可能有同种故障现象，故障现象的同一性和多样性给查找故障带来复杂性。但是故障现象是检修电气故障的基本依据，是电气故障检修的起点，因而要对故障现象仔细观察、分析，找出故障现象中最主要的、最典型的方面，搞清故障发生的时间、地点、环境等。

(2) 分析故障原因，初步确定故障范围，缩小故障部位

根据故障现象分析故障原因是电气故障检修的关键。分析的基础是电工电子基本理论，是对电气设备的构造、原理、性能的充分理解，是电工电子基本理论与故障实际的结合。某一电气故障产生的原因可能很多，重要的是在众多原因中找出最主要的原因。

(3) 确定故障的部位，判断故障点

确定故障部位是电气故障检修的最终归纳和结果。确定故障部位可理解成确定设备的故障点，如短路点、损坏的元器件等，也可理解成确定某些运行参数的变异，如电压波动、三相不平衡等。确定故障部位是在对故障现象进行周密的考察和细致分析的基础上进行的。

2. 电气故障检修技巧

(1) 熟悉电路原理，确定检修方案

当一台设备的电气系统发生故障时，不要急于动手拆卸，首先要了解该电气设备产生故障的现象、经过、范围、原因，熟悉该设备及电气系统的基本工作原理，分析各个具体电路，弄清电路中各级之间的相互联系以及信号在电路中的来龙去脉，经过周密思考确定检修方案。

(2) 先机械，后电路

电气设备都以电气-机械原理为基础，特别是机电一体化的先进设备，机械和电子在功能上有机配合，是一个整体的两个部分。往往机械部件出现故障，影响电气系统，许多电气部件的功能就不起作用。因此，不要被表面现象迷惑，电气系统出现故障并非全部都是电气本身的问题，有可能是机械部件发生故障造成的。先检修机械系统产生的故障，再排除电气部分的故障，往往会收到事半功倍的效果。

(3) 先简单，后复杂

检修故障要先用最简单易行的办法，再用复杂、精确的方法。排除故障时，先排除直观、显而易见、简单常见的故障，后排除难度较高、没有处理过的疑难故障。

(4) 先检修“通病”，后攻“疑难杂症”

电气设备经常容易产生相同类型的故障，即“通病”。由于通病比较常见，积累的

经验较丰富，可快速排除，这样就可以集中精力和时间排除比较少见、难度高、古怪的“疑难杂症”，简化步骤，缩小范围，提高检修速度。

（5）先外部调试，后内部处理

外部是指暴露在电气设备外壳或密封件外部的各种开关、按钮、插口及指示灯。内部是指在电气设备外壳或密封件内部的印制电路板、元器件及各种连接导线。先外部调试，后内部处理，就是在不拆卸电气设备的情况下，利用电气设备面板上的开关、按钮等调试检查，缩小故障范围。首先排除外部部件引起的故障，再检修机内的故障，尽量避免不必要的拆卸。

（6）先不通电测量，后通电测试

首先在不通电的情况下对电气设备进行检修，然后在通电情况下对电气设备进行检修。对许多发生故障的电气设备检修时，不能立即通电，否则很可能会人为扩大故障范围，烧毁更多的元器件，造成不必要的损失。因此，在故障机通电前先进行电阻测量，采取必要的措施后方能通电检修。

（7）先公用电路，后专用电路

任何电气系统的公用电路出现故障，其能量、信息就无法传送、分配到各具体专用电路，专用电路的功能、性能就不起作用。如一个电气设备的电源出现故障，整个系统就无法正常运转，向各种专用电路传递的能量、信息就不可能实现。因此，遵循先公用电路、后专用电路的顺序，就能快速、准确地排除电气设备的故障。

（8）总结经验，提高效率

电气设备出现的故障五花八门、千奇百怪。任何一台有故障的电气设备检修完，应该把故障现象、原因、检修经过、技巧、心得记录在专用笔记本上，归纳机电理论知识，熟悉电气设备工作原理，积累维修经验，将自己的经验上升为理论，在理论的指导下具体故障具体分析，才能准确、迅速地排除故障。

3. 电气故障检修的一般方法

机床电气故障检修的方法较多，常用的有直观法、状态分析法、试验法、电压测量法、电阻测量法等。

（1）直观法

直观法即通过“问、看、听、摸、闻”发现异常情况，从而找出故障电路和故障所在部位。

1）问：向现场操作人员了解故障发生前后的情况，如故障发生前是否过载、频繁起动和停止，故障发生时是否有异常声音或振动，有无冒烟、冒火等现象。

2）看：仔细察看各种电气元件的外观变化情况，如触点是否烧融、氧化，熔断器熔体、熔断指示器是否跳出，热继电器是否脱扣，导线是否烧坏，热继电器整定值是否合适，瞬时动作整定电流是否符合要求等。

3）听：主要听有关电器在故障发生前后声音有无差异，如听电动机起动时是否只“嗡嗡”响而不转，接触器、继电器线圈得电后是否噪声很大等。

4）摸：故障发生后，断开电源，用手触摸或轻轻推拉导线及电器的某些部位，以察觉异常变化，如触摸电动机、变压器和电磁线圈表面，感觉温度是否过高；轻拉导线，看连接是否松动；轻推电器活动机构，看移动是否灵活等。

5）闻：故障出现后，断开电源，将鼻子靠近电动机、变压器、继电器、接触器、绝缘导线等处，闻闻是否有焦味。如有焦味，则表明电器绝缘层已被烧坏，主要故障原因可能是过载、短路或三相电流严重不平衡等。

（2）状态分析法

发生故障时，根据电气设备所处状态进行分析的方法称为状态分析法。电气设备的运行过程可以分解成若干个连续的阶段，这些阶段也可称为状态。任何电气设备都处在一定的状态下工作，如电动机工作过程可以分解成起动、运转、正转、反转、高速、低速、制动、停止等工作状态。电气故障总是发生于某一状态，而在这一状态中，各种元件又处于什么状态，这正是分析故障的重要依据。例如，电动机起动时，哪些元件工作，哪些触点闭合等，检修电动机起动故障时只需注意这些元件的工作状态即可。状态划分得越细，对电气故障检修越有利。对一种设备或装置，其中的部件和零件可能处于不同的运行状态，查找其中的电气故障时必须将各种运行状态区分清楚。

（3）试验法

试验法即用试验方法观察故障现象，初步判定故障范围。试验法是在不扩大故障范围、不损坏设备的前提下对线路进行通电试验，观察电气设备和电气元件的动作是否正常，各个控制环节的动作程序是否符合要求，找出故障发生的部位或回路，以分清故障是在电气部分还是在机械或其他部分，是在电动机上还是在控制设备上，是在主电路上还是在控制电路上。

具体做法：操作某一个按钮或开关时，线路中有关的接触器、继电器将按规定的动作顺序工作。若依次动作至某一电器元件时发现动作不符合要求，即说明该电气元件或其相关电路有问题。再在此电路中逐项分析和检查，一般便可发现故障。待控制电路的故障排除、恢复正常后，再接通主电路，检查控制电路对主电路的控制效果，观察主电路的工作情况有无异常等。

在通电试验时，必须注意人身和设备的安全。要遵守安全操作规程，不得随意触动带电部分；要尽可能切断电动机主电路电源，只在控制电路带电的情况下检查；如需电动机运转，则应使电动机在空载下运行，以避免工业机械的运动部分发生误动作和碰撞；要暂时隔断有故障的主电路，以免故障扩大，并预先充分估计到局部线路动作后可能发生的不良后果。

（4）电压测量法

电压测量法是指利用万用表测量机床电气线路上某两点间的电压值来判断故障点的范围或故障元件的方法。以检修图 8.1.1 所示控制电路为例，检修时应两人配合，一人测量，一人操作按钮，但是操作人员必须听从测量人员口令，不得擅自操作，以防发生触电事故。

1）断开控制线路中的主电路，接通电源。按下 SB1，若接触器 KM 不吸合，说明控制电路有故障。

2）将万用表转换开关旋到交流电压 500V 挡位，测量 0# 和 1# 两点间电压（图 8.1.2）。

若没有电压或电压很低，检查熔断器 FU2；若有 380V 电压，说明控制电路的电源电压正常，进行下一步操作。

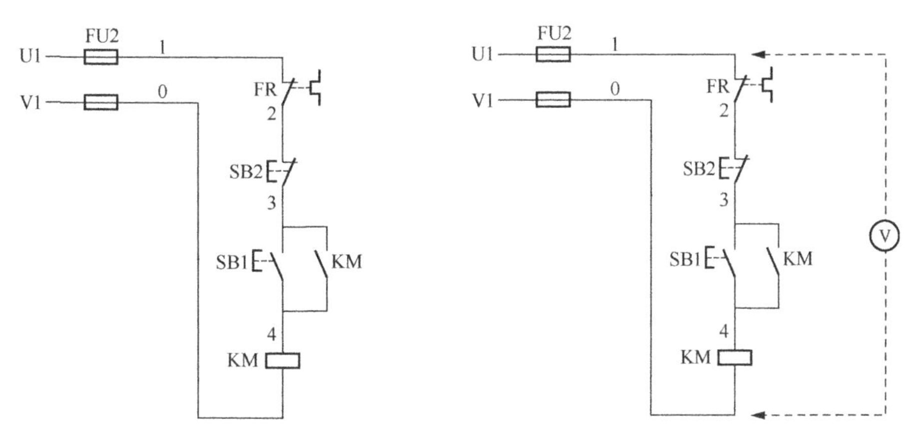

图 8.1.1　示例电路图　　　　图 8.1.2　测量 0# 和 1# 电压

3）万用表黑表笔搭接到 0# 线上，红表笔搭接到 2# 线上（图 8.1.3）。若没有电压，则表明热继电器 FR 的常闭触头有问题；若有 380V 电压，说明 FR 的常闭触头正常，进行下一步操作。

4）万用表黑表笔搭接到 0# 线上，红表笔搭接到 3# 线上（图 8.1.4）。若没有电压，则表明停止按钮 SB2 触头有问题；若有 380V 电压，说明 SB2 触头正常，进行下一步操作。

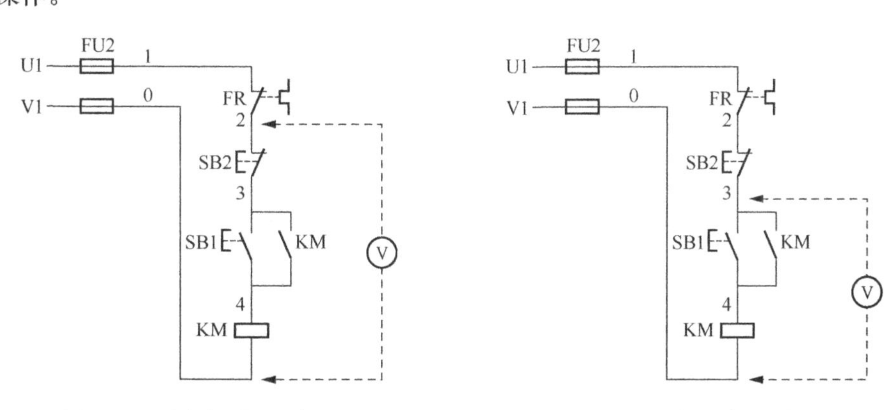

图 8.1.3　测量 0# 和 2# 电压　　　　图 8.1.4　测量 0# 和 3# 电压

5）一人按住按钮 SB1 不放，另一人把万用表黑表笔搭接到 0# 线上，红表笔搭接到 4# 线上（图 8.1.5）。若没有电压，则表明起动按钮 SB1 有问题；若有 380V 电压，说明 KM 线圈断路。

（5）电阻测量法

1）断开设备电源。将万用表转换开关旋到电阻 $R\times1$ 或 $R\times10$ 挡位。

2）万用表黑表笔搭接到 0# 线上，红表笔搭接到 4# 线上，如图 8.1.6 所示。若阻值为“∞”，说明 KM 线圈断路；若有一定阻值（取决于线圈），说明 KM 线圈正常，进行下一步操作。

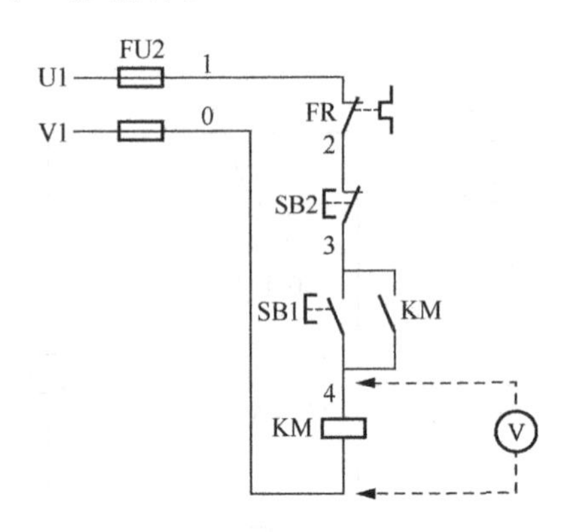

图 8.1.5　测量 $0^{\#}$ 和 $4^{\#}$ 电压

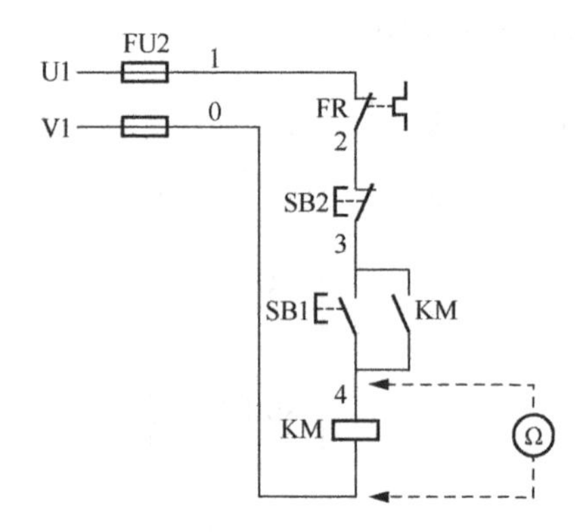

图 8.1.6　测量 $0^{\#}$ 和 $4^{\#}$ 电阻

3）一人按住按钮 SB1 不放，另一人把万用表黑表笔搭接到 $0^{\#}$ 线上，红表笔搭接到 $3^{\#}$ 线上，如图 8.1.7 所示。若阻值为“∞”，说明 SB1 断路；若有一定阻值（取决于线圈），说明 SB1 正常，进行下一步。

4）一人按住按钮 SB1 不放，另一人把万用表黑表笔搭接到 $0^{\#}$ 线上，红表笔搭接到 $2^{\#}$ 线上，如图 8.1.8 所示。若阻值为“∞”，说明 SB2 断路；若有一定阻值（取决于线圈），说明 SB2 正常，问题有可能出现在热继电器 FR 的辅助常闭触头上。

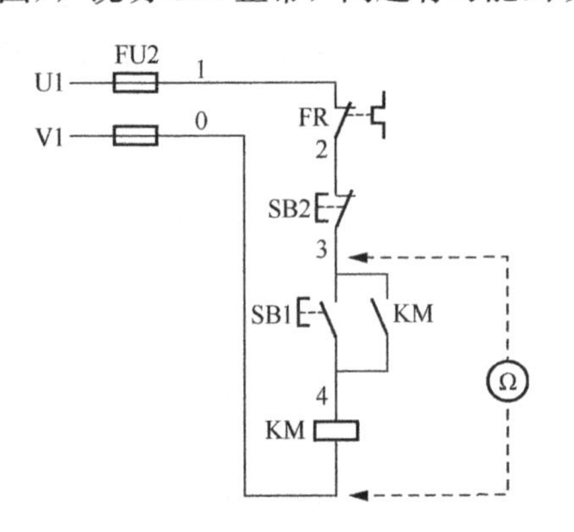

图 8.1.7　测量 $0^{\#}$ 和 $3^{\#}$ 电阻

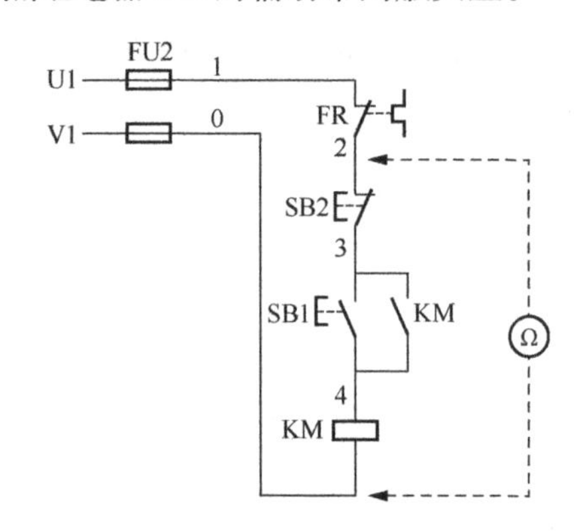

图 8.1.8　测量 $0^{\#}$ 和 $2^{\#}$ 电阻

可以采用同样方式测量 $0^{\#}$ 与 $1^{\#}$ 之间的电阻值，进行准确判断。

用电阻分段测量方法时，如果便利或为判断是触头问题还是线路问题，可以直接测量电气元件触头的电阻值。此时测量的电阻值应为“0”，否则说明触头有问题。如果阻值为“0”，说明线路接触不良或断线。

在实际维修中，由于控制线路的故障多种多样，即使同一故障现象，发生故障的部位也不一定相同，因此在检修故障时要灵活运用各种方法，力求迅速、准确地找出故障点，查明原因，及时处理。

思　考　题

1. 电气调试时应注意哪些事项?
2. 电气故障检修有哪些方法?

课题 8.2　CA6140 型车床电气控制线路的检修

学习目标

1. 了解 CA6140 型车床的基本结构。
2. 了解 CA6140 型车床电气控制线路的工作原理。
3. 会识读 CA6140 型车床控制系统的安装接线图与原理图。
4. 能独立完成 CA6140 型车床机床电气控制线路的故障检查及排除。

CA6140 型车床广泛应用于机械加工业，可以车削外圆、内圆、端面、螺纹、螺杆等。其外观如图 8.2.1 所示，主要由主轴箱、进给箱、溜板箱、刀架、丝杠、光杠、尾座、挂轮架、纵横溜板等组成。

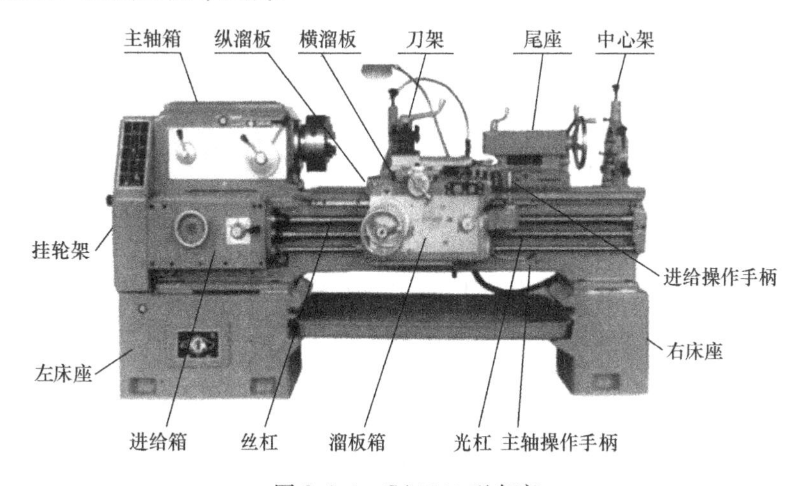

图 8.2.1　CA6140 型车床

CA6140 型车床在加工过程中，根据加工零配件的需要能实现正反转运行，主轴的正反转是通过机械装置的摩擦离合器和操纵机构实现的。当主轴操作手柄处于中间位置时，主轴停止；处于向上位置时，主轴正转；处于向下位置时，主轴反转。刀架的运行及其方向是通过溜板箱的操纵机构实现的。当进给十字操作手柄处于中间位置时，刀架停止；处于向上、向下位置时，刀架作横向进给（前、后）；处于向左、向右位置时，刀架作纵向进给（左、右）。

8.2.1 电气控制线路分析

CA6140 型车床的电气控制线路图如图 8.2.2 所示，接线图如图 8.2.3 所示。其电气控制线路由主电路和控制电路两部分组成。主电路共有三台电动机，M1 是主轴电动机，M2 是冷却泵电动机，M3 是刀架快速移动电动机。控制电路通过变压器 TC 将 380V 电压降为 110V 提供控制电源，它由主轴控制部分、冷却泵控制部分、刀架快速移动控制部分以及 6V 的电源信号指示部分、24V 机床局部照明部分组成。

1. 主电路分析

主电路共有三台电动机，主轴电动机 M1 带动主轴旋转和驱动刀架进给运动，由熔断器 FU 作为短路保护，热继电器 FR1 作为主轴电动机 M1 的过载保护，接触器 KM 作为失压、欠压保护；冷却泵电动机 M2 提供切削液，由中间继电器 KA1 控制，热继电器 FR2 作为冷却泵电动机 M2 的过载保护；刀架快速移动电动机 M3 由中间继电器 KA2 控制，由于是点动控制短时工作制，所以未设过载保护；FU1 作为冷却泵电动机 M2、刀架快速移动电动机 M3、控制变压器 TC 的短路保护。

2. 控制电路分析

控制电路由控制变压器 TC 将 380V 降为 110V 控制电压供电。在正常工作时，位置开关 SQ1 常开触点闭合；当打开皮带防护罩后，位置开关 SQ1 常开触点断开，切断控制电路电源，以确保人身安全。钥匙开关 SB 和位置开关 SQ2 在机床正常工作时是断开的，断路器 QF 线圈不通电，能够合闸。当打开电气箱壁龛门时，位置开关 SQ2 闭合，断路器 QF 线圈得电，断路器自动断开，以确保人身和设备安全。

（1）主轴电动机 M1 的控制

1）起动。按下起动按钮 SB2，接触器 KM 线圈得电吸合，其常开触点（8 区）闭合自锁，KM 主触点（2 区）闭合，主轴电动机 M1 起动运转。同时，KM 的另一对常开触点（10 区）闭合，为中间继电器 KA1 线圈得电做好准备。

2）停止。按下停止按钮 SB1，接触器 KM 线圈失电，其所有触点复位，主轴电动机 M1 失电停止运转。

（2）冷却泵电动机 M2 的控制

由于主轴电动机 M1 和冷却泵电动机 M2 在控制电路中采用的是顺序控制，故只有当主轴电动机 M1 起动后，即 KM 常开触点（10 区）闭合，合上旋钮开关 SB4，冷却泵电动机 M2 才可起动。M1 电动机停止运行，M2 电动机自行停止。

（3）刀架快速移动电动机 M3 的控制

刀架快速移动电动机 M3 的起动由按钮 SB3 控制，与中间继电器 KA2 组成点动控

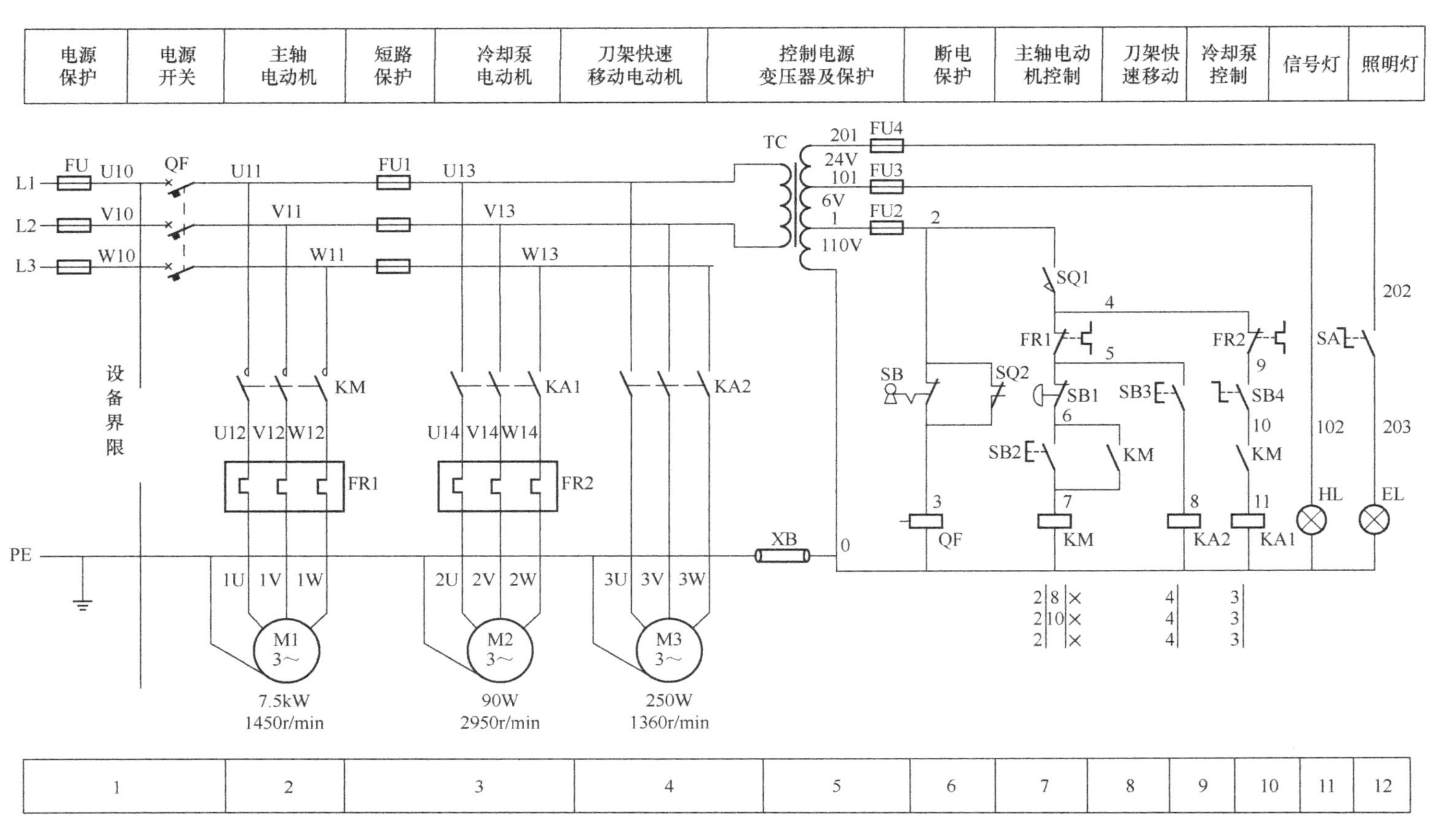

图 8.2.2　CA6140 型车床电气控制线路图

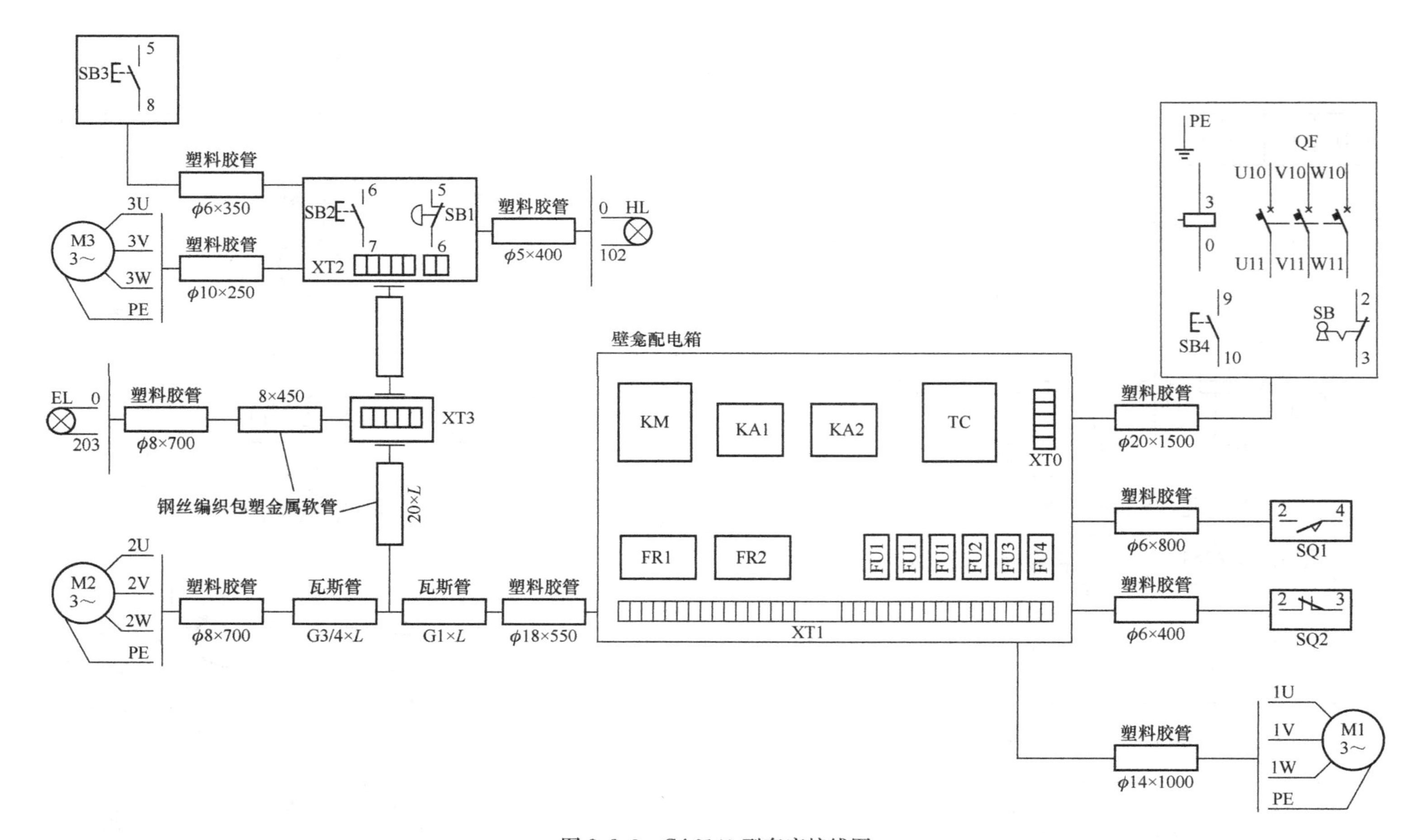

图 8.2.3 CA6140 型车床接线图

注：图中 L 表示任意长度

制电路，由进给操作手柄配合机械装置实现刀架前、后、左、右移动方向的改变，若按下 SB3 可实现刀架快速接近或离开加工部位。

8.2.2 电气调试

1. 安全措施

调试过程中应做好防护措施，如有异常情况应立即切断电源开关 QF。

2. 调试步骤

1）接通电源，合上开关 QF。

2）按下按钮 SB2，主轴电动机 M1 通电连续运行，观察电动机运行方向是否与要求相符，如果不符合，对调电动机 M1 的相序。

3）合上按钮 SB4，冷却泵电动机 M2 通电连续运行，并观察运转方向。

4）按下按钮 SB3，刀架快速移动电动机 M3 点动运行。

在调试时注意将主轴操作手柄、进给操作手柄置于中间位置，使电动机在空载下运行。此时最好在操作人员的协助下进行。

8.2.3 常见电气故障

1. 故障一

1）故障现象：主轴电动机 M1 能起动但不能连续运行。

2）原因分析：造成这种故障的主要原因是接触器 KM 的常开辅助触头（自锁触头 8 区）接触不良或导线松脱，使电路不能实现自锁。

3）检修流程：如图 8.2.4 所示。

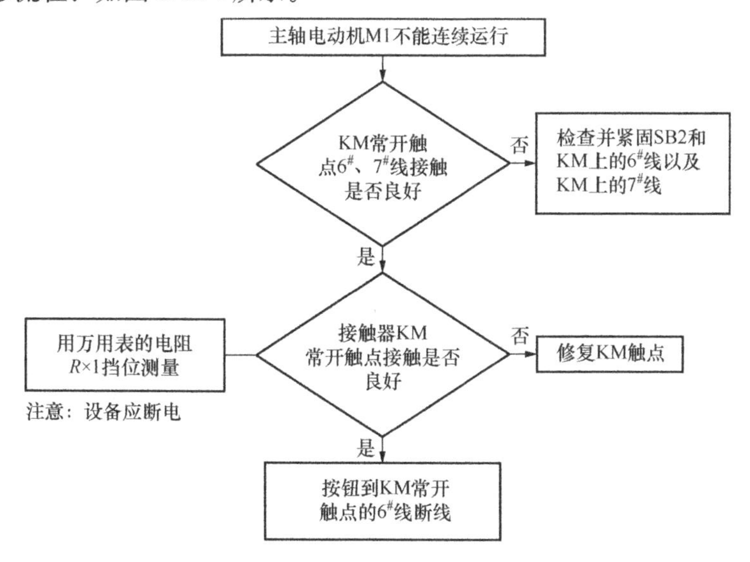

图 8.2.4　主轴电动机不能连续运行检修流程

2. 故障二

1）故障现象：整机不能工作。

2）原因分析：电源电压可能存在故障。

3）检修流程：如图 8.2.5 所示。

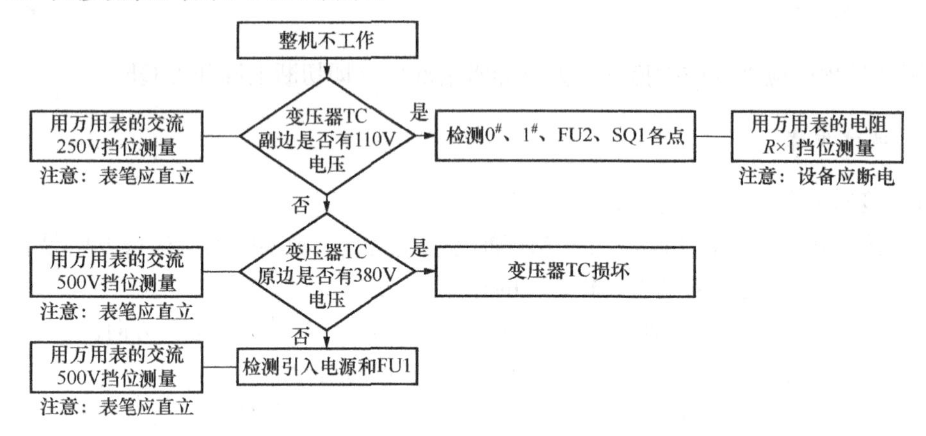

图 8.2.5 整机不工作检修流程

3. 故障三

1）故障现象：主轴电动机 M1“嗡嗡”响，但不能运行。

2）原因分析：主轴电动机 M1 缺相。

3）检修流程：如图 8.2.6 所示。

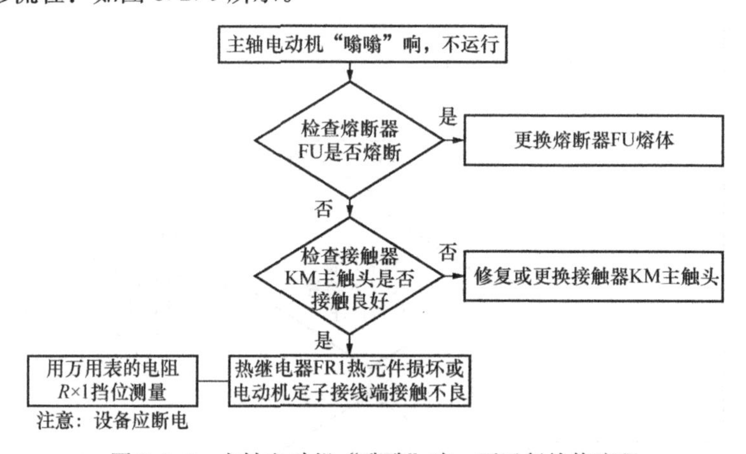

图 8.2.6 主轴电动机“嗡嗡”响、不运行检修流程

4. 故障四

1）故障现象：主轴电动机 M1 不能起动，其他电动机工作正常。

2）原因分析：主电路中存在断点，缺少两相电源，可能性比较大的有交流接触器 KM 主触头接触不良、热继电器 FR1 热元件损坏、主电路中到电动机的路径断线，或电动机损坏。

3）检修流程：如图 8.2.7 所示。

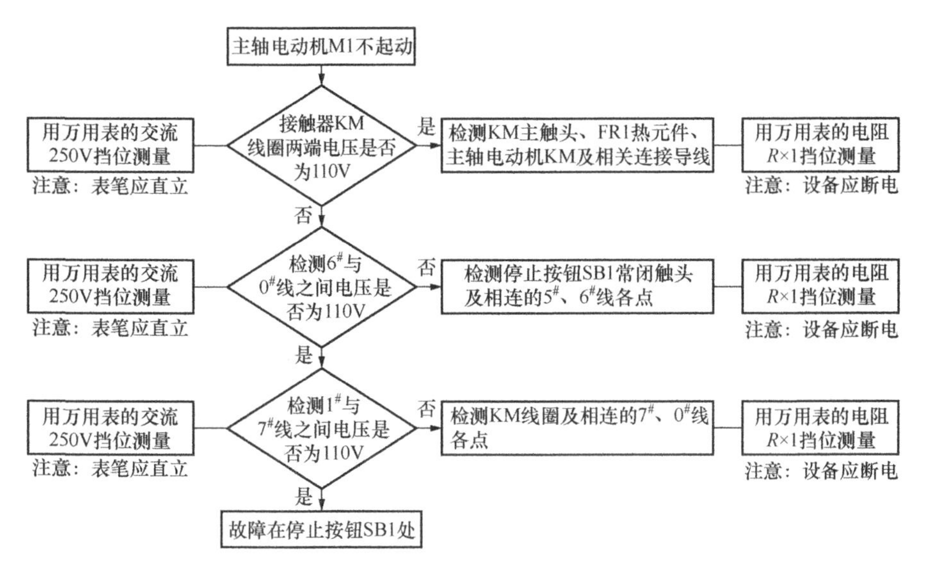

图 8.2.7　主轴电动机 M1 不能起动检修流程

8.2.4　评分

评分细则见评分表。

“CA6140 型车床电气控制线路的检修”技能自我评分表

项　　目	技术要求	配分/分	评分细则	评分记录
设备调试	调试步骤正确	10	调试步骤不正确，每步扣 2 分	
	调试全面	10	调试不全面，每项扣 3 分	
	故障现象明确	10	不明确故障现象，每故障扣 2 分	
故障分析	在电气控制线路图上分析故障可能的原因，思路正确	30	错标或标不出故障范围，每个故障点扣 10 分	
			不能标出最小的故障范围，每个故障点扣 5 分	
故障排除	正确使用工具和仪表，找出故障点并排除故障	40	实际排除故障中思路不清楚，每个故障点扣 10 分	
			每少查出一次故障点扣 15 分	
			每少排除一次故障点扣 10 分	
			排除故障方法不正确，每处扣 5 分	
其他	操作有误，此项从总分中扣分		排除故障时，产生新的故障后不能自行修复，每个扣 10 分；已经修复，每个扣 5 分	
			损坏电动机，扣 10 分	
	超时，此项从总分中扣分		每超过 5min，扣 3 分	
安全、文明生产	按照安全、文明生产要求		违反安全、文明生产，从总分中扣 20 分	

思 考 题

1. CA6140型车床的刀架电动机控制线路正常，电动机接线正确，拆下电动机空载可以运转，装到机床上后刀架任何方向都不能移动，且电动机不能运转起来，是什么原因？

2. CA6140型车床的主轴电动机电气线路（主电路、控制电路、电动机）完全正常，但当按下起动按钮SB2时熔断器FU熔体熔断，是什么原因？

3. CA6140型车床冷却泵电动机运转正常，冷却液箱内有冷却液，但没有冷却液流出，是什么原因？

课题8.3 M7130型平面磨床电气控制线路的检修

学习目标

1. 了解M7130型平面磨床的基本结构。

2. 了解M7130型平面磨床电气控制线路的工作原理。

3. 会识读M7130型平面磨床控制系统的安装接线图与原理图。

4. 能独立完成M7130型平面磨床电气控制线路的故障检查及排除。

M7130型平面磨床是机械加工业中使用较为普遍的一种平面磨床，主要是用砂轮磨削加工各种零件的平面。该磨床操作方便，磨削精度和光洁度都比较高。其外观如图8.3.1所示，主要由床身、立柱、滑座、砂轮架、电磁吸盘、工作台等部分组成。

8.3.1 电气控制线路分析

电气控制线路图如图8.3.2所示，接线图如图8.3.3所示。主电路共有三台电动机，其中M1是砂轮电动机，M2是冷却泵电动机，M3是液压泵电动机，用于拖动液压泵提供油压，驱动砂轮架的升降、进给以及工作台的往复运动。控制电路采用交流380V电压控制电源，它由砂轮电动机控制部分、液压泵电动机控制部分、电磁吸盘控制部分以及24V机床局部照明部分组成。

1. 主电路分析

主电路共有三台电动机：砂轮电动机M1带动砂轮旋转，对工件进行磨削加工；冷却泵电动机M2提供切削液，与砂轮电动机M1共用热继电器FR1作为过载保护，由

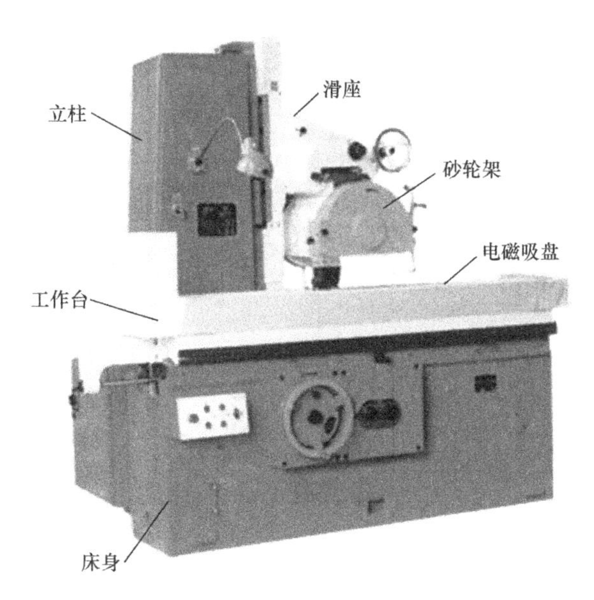

图8.3.1 M7130型平面磨床

接触器KM1控制；液压泵电动机M3由接触器KM2控制，由热继电器FR2作为过载保护；FU1作为电动机的短路保护。

2. 控制电路分析

控制电路采用交流380V电压供电，熔断器FU2作为短路保护。

(1) 电动机控制电路

在控制电路中，串接转换开关QS的一对常开触点（6区）和欠电流继电器KA的常开触点（7区），三台电动机起动的必要条件是QS或KA的常开触点闭合。砂轮电动机M1和液压泵电动机M3都采用自锁正转控制线路，SB1、SB3分别是它们的停止按钮，SB2、SB4分别是它们的起动按钮。

(2) 电磁吸盘控制电路

电磁吸盘是装夹在工作台上，用来固定加工工件的一种夹具，它具有夹紧迅速、操作简便、不损伤工件等优点，也有只能吸住铁磁材料的缺点。其外观如图8.3.4所示。电磁吸盘的工作条件较差，由于吸盘线圈完全密封，散热条件不好，若密封不好，极容易渗入冷却液，造成线圈损坏。

线圈损坏后更换线圈时，先按照线圈尺寸制成斜口对开型绕线模（考虑绝缘包扎的厚度），然后绕线。绕制包扎后进行绝缘处理，绝缘漆应使用三聚氰胺醇酸树脂漆或氨基醇酸漆。线圈装配时，吸盘槽底应平整，用绝缘纸垫好，两侧和上方应有3mm的间隙。然后，用5号绝缘胶熔化并缓慢浇灌，浇灌应保持与盘体外缘平齐。冷却后，清洁盘体表面，做到无毛刺、铁屑和杂物。清洁后，涂上一层5号绝缘胶（用汽油稀释），覆盖一层聚酯薄膜，再涂上一层5号绝缘胶，然后立即盖上面板，均匀旋紧螺钉，保证密封严密。最后将线圈引出线接到盘体的接线盒，并浇灌绝缘胶密封。

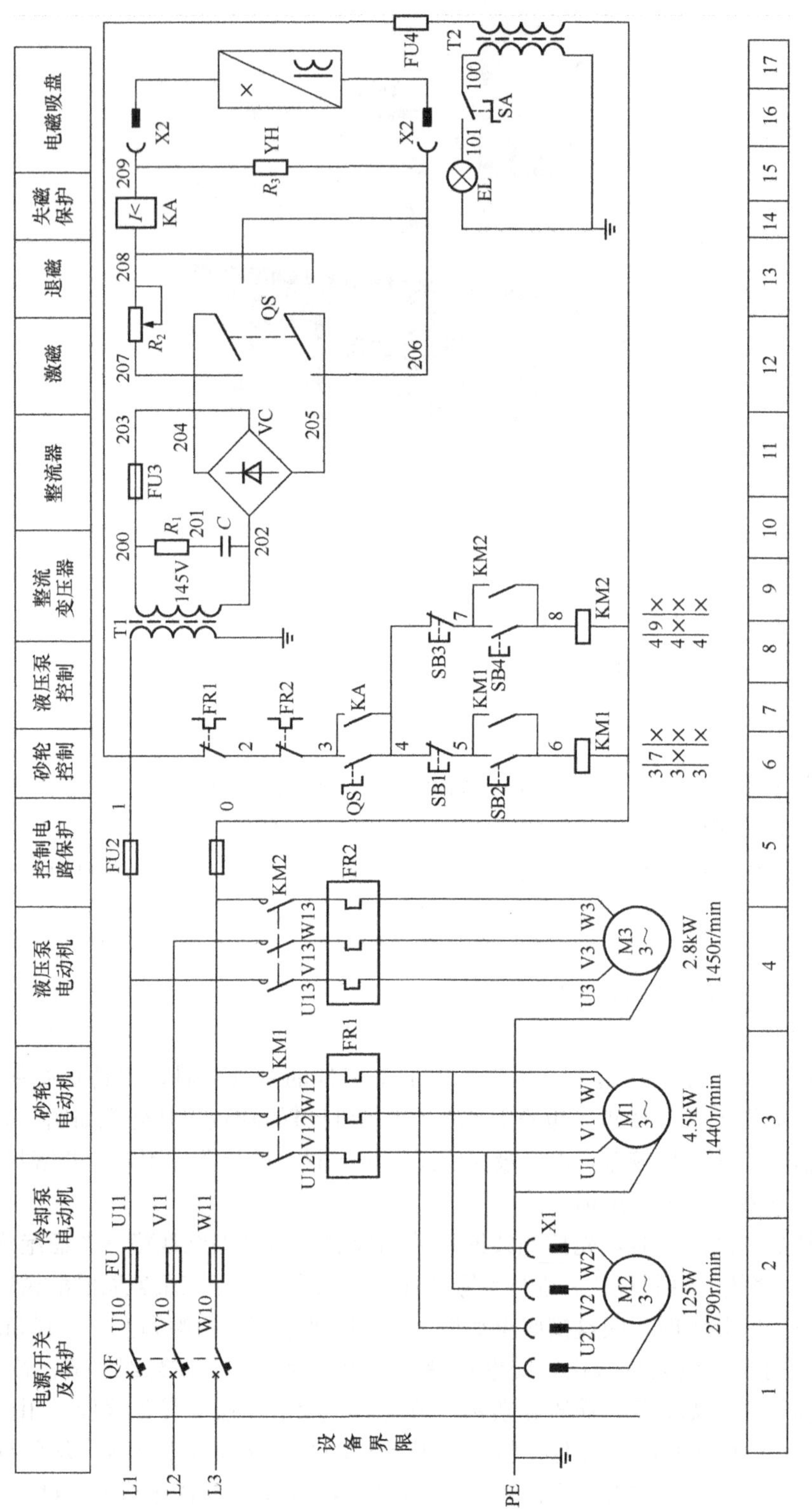

图 8.3.2 M7130 型平面磨床电气控制线路图

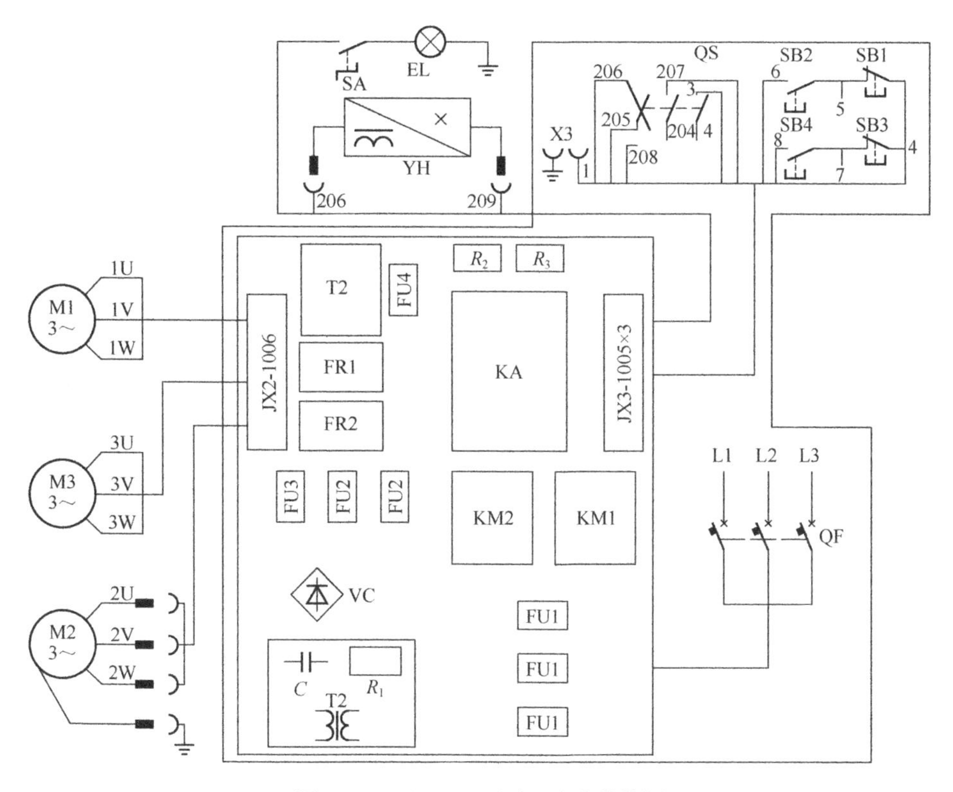

图 8.3.3　M7130 型平面磨床接线图

电磁吸盘的吸力应达到 588～882kPa，剩磁吸力应小于充磁吸力的 10%，吸力的测试用弹簧秤和电工纯铁。其退磁电压一般为 5～10V，不宜过高，否则会造成工件取下困难。

图 8.3.4　电磁吸盘

电磁吸盘电路由整流电路、控制电路和保护电路三部分组成。

1）整流及控制电路。整流变压器 T1 将 220V 的交流电压降为 145V，经桥式整流器 VC 整流后输出 110V 直流电压，经转换开关 QS 转换控制电磁吸盘的工作方式。电磁吸盘的工作方式有激磁（吸合）、放松和退磁三种。

① 激磁。将转换开关 QS 扳至“吸合”位置时，QS 的触点（204～206）、（205～208）闭合，直流 110V 电压接入电磁吸盘 YH，吸牢工件。

② 放松。当工件加工完毕，将转换开关 QS 扳至“放松”位置时，QS 的触点（204～206）、（205～208）断开，切断电磁吸盘 YH 的直流电源。由于工件有剩磁，工件不能取下，必须进行退磁。

③ 退磁。将转换开关 QS 扳至“退磁”位置时，QS 的触点（3～4）闭合，接通电动机控制回路，触点（204～207）、（205～206）闭合，由于串入了退磁电阻 R_2，电磁吸盘 YH 通入较小的反向电流退磁。退磁结束，将转换开关 QS 扳至“放松”位置，即

可取下工件。

图 8.3.5 退磁器

如果工件不易退磁，可将附件退磁器插入插座 X3 中，使工件在交变磁场的作用下退磁。退磁器外观如图 8.3.5 所示。

2）电磁吸盘保护电路。电磁吸盘保护电路由放电电阻 R_3 和欠电流继电器 KA 组成，电阻 R_3 是电磁吸盘的放电电阻，欠电流继电器 KA 用来防止电磁吸盘断电时工件飞出造成人身和设备事故。

电阻 R_1 与电容器 C 的作用是防止电磁吸盘回路交流侧的过电压。

3. 照明电路

照明变压器 T2 将 380V 交流电压降为 24V 的安全电压供给照明电路。EL 为照明灯，一端接地，另一端由开关 SA 控制。熔断器 FU4 作为照明电路的短路保护。

8.3.2 电气调试

1. 安全措施

调试过程中应做好防护措施，如有异常情况应立即切断电源。

2. 调试步骤

1）接通电源，合上开关 QF。

2）将转换开关 QS 扳至“退磁”位置。

3）按下起动按钮 SB2，使砂轮电动机 M1 旋转一下，立即按下停止按钮 SB1，观察砂轮旋转方向与要求是否相符。

4）按下起动按钮 SB4，使液压泵电动机运行，并观察运行情况。

5）根据电动机功率设定过载保护值。

6）根据要求调整欠电流继电器 KA，使欠电流继电器 KA 在 1.5A 时吸合。欠电流继电器外观如图 8.3.6 所示。调整方法如下：

① 断开电源开关 QF。

② 将欠电流继电器 KA 线圈一端断开，将万用表串联接入电路中（注意极性）。

③ 将万用表的挡位旋至直流电流挡位（大电流挡 5A）。

④ 接入电磁吸盘。

⑤ 合上电源开关 QF，并将转换开关 QS 扳至“吸合”位置。

⑥ 观察电流值在 1.5A 时欠电流继电器

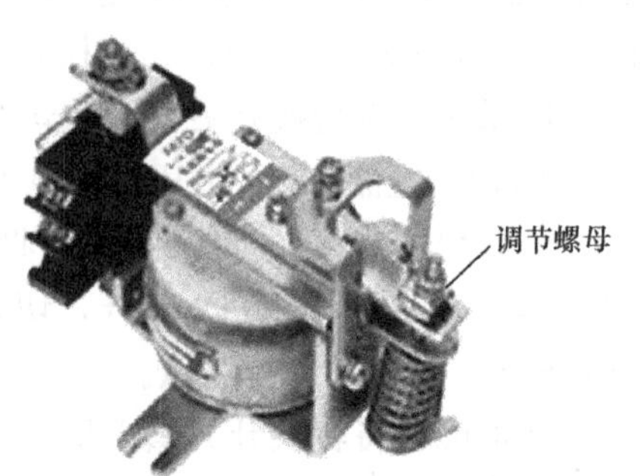

图 8.3.6 欠电流继电器

KA是否吸合，如果不吸合，则调整欠电流继电器KA的调整螺母，直到吸合。调整时应缓慢进行，不要力度过大，以免损坏元件，同时注意安全，防止触电事故发生。

7）调试过程中如有异常情况，立即断开电源开关QF，排除故障或险情。

8.3.3 常见电气故障

1. 故障一

1）故障现象：电动机都不能起动。

2）原因分析：起动按钮或停止按钮不可能同时损坏，应检查控制电路电源电压和相关元器件。

3）检修流程：首先，用万用表的交流500V电压挡位检查0#与1#之间是否有380V控制电源，如果没有380V控制电源，则检查熔断器FU1、FU2；如果有380V控制电源，则按如图8.3.7所示的检修流程检修。

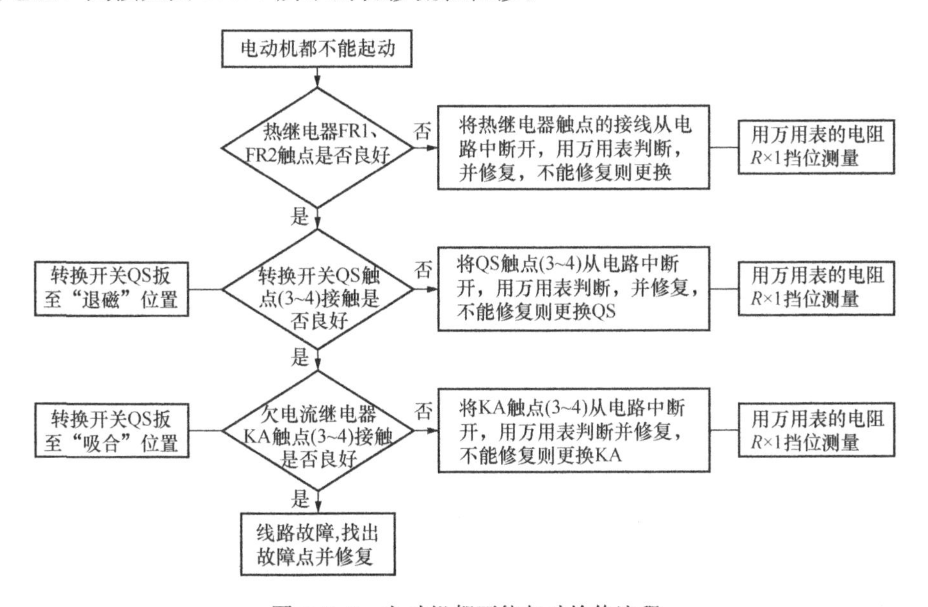

图8.3.7 电动机都不能起动检修流程

2. 故障二

1）故障现象：电磁吸盘无吸力。

2）原因分析：电磁吸盘电源电压以及回路故障。

3）检修流程：首先检查电源电压是否正常，再检查熔断器FU1、FU2、FU3是否熔断。检修流程如图8.3.8所示。

整流器中的整流元件为四个二极管构成的桥式整流电路，二极管好坏的判别方法及过程如下：

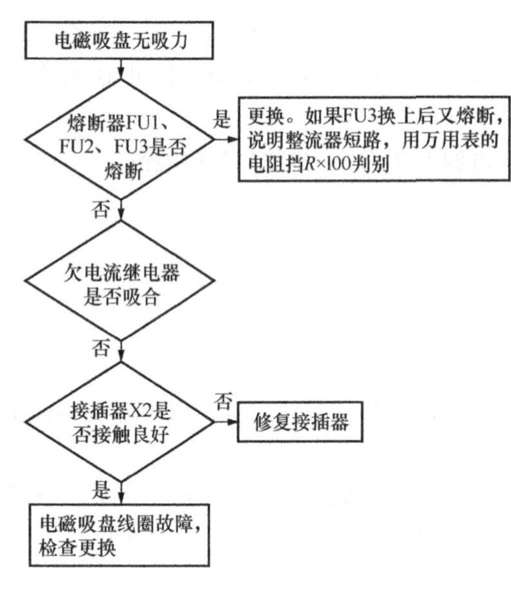

图 8.3.8 电磁吸盘无吸力检修流程

1）断开设备电源，将整流器拆下。

2）断开四个二极管的桥接线。

3）将万用表挡位置于 $R\times100$ 或 $R\times1\text{k}$。

4）将万用表的表笔搭接在二极管的管脚上，观察并记住测量值。注意手不要触及表笔的金属部分或二极管的管脚。

5）对调万用表的表笔，再测量二极管，观察并记住测量值。

6）如果两次测量的值都很大或趋向于无穷大，说明该二极管断路；如果两次测量的值都很小或趋向于零，说明该二极管短路，需要更换。

通常小功率锗二极管的正向电阻值为 300～500Ω，硅管为 1kΩ 或更大些。锗管反向电阻为几十千欧，硅管反向电阻在 500kΩ 以上（大功率二极管的数值要大得多）。正反向电阻差值越大越好。

8.3.4 评分

评分细则见评分表。

“M7130 型平面磨床电气控制线路的检修”技能自我评分表

项目	技术要求	配分/分	评分细则	评分记录
设备调试	调试步骤正确	10	调试步骤不正确，每步扣 2 分	
	调试全面	10	调试不全面，每项扣 3 分	
	故障现象明确	10	不明确故障现象，每故障扣 2 分	
故障分析	在电气控制线路图上分析故障可能的原因，思路正确	30	错标或标不出故障范围，每个故障点扣 10 分	
			不能标出最小的故障范围，每个故障点扣 5 分	
故障排除	正确使用工具和仪表，找出故障点并排除故障	40	实际排除故障中思路不清楚，每个故障点扣 10 分	
			每少查出一次故障点扣 15 分	
			每少排除一次故障点扣 10 分	
			排除故障方法不正确，每处扣 5 分	
其他	操作有误，此项从总分中扣分		排除故障时，产生新的故障后不能自行修复，每个扣 10 分；已经修复，每个扣 5 分	
			损坏电动机，扣 10 分	
	超时，此项从总分中扣分		每超过 5min，扣 3 分	
安全、文明生产	按照安全、文明生产要求		违反安全、文明生产，从总分中扣 20 分	

思 考 题

1. M7130型平面磨床的电磁吸盘吸力不足会造成什么后果?

2. M7130型平面磨床电气控制线路有哪些电气联锁措施?

3. 用于M7130型平面磨床砂轮电动机过载保护的热继电器FR1经常发生脱扣现象，是什么原因?

4. M7130型平面磨床电磁吸盘控制电路中整流部分无直流输出，试分析故障范围。

课题8.4 Z3040型摇臂钻床电气控制线路的检修

学习目标

1. 了解Z3040型摇臂钻床的基本结构。

2. 了解Z3040型摇臂钻床电气控制线路的工作原理。

3. 会识读Z3040型摇臂钻床控制系统的安装接线图与原理图。

4. 能独立完成Z3040型摇臂钻床电气控制线路的故障检查及排除。

Z3040型摇臂钻床是一种用途广泛、适用于单件或批量生产中带有多孔大型工件的孔加工机床，可以实现钻孔、铰孔、扩孔、镗孔、攻螺纹以及修刮平面等多种形式的加工。其外观如图8.4.1所示，主要由底座、外立柱、内立柱、摇臂、主轴箱、工作台等部分组成。

为保证加工精度，在钻削加工时，必须利用夹紧机构将主轴箱固定在摇臂导轨上，摇臂紧固在外立柱上，外立柱紧固在内立柱上。夹紧机构采用液压系统，如图8.4.2所示。

8.4.1 夹紧机构液压系统

夹紧机构液压系统如图8.4.2所示，图中溢流阀的作用是通过阀口溢流，维持油路压力恒定，实现稳压、调压或限压。

1. 主轴箱和立柱的松开与夹紧

(1) 松开

液压泵电动机M3带动液压泵正向旋转，二位六通电磁阀线圈YA没有通电。电磁

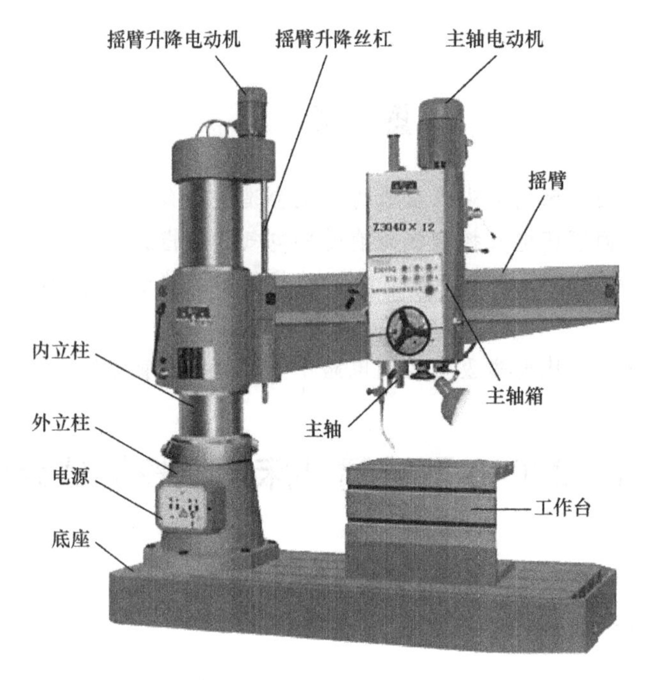

图 8.4.1　Z3040 型摇臂钻床

阀 YA 是一个二位六通换向电磁阀，其工作状态如图 8.4.3（a）所示，图中的箭头表示压力油的流向。压力油从 A 点出发，经过二位六通电磁阀②～⑥到主轴箱和立柱的单活塞液压缸，单活塞液压缸推动主轴箱和立柱的夹紧机构使主轴箱和立柱松开，再经过二位六通电磁阀⑤～①到 B 点，回到油箱。

（2）夹紧

液压泵电动机 M3 带动液压泵反向旋转，二位六通电磁阀线圈 YA 仍然没有通电，压力油从 B 点出发，经过二位六通电磁阀①～⑤到主轴箱和立柱的单活塞液压缸，单活塞液压缸推动主轴箱和立柱的夹紧机构使主轴箱和立柱夹紧，再经过二位六通电磁阀⑥～②到 A 点，回到油箱。

2. 摇臂的松开与夹紧

（1）松开

液压泵电动机 M3 带动液压泵正向旋转，二位六通电磁阀线圈 YA 通电，状态如图 8.4.3（b）所示，压力油从 A 点出发，经过二位六通电磁阀①～③到摇臂的单活塞液压缸，单活塞液压缸推动摇臂的夹紧机构使摇臂松开，再经过二位六通电磁阀④～②到 B 点，回到油箱。

（2）夹紧

液压泵电动机 M3 带动液压泵反向旋转，二位六通电磁阀线圈 YA 仍然通电，压力油从 B 点出发，经过二位六通电磁阀②～④到摇臂的单活塞液压缸，单活塞液压缸推动摇臂的夹紧机构使摇臂夹紧，再经过二位六通电磁阀③～①到 A 点，回到油箱。

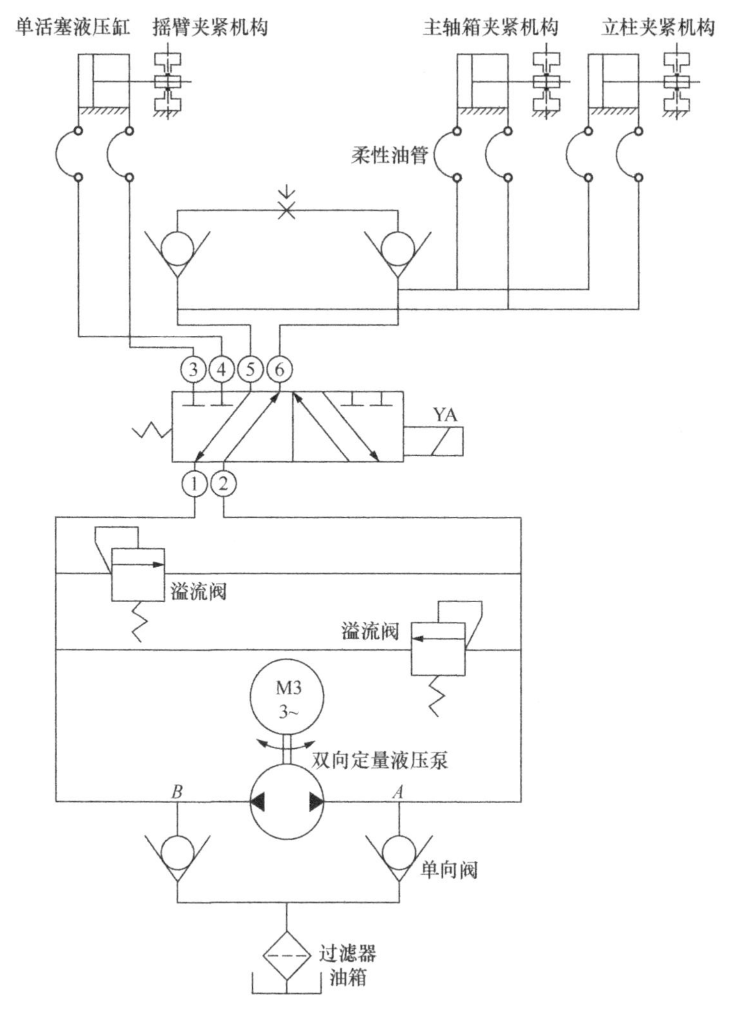

图 8.4.2 夹紧机构液压系统

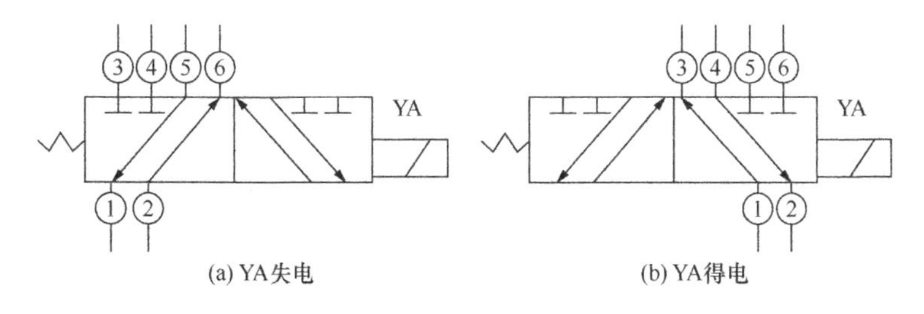

图 8.4.3 换向电磁阀的工作状态

8.4.2 电气控制线路分析

Z3040 型摇臂钻床由于运动部件多，采用多电动机拖动可以简化传动装置的结构。整个机床由四台电动机拖动，分别是主轴（钻杆）拖动电动机、摇臂升降电动机、液压泵电动机和冷却泵电动机。

钻杆的旋转是主运动，钻杆的纵向（上、下）移动是进给运动，摇臂的手动回转、摇臂的升降及其夹紧与放松、立柱的夹紧和放松、主轴箱的移动都是辅助运动。电气控制线路图如图 8.4.4 所示，接线图如图 8.4.5 所示。

1. 主电路分析

主电路共有四台电动机：M1 是主轴（钻杆）拖动电动机，由接触器 KM1 控制，热继电器 FR1 作为过载保护；M2 是摇臂升降电动机，由接触器 KM2、KM3 控制，由于是间断性工作，所以没有设置过载保护；M3 是液压泵电动机，由接触器 KM4、KM5 控制，热继电器 FR2 作为过载保护，M3 拖动液压泵旋转，为主轴箱、摇臂、内外立柱的夹紧机构提供压力油；M4 是冷却泵电动机。

2. 控制电路分析

控制电路采用交流 110V 电压控制电源，它由主电动机控制部分、摇臂升降电动机控制部分、主轴箱和立柱夹紧与放松控制部分以及 24V 机床局部照明部分和工作状态指示部分组成。

为了保证操作安全，在 Z3040 型摇臂钻床电气箱门上装有门锁开关 SQ5（14 区），在开机前应检查电气箱门是否关好。

（1）主电动机 M1 的控制

按下起动按钮 SB2（15 区）、接触器 KM1 吸合并自锁，使主电动机 M1 起动运行，同时指示灯 HL1（10 区）亮；按下停止按钮 SB1（15 区），接触器 KM1 断电释放，主电动机 M1 停止运转，同时指示灯 HL1（10 区）熄灭。

Z3040 型摇臂钻床在加工过程中，根据零配件加工工艺需要，能实现正反转运行，主轴的正反转是通过液压系统的操纵机构配合正、反转摩擦离合器实现的。当主轴操作手柄处于中间位置时，主轴停止；处于向左位置时，主轴正转；处于向右位置时，主轴反转。

（2）摇臂升降控制

摇臂升降前，必须先使夹紧在立柱上的摇臂松开，然后上升或下降，升降到所需的位置时自行夹紧。摇臂的夹紧或松开要求电磁阀 YA 处于通电状态。

1）摇臂上升（下降）的起动过程。按住上升（或下降）按钮 SB3（或 SB4），则 SB3（或 SB4）的常闭触点断开，使得控制摇臂升降电动机的接触器 KM3（或 KM2）线圈不能得电，其常开触点闭合，使断电延时时间继电器 KT 线圈（17 区）通电吸合，其瞬时闭合的常开触点（20 区 15～16）闭合，接触器 KM4 得电吸合，液压泵电动机 M3 正向起动运转，拖动液压泵供给正向压力油。同时，时间继电器 KT 的延时闭合常闭触点（22 区 18～19）立即断开，而 KT 的延时断开常开触点（24 区 3～18）立即闭合，使电磁阀 YA 得电，压力油进入摇臂的夹紧机构，松开油腔，推动活塞和菱形块，将摇臂松开，并使摇臂夹紧位置开关 SQ3 的触点（23 区 3～18）复位闭合。当摇臂完全松开后，活塞杆通过弹簧片压下位置开关SQ2，使其常闭触点（20 区 8～15）断开，

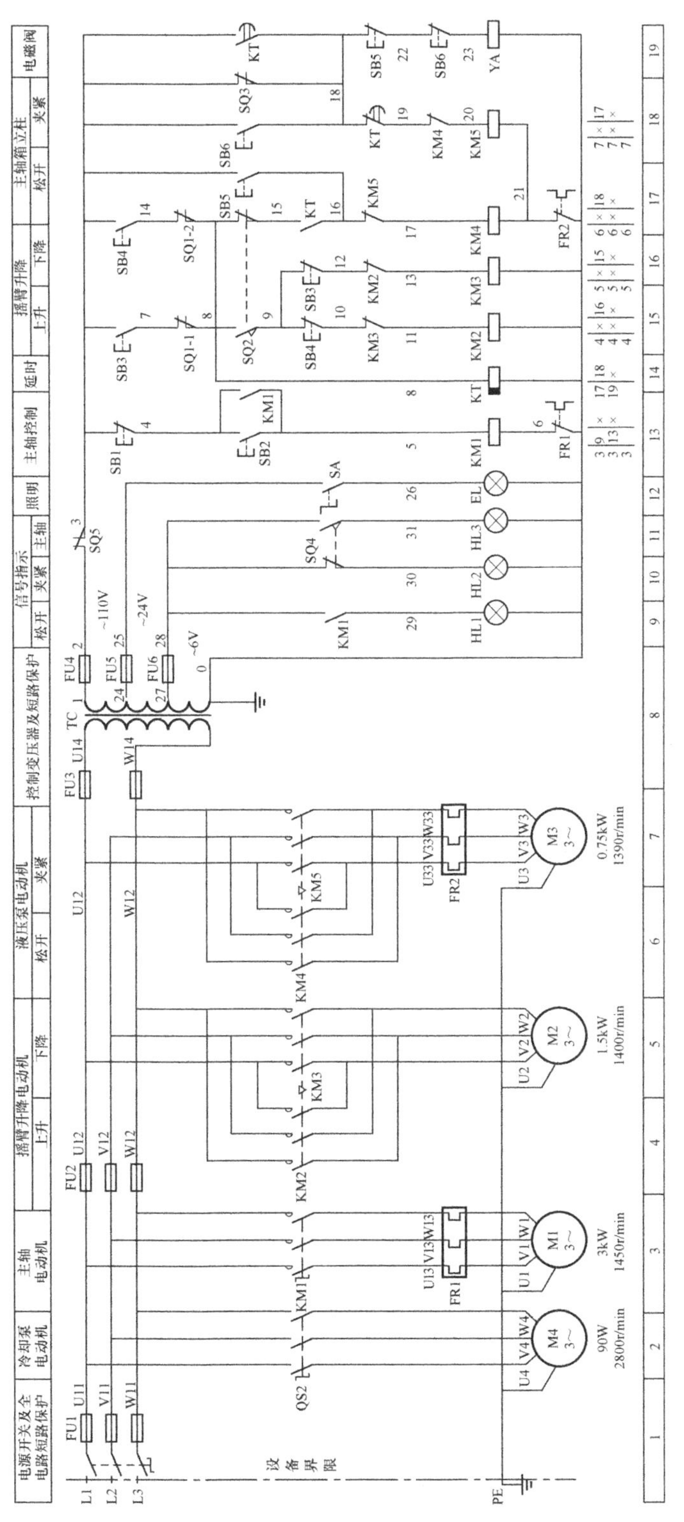

图 8.4.4 Z3040 型摇臂钻床控制线路图

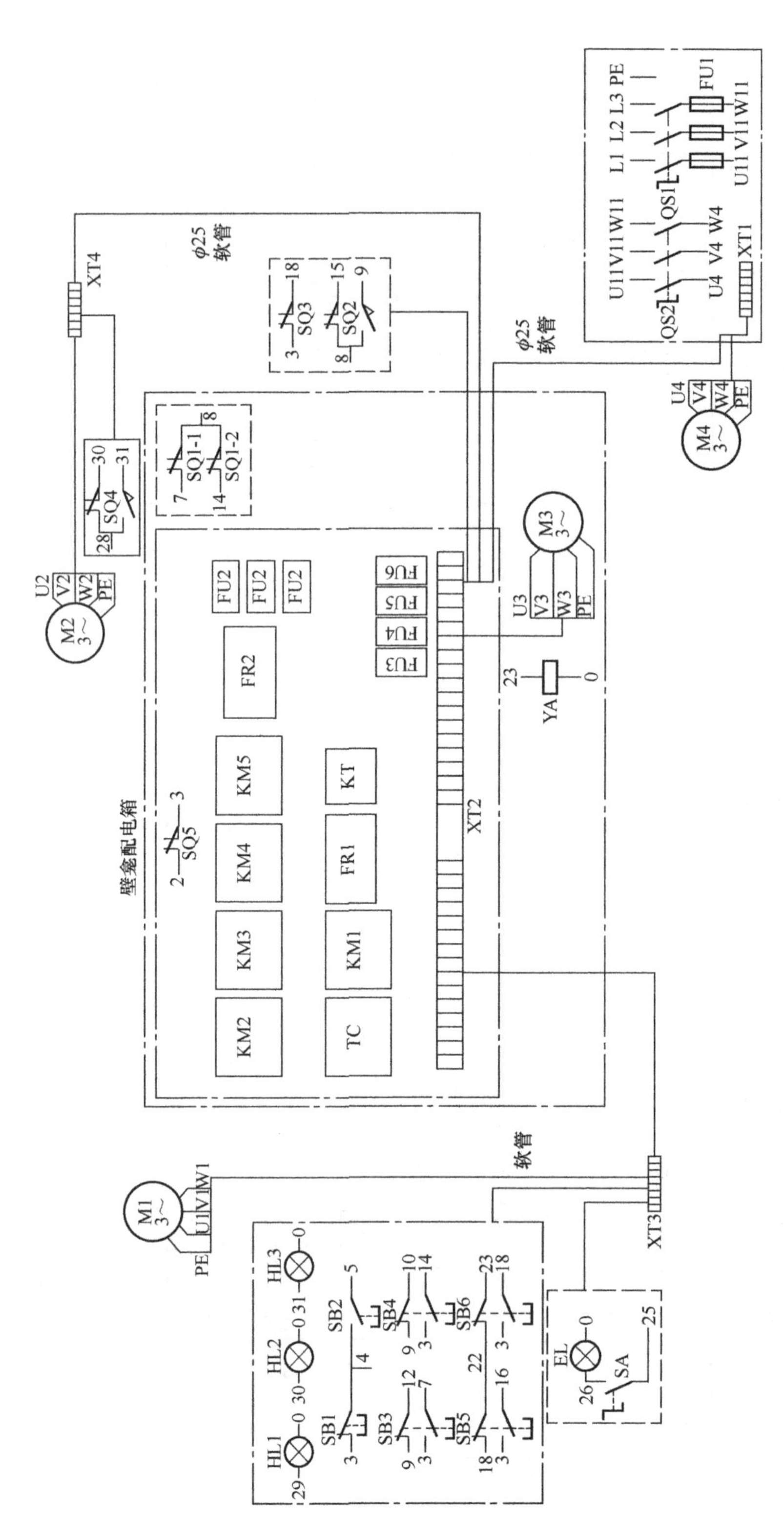

图 8.4.5 Z3040 型摇臂钻床接线图

常开触点（18区8～9）闭合，接触器KM2（或KM3）线圈得电吸合，摇臂升降电动机M2运转，拖动摇臂上升（或下降）。

2）摇臂上升（下降）的停止过程。当摇臂上升（下降）到所需的位置时，松开按钮SB3（或SB4），则接触器KM2（或KM3）、时间继电器KT同时断电释放，摇臂升降电动机M2停止运转，摇臂也随之停止上升（或下降）。时间继电器KT的断电释放使瞬时闭合的常开触点（20区15～16）立即复位断开，确保接触器KM4不能得电。由于时间继电器KT是断电延时，所以要经过1～3s的延时后，延时触点才能相应动作，以确保摇臂的升降完全停止后才开始夹紧。

当断电延时时间到，时间继电器KT的延时断开常开触点（24区3～18）断开，延时闭合常闭触点（22区18～19）闭合，由于位置开关SQ3的触点（23区3～18）复位闭合，接触器KM5线圈（22区）得电吸合，液压泵电动机M3反向起动运转，拖动液压泵供给反向压力油。因电磁阀YA仍然得电，使压力油进入摇臂的夹紧机构夹紧油腔，推动活塞和菱形块，将摇臂夹紧。当摇臂夹紧后，活塞杆通过弹簧片压下位置开关SQ3，使其常闭触点（23区3～18）断开，松开SQ2，电磁阀YA、接触器KM5断电，液压泵电动机M2停止运转，摇臂夹紧完成。

位置开关SQ1是摇臂上升、下降极限（终端）保护开关，有两对常闭触点SQ1-1、SQ1-2，分别串联在摇臂上升或下降控制回路中。

（3）主轴箱和立柱的夹紧与松开控制

主轴箱和立柱的夹紧与松开是同时进行的，夹紧或松开时，要求电磁阀YA处于失电状态。控制过程分析如下：

当需要主轴箱和立柱松开（或夹紧）时，按下按钮SB5（或SB6），接触器KM4（或KM5）得电吸合，液压泵电动机M3带动液压泵旋转，提供正向（或反向）压力油，进入主轴箱和立柱的放松（或夹紧）油腔，推动夹紧机构实现主轴箱和立柱放松（或夹紧）。同时，位置开关SQ4在松开（或夹紧）时动作，使放松（或夹紧）信号灯HL2（HL3）亮。

由于SB5、SB6的常闭触点串联在电磁阀YA线圈电路中，所以YA不会得电，保证了压力油进入主轴箱和立柱的夹紧装置中。

8.4.3 电气调试

1. 安全措施

调试过程中应做好防护措施，如有异常情况应立即切断电源。

2. 调试步骤

1）接通电源。

2）根据电动机功率设定过载保护值。

3）按下起动按钮SB2，使主轴电动机M1旋转一下，立即按下停止按钮SB1，观察主轴旋转方向与要求是否相符，观察主轴工作信号灯HL1是否亮。

4）按下按钮 SB5（SB6），主轴箱和立柱应松开（夹紧），如不能松开（夹紧），查看液压泵电动机旋转方向是否与要求方向相符。松开（夹紧）后，信号灯 HL2（HL3）应亮，如不亮，调整 SQ4 与弹簧片之间的距离。

5）按下摇臂升降按钮 SB3（SB4），摇臂应上升（下降），如果下降（上升），更换摇臂升降电动机 M2 的相序。

6）摇臂上升或下降过程中，上推或下拉位置开关 SQ1 的操纵杆，使 SQ1－1 或 SQ1－2 断开，此时摇臂应停止上升或下降，否则对调 SQ1（7# 线与 14# 线）。

3. 注意事项

1）调试操纵位置开关 SQ1，应借助工具，以免伤手。

2）对调 SQ1 的接线时，线号不能对调。对调接线后应再次试验，验证是否正确。

3）Z3040 型摇臂钻床的工作过程是由电气、机械以及液压系统紧密配合实现的。因此，在调试时要考虑电气与机械和液压部分的配合工作。

4）立柱和主轴箱的夹紧机构采用的是菱形块结构，夹紧力过大或液压系统压力不够，会导致菱形块立不起来，电气工作时能夹紧，当电气不工作时就松开。当菱形块和承压块角度、方向或距离不当，也会出现类似的故障现象。

8.4.4 常见电气故障

1. 故障一

1）故障现象：摇臂不能升降。

2）原因分析：当摇臂都不能升降，不可能升降按钮或接触器同时损坏，必定在它们的公共部分存在问题。

3）检修流程：由前文所述的摇臂升降控制过程知道，摇臂的升降由电动机 M2 拖动，条件是摇臂完全从立柱上松开后，活塞杆压合位置开关 SQ2。可按图 8.4.6 所示的流程检修。

2. 故障二

1）故障现象：摇臂不能夹紧。

2）原因分析：摇臂升降到所需位置后不能夹紧，考虑 SQ3 存在问题。

3）检修流程：摇臂夹紧过程是自动完成的，当出现不能夹紧的故障现象时，可按图 8.4.7 所示的流程检修。

8.4.5 评分

评分细则见评分表。

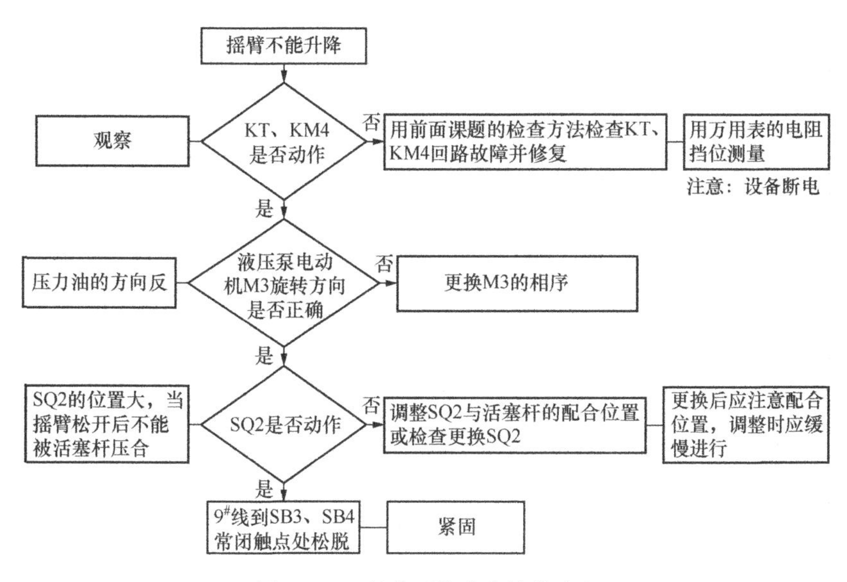

图 8.4.6　摇臂不能升降检修流程

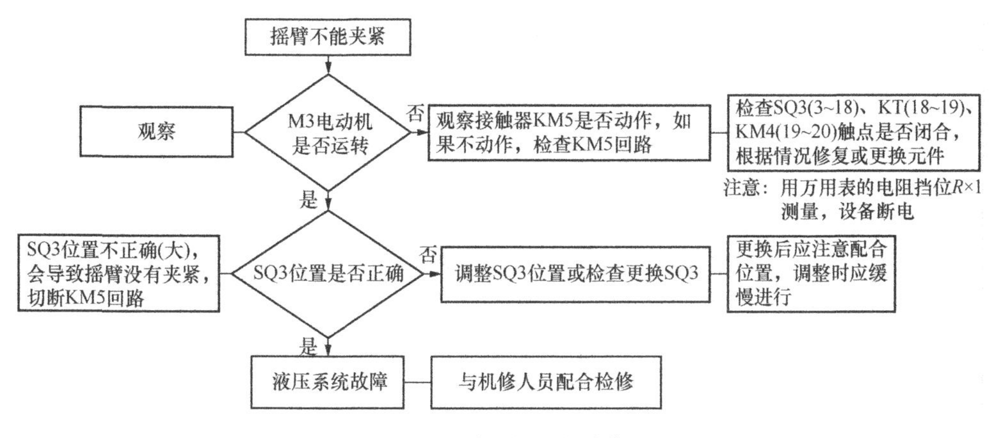

图 8.4.7　摇臂不能夹紧检修流程

“Z3040 型摇臂钻床电气控制线路的检修”技能自我评分表

项　目	技术要求	配分/分	评分细则	评分记录
设备调试	调试步骤正确	10	调试步骤不正确，每步扣 2 分	
	调试全面	10	调试不全面，每项扣 3 分	
	故障现象明确	10	不明确故障现象，每故障扣 2 分	
故障分析	在电气控制线路图上分析故障可能的原因，思路正确	30	错标或标不出故障范围，每个故障点扣 10 分	
			不能标出最小的故障范围，每个故障点扣 5 分	

续表

项　　目	技术要求	配分/分	评分细则	评分记录
故障排除	正确使用工具和仪表，找出故障点并排除故障	40	实际排除故障中思路不清楚，每个故障点扣10分	
			每少查出一次故障点扣15分	
			每少排除一次故障点扣10分	
			排除故障方法不正确，每处扣5分	
其他	操作有误，此项从总分中扣分		排除故障时，产生新的故障后不能自行修复，每个扣10分；已经修复，每个扣5分	
			损坏电动机，扣10分	
	超时，此项从总分中扣分		每超过5min扣3分	
安全、文明生产	按照安全、文明生产要求		违反安全、文明生产，从总分中扣20分	

思　考　题

1. Z3040型摇臂钻床中是否可以没有SQ1？为什么？

2. Z3040型摇臂钻床主轴箱和立柱不能放松，试分析原因。

3. 当松开上升按钮后，摇臂仍然上升，SQ1-1断开也不起作用，继续上升，应当采取什么措施？发生这种现象是什么原因？

课题8.5　X62W型万能铣床电气控制线路的检修

1. 了解X62W型万能铣床的基本结构。
2. 了解X62W型万能铣床电气控制线路的工作原理。
3. 会识读X62W型万能铣床控制系统的安装接线图与原理图。
4. 能独立完成X62W型万能铣床电气控制线路的故障检查及排除。

X62W型万能铣床是一种多用途机床，可以实现平面、斜面、螺旋面和成型面的加工，可以加装万能铣头、分度头和圆工作台等机床附件扩大加工范围。其外观如图8.5.1所示，主要由床身、主轴、刀杆支架、悬梁、回转盘、横溜板、升降台、工作台等部分组成。

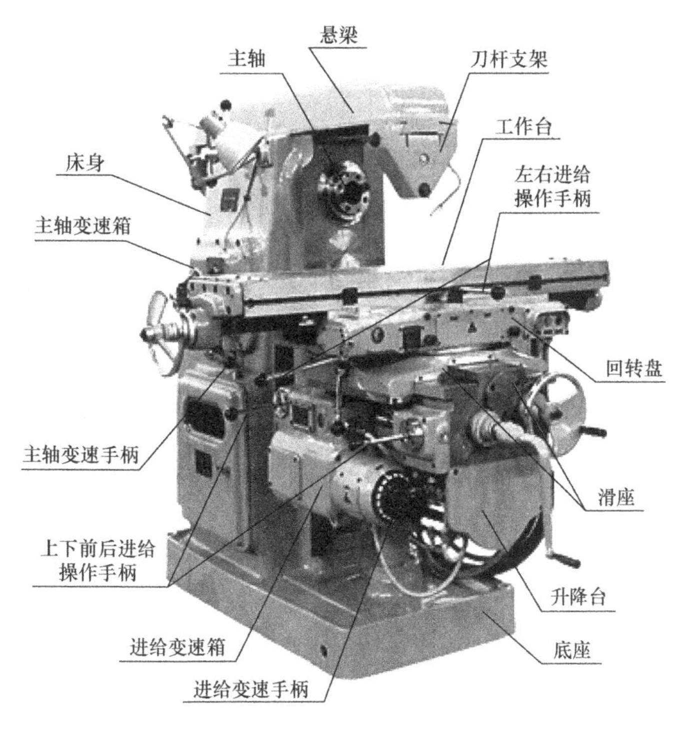

图 8.5.1　X62W 型万能铣床

X62W 型万能铣床主运动是主轴带动铣刀的旋转运动，主运动采用变速盘选择速度，为保证齿轮啮合良好，要求变速后作变速冲动；进给运动是工件相对于铣床的前后（纵向）、左右（横向）和上下（垂直）六个方向的运动，进给运动也采用变速盘选择速度，同样，为保证齿轮啮合良好，要求变速后作变速冲动；辅助运动是六个方向的快速移动。

8.5.1　电气控制线路分析

X62W 型万能铣床的电气控制线路图如图 8.5.2 所示，接线图如图 8.5.3 所示。

1. 主电路分析

主电路共有三台电动机，M1 是主轴（铣刀）拖动电动机，由接触器 KM1 控制，热继电器 FR1 作为过载保护。因正反转不频繁，在起动前用换相开关 SA3（2 区）预先选择方向。SA3 的位置及动作说明如表 8.5.1 所示。

表 8.5.1　换相开关 SA3 的位置及动作说明

触点 \ 位置	正转	停止	反转
SA3 - 1	+	—	—
SA3 - 2	—	—	+
SA3 - 3	+	—	—
SA3 - 4	—	—	+

注：“+”表示接通，“—”表示断开。

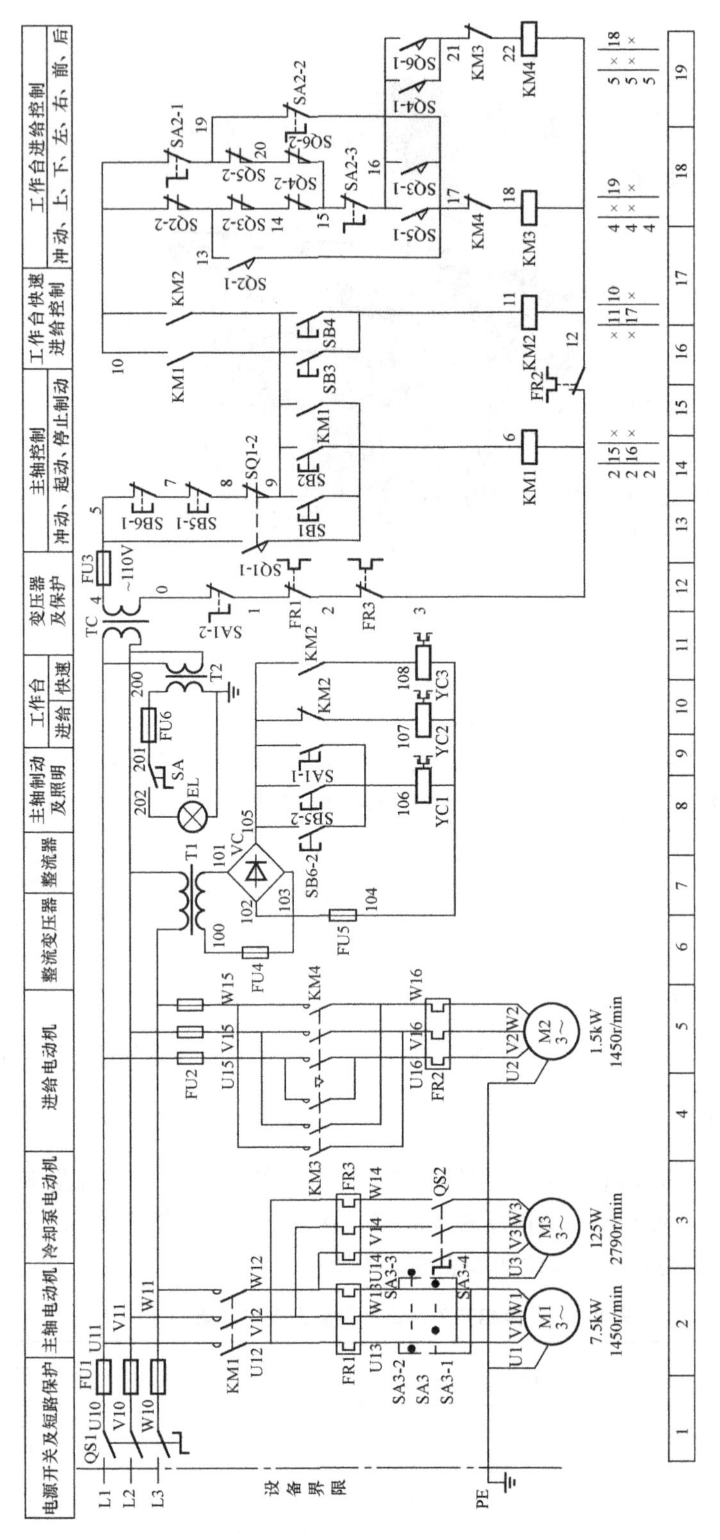

图 8.5.2 X62W 型万能铣床控制线路图

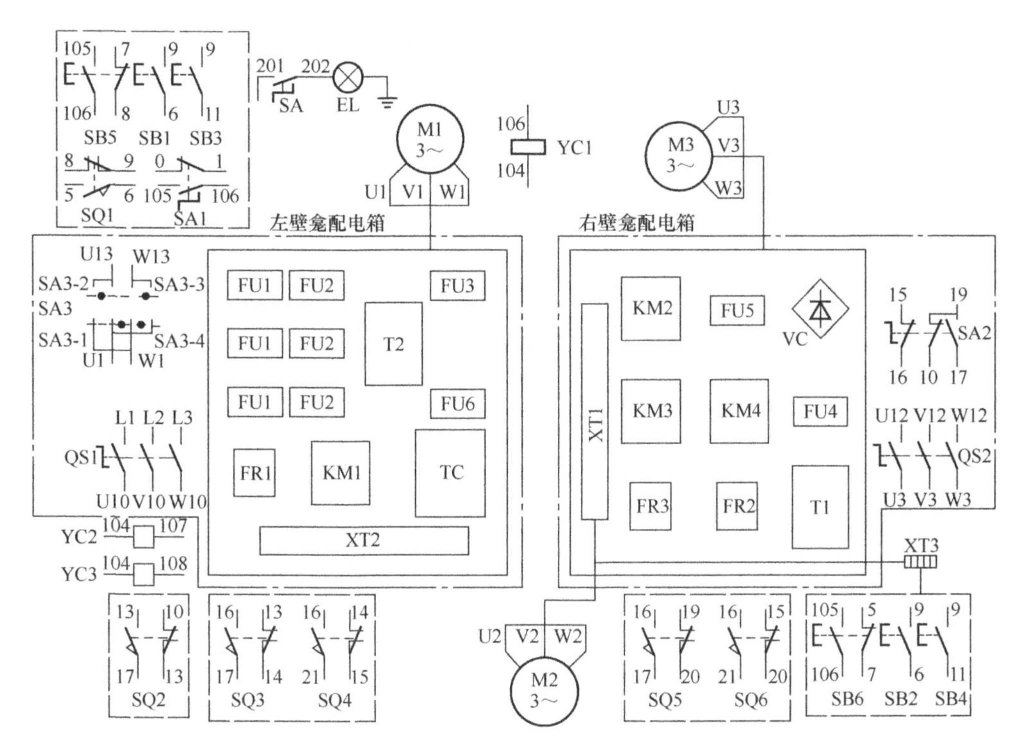

图 8.5.3　X62W 型万能铣床接线图

M2 是进给电动机，用来驱动工作台进给运动，由接触器 KM3、KM4 控制，六个方向通过操纵手柄和机械离合器的配合实现，热继电器 FR2 作为过载保护。M3 是冷却泵电动机，与主轴电动机 M1 构成主电路顺序控制，由组合开关 QS2 控制，热继电器 FR3 作为过载保护。

2. 控制电路分析

控制电路包括交流控制电路和直流控制电路。交流控制电路由控制变压器 TC1 提供 110V 的控制电压，熔断器 FU4 作为交流控制电路短路保护。直流控制电路中的直流电压由整流变压器 TC2 降压后，经整流器 VC 整流得到，主要提供给主轴制动电磁离合器 YC1、工作台进给电磁离合器 YC2 和快速进给电磁离合器 YC3。熔断器 FU2、FU3 分别作为整流器和直流控制电路的短路保护。

（1）主轴电动机 M1 的控制

M1 的控制包括主轴的起动、制动、换刀及变速冲动控制。为了操作方便，主轴电动机 M1 采用两地控制方式，一组按钮安装在工作台上，另一组安装在床身上。起动按钮 SB1、SB2 相并联，停止按钮 SB5、SB6 相串联。

1）主轴起动控制。起动前，先将主轴换向开关 SA3（2 区）旋至所需的方向。按下起动按钮 SB1（13 区）或 SB2（13 区），接触器 KM1 吸合并自锁，使主轴电动机 M1 起动运转，同时接触器 KM1 辅助常开触点（16 区）闭合，为工作台进给电路提供电源。

2）主轴制动控制。当需要主轴电动机 M1 停止时，按下停止按钮 SB5 或 SB6，其常闭触点 SB5-1（14 区）或 SB6-1（14 区）断开，接触器 KM1 线圈失电，接触器 KM1 所有触点复位，主轴电动机 M1 断电惯性运转，停止按钮 SB5 或 SB6 常开触点 SB5-2（8 区）或 SB6-2（8 区）闭合，使主轴制动电磁离合器 YC1 得电。由于 YC1 与主轴传动系统同在一根轴上，当 YC1 得电后，将摩擦片压紧，主轴电动机 M1 制动停转。

电磁离合器是一种将主侧旋转扭力传达到被动侧的连接器，可根据需要自由连接或切离，因使用电磁力做功，故称为电磁离合器。电磁离合器的种类较多，在 X62W 型万能铣床中的电磁离合器为湿式多片式电磁离合器，这种电磁离合器主要用于机械传动系统中，可在主动部分运转的情况下使从动部分与主动部分结合或分离。其外形及结构如图 8.5.4 所示。

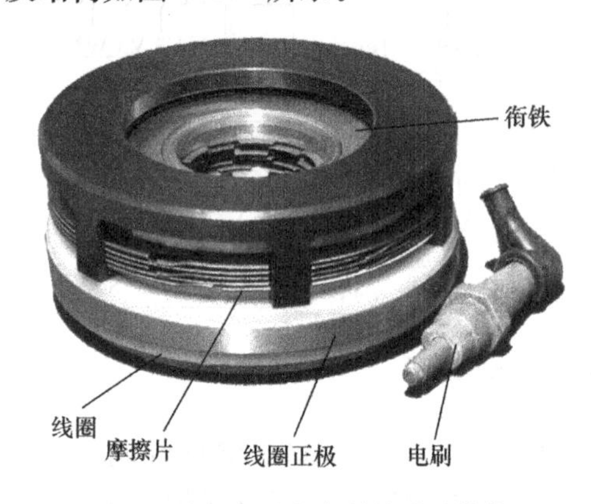

图 8.5.4 电磁离合器外形及结构

电磁离合器安装前检查摩擦片，不应有油污及杂物；安装时应轴向固定，如分轴安装应保持同轴度；安装好的电磁离合器应保证摩擦片呈自由状态，并能轻便地沿机械轴上的花键套移动。电刷安装在电刷支架上，应与线圈正极保持良好的接触，但不宜过紧，造成电刷偏离和磨损过快。

当电磁离合器接通直流 24V 电源时，直流 24V 电源经由电刷、线圈正极（电磁离合器滑环）、线圈负极（电磁离合器的金属套筒）形成回路，产生电磁力，驱动衔铁（压盘）压紧摩擦片，从而连接从动盘或从动轴与主动轴同步旋转，实现传动，反之实现主从动的切断。

电磁离合器线圈由于密封在金属套筒内，散热条件差，易发热而烧毁。判别电磁离合器线圈好坏，可用测量电阻值的方法。

电磁离合器线圈的电阻值因型号规格不同而不同，一般为 13～60Ω。X62W 型万能铣床的电磁离合器阻值在 36Ω 左右。判别方法如下：

① 切断电源，拆除电刷上的导线。

② 将万用表的挡位选择在电阻 $R\times1$ 挡，注意调零。

③ 将万用表的红表笔搭接在电刷上，黑表笔搭接在机床金属外壳上（电磁离合器线圈负极与金属套筒相连，金属套筒直接与机床轴相连）。

④ 观察电阻值，如果阻值远大于 36Ω 或为“∞”，有可能电刷与电磁离合器的滑环接触不良，应拧紧电刷后再次测量。拧紧后，如仍然阻值很大，应拆下电刷，将红表笔直接搭接在滑环上测量。此时，阻值正常，说明电刷完全磨损，更换电刷；如果还是远大于 36Ω 或为“∞”，说明电磁离合器的线圈损坏，应与机修人员配合，拆除更换或修理。如果阻值远小于 36Ω 或为“0”，说明电磁离合器线圈烧毁，应拆除更换或修理。

3）主轴换刀控制。主轴虽然在停止状态，在施加外力时仍可自由转动，会造成更换铣刀困难，因此在更换铣刀时应将主轴制动。

主轴换刀控制过程是将转换开关SA1扳到“接通”位置，这时转换开关SA1的常开触点SA1-1（9区）闭合，主轴制动电磁离合器YC1得电，将摩擦片压紧，主轴处于制动状态；同时，转换开关SA1的常闭触点SA1-2（12区）断开，切断了交流控制电路，铣床无法运行，切实保证了人身安全。换刀结束后，将转换开关SA1扳到“断开”位置即可。

4）主轴变速冲动控制。主轴需要改变运转速度时，是通过操纵主轴变速手柄和变速盘实现的。为使齿轮顺利啮合，在变速中需要变速冲动，主轴变速冲动控制示意图如图8.5.5所示。

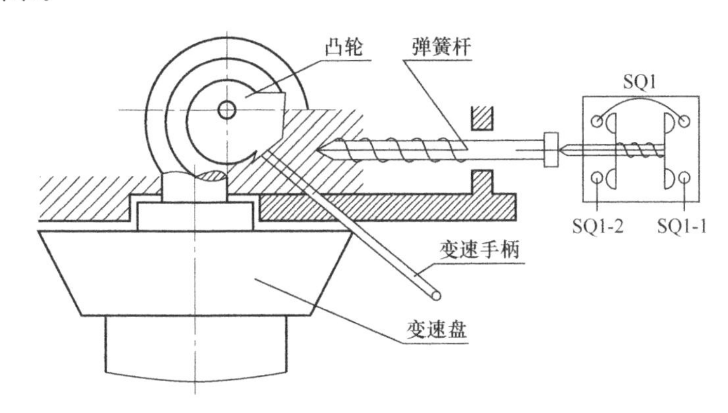

图8.5.5 主轴变速冲动控制示意图

主轴变速冲动控制过程是：先将变速手柄压下，使变速手柄的榫块从定位槽中脱出，然后将变速手柄向外拉，使齿轮脱离啮合，转动变速盘到所需的转速后，将变速手柄推回原位。在手柄推回原位时，变速手柄上装的凸轮将弹簧杆推动一下，弹簧杆又推动一下位置开关SQ1，使SQ1的常闭触点SQ1-2（14区）先断开，常开触点SQ1-1（13区）后闭合，接触器KM1瞬时得电闭合，主轴电动机M1瞬时起动；紧接着凸轮放开弹簧杆，位置开关SQ1所有触点复位，接触器KM1断电释放，电动机M1断电。由于主轴制动电磁离合器YC1没有得电，电动机M1仍作惯性运转，带动齿轮系统抖动，在抖动时将变速手柄先快后慢推进，齿轮便顺利啮合。如果齿轮没有啮合好，可以重复上述过程，直到齿轮啮合。

注意： 主轴变速时应在主轴停止状态下进行，以免打坏齿轮。

（2）进给电动机M2的控制

工作台的六个方向是通过两个机械操作手柄与机械联动机构控制相应的位置开关，使进给电动机M2正反转来实现的。进给电动机M2的控制包括工作台的左右进给、上下前后工作进给及快速进给、圆工作台和变速冲动控制。

工作台在左、右、上、下、前、后控制时，圆工作台转换开关SA2应处于断开位置，SA2的位置及动作说明如表8.5.2所示。

表 8.5.2 圆工作台转换开关 SA2 的位置及动作说明

位置 触点	接通	断开
SA2-1	－	＋
SA2-2	＋	－
SA2-3	－	＋

注："＋"表示接通，"－"表示断开。

1）工作台工作进给。工作台的工作进给必须在主轴电动机 M1 起动运行后才能进行，属于控制电路顺序控制。工作台工作进给时电磁离合器 YC2 必须得电。

① 工作台的左右进给。工作台的左右进给由左右进给操作手柄控制。该进给操作手柄与位置开关 SQ5 和 SQ6 联动，有左、中、右三个位置，控制关系如表 8.5.3 所示。当左右进给操作手柄处于中间位置时不能进给。

表 8.5.3 工作台左右进给手柄位置及其控制关系

动作关系 手柄位置	位置开关动作	接触器动作	电动机M2 转向	传动链搭合丝杠	工作台进给方向
左	SQ5	KM3	正转	左右进给丝杠	向左
中	—	—	停止	—	停止
右	SQ6	KM4	反转	左右进给丝杠	向右

当进给操作手柄扳向左，压合位置开关 SQ5 时，工作过程为

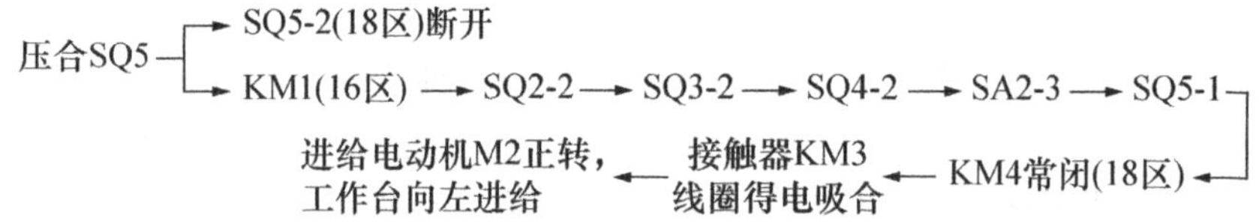

压合SQ5 → SQ5-2(18区)断开
压合SQ5 → KM1(16区) → SQ2-2 → SQ3-2 → SQ4-2 → SA2-3 → SQ5-1 → KM4常闭(18区) → 接触器KM3线圈得电吸合 → 进给电动机M2正转，工作台向左进给

当进给操作手柄扳向右，压合位置开关 SQ6 时，工作过程为

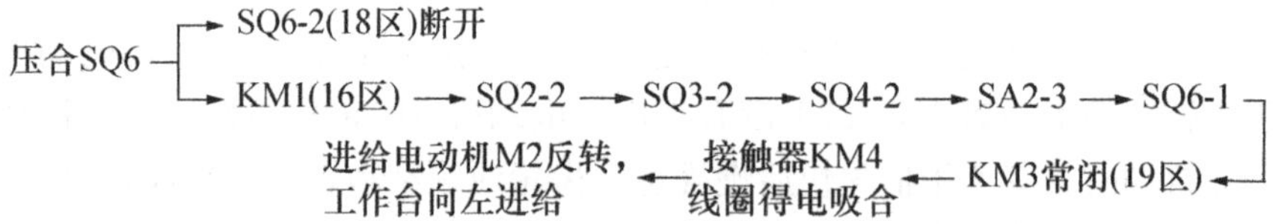

压合SQ6 → SQ6-2(18区)断开
压合SQ6 → KM1(16区) → SQ2-2 → SQ3-2 → SQ4-2 → SA2-3 → SQ6-1 → KM3常闭(19区) → 接触器KM4线圈得电吸合 → 进给电动机M2反转，工作台向左进给

② 工作台的上下和前后进给。工作台的上下和前后进给由上下前后进给操作手柄控制。该进给操作手柄与位置开关 SQ3 和 SQ4 联动，有上、下、中、前、后五个位置，控制关系如表 8.5.4 所示。当进给操作手柄处于中间位置时不能进给。

表 8.5.4 工作台上下前后进给手柄位置及控制关系

动作关系 手柄位置	位置开关动作	接触器动作	电动机M2 转向	传动链搭合丝杠	工作台进给方向
上	SQ4	KM4	反转	上下进给丝杠	向上
下	SQ3	KM3	正转	上下进给丝杠	向下

续表

动作关系 手柄位置	位置开关动作	接触器动作	电动机 M2 转向	传动链搭合丝杠	工作台进给方向
中	—	—	停止	—	停止
前	SQ3	KM3	正转	前后进给丝杠	向前
后	SQ4	KM4	反转	前后进给丝杠	向后

当进给操作手柄扳向上或后，压合位置开关 SQ4 时，工作过程为

压合SQ4 → SQ4-2(18区)断开
压合SQ4 → KM1(16区) → SA2-2 → SQ5-2 → SQ6-2 → SA2-3 → SQ4-1 → KM3常闭(19区) → 接触器KM4线圈得电吸合 → 进给电动机M2反转，工作台向上或向后进给

当进给操作手柄扳向下或前，压合位置开关 SQ3 时，工作过程为

压合SQ3 → SQ3-2(18区)断开
压合SQ3 → KM1(16区) → SA2-2 → SQ5-2 → SQ6-2 → SA2-3 → SQ3-1 → KM4常闭(18区) → 接触器KM3线圈得电吸合 → 进给电动机M2正转，工作台向下或向前进给

2）工作台快速进给。工作台的快速进给属于辅助运动，可以在主轴电动机 M1 不起动的情况下进行。工作台快速进给的方向选择和控制与正常进给基本相同。快速进给时电磁离合器 YC2 必须断电，YC3 得电。

以工作台向左快速进给为例，将左右进给操作手柄扳向左，压合位置开关 SQ5，按下快速进给按钮 SB3 或 SB4，快速进给过程为

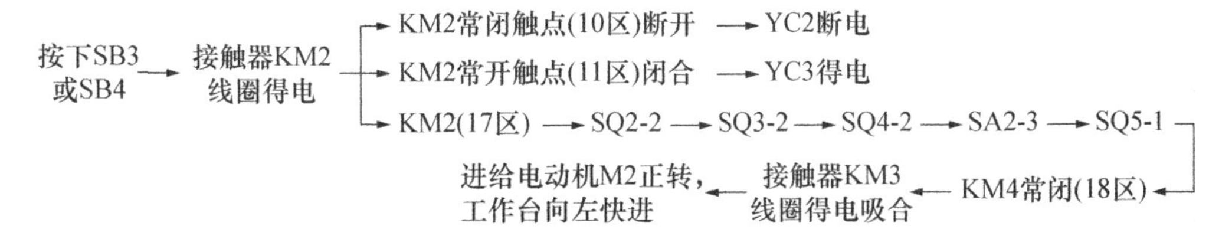

注意：快速进给必须在没有铣削加工时进行，否则会损坏刀具或设备。

3）圆工作台控制。在工作台上安装附件圆工作台，可进行圆弧或凸轮的铣削加工。当需要圆工作台旋转时，将圆工作台转换开关 SA2 扳到“接通”位置，触点通断情况如表 8.5.2 所示，所有的操作手柄置于中间位置。

工作过程为：起动主轴电动机 M1，接触器 KM1 辅助常开触点（10 区）闭合。

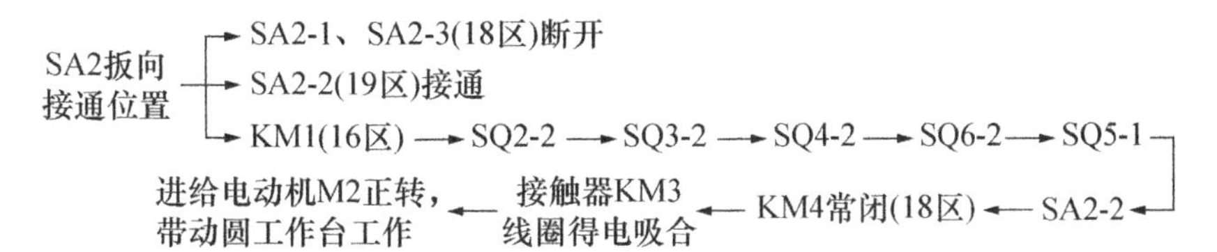

当不需要圆工作台时，将圆工作台转换开关 SA2 扳到“断开”位置，以保证工作台六个方向的进给运动。

4）工作台变速冲动控制。工作台变速与主轴变速一样，为了齿轮良好的啮合，也要进行变速冲动。进给变速冲动由位置开关 SQ2 实现。变速时，先将所有进给操作手柄置于中间位置，然后将进给变速手柄拉出，转动变速盘到所需的转速后，将变速手柄推回原位。在手柄推回原位时，挡块会瞬间压合一下位置开关 SQ2，使 SQ2 的常闭触点 SQ2-2（18 区）先断开，常开触点 SQ2-1（17 区）后闭合，接触器 KM3 瞬时得电闭合，进给电动机 M2 瞬时起动；紧接着挡块复位，位置开关 SQ2 所有触点复位，接触器 KM3 断电释放，电动机 M2 断电，这样使电动机 M2 瞬时点动一下，动齿轮系统抖动，齿轮便顺利啮合。如果齿轮没有啮合好，可以重复上述过程，直到齿轮啮合。其工作过程为

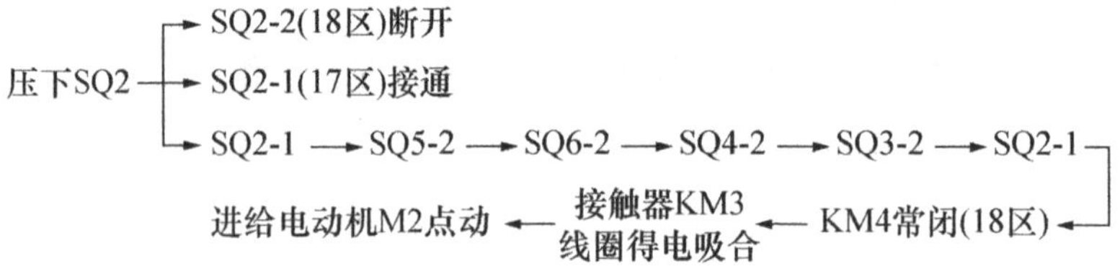

压下SQ2 → SQ2-2(18区)断开
压下SQ2 → SQ2-1(17区)接通
压下SQ2 → SQ2-1 → SQ5-2 → SQ6-2 → SQ4-2 → SQ3-2 → SQ2-1 → KM4常闭(18区) → 接触器KM3线圈得电吸合 → 进给电动机M2点动

（3）照明电路

铣床照明由变压器 T2 供给 24V 电压，由转换开关 SA 控制，熔断器 FU6 作短路保护。

8.5.2 电气调试

1. 安全措施

调试过程中应做好防护措施，如有异常情况应立即切断电源。

2. 调试步骤

1）根据电动机功率设定过载保护值。

2）接通电源，合上开关 QS1。

3）将主轴换向开关 SA3 扳到“正转”位置，按下起动按钮 SB1 或 SB2，使主轴电动机 M1 旋转一下，立即轻轻按下停止按钮 SB5 或 SB6，使主轴电动机 M1 惯性旋转，观察主轴旋转方向与要求是否相符，如不相符合，对调主轴电动机 M1 电源相序。

4）将转换开关 SA1 扳向“接通”位置，借助换铣刀扳手，看能否扳动主轴。不能扳动，说明主轴能够制动，制动离合器通电良好。

5）在主轴电动机停止状态进行主轴变速，观察主轴变速时是否有冲动现象。如没有，检查调整主轴变速冲动开关 SQ1 的位置。

6）起动主轴电动机 M1。将工作台左右操作手柄扳向左，观察工作台是否向左进给。如不向左，而向右进给，将操作手柄扳到中间位置，再将工作台上下前后操作手柄扳向前，观察工作台是否向前进给。如不向前，而向后进给，说明进给电动机 M2 相

序不正确，切断电源，对调电动机 M2 相序。如向前进给，说明左右进给位置开关 SQ5 上的 17# 线和 SQ6 上的 21# 线相互接错，对调接线即可。

同理，如果能向左进给，不向前进给，而向后进给，说明下前进给位置开关 SQ3 上的 17# 线和上后位置开关 SQ4 上的 21# 线相互接错，对调即可。

在调试过程中，如果出现工作台进给速度非常快，说明正常进给电磁离合器 YC2 的 107# 线与快速进给电磁离合器 YC3 的 108# 线相互接错，对调接线即可。

7）将工作台所有操作手柄置于中间位置，进行工作台变速，观察工作台变速时是否有冲动现象。如没有，检查调整主轴变速冲动开关 SQ2 位置。

8.5.3 常见电气故障

1. 故障一

1）故障现象：主轴电动机 M1 不能起动。

2）原因分析：这种故障现象分析与前面的分析方法相似，请读者自行分析。

3）检修流程：检修流程如图 8.5.6 所示。

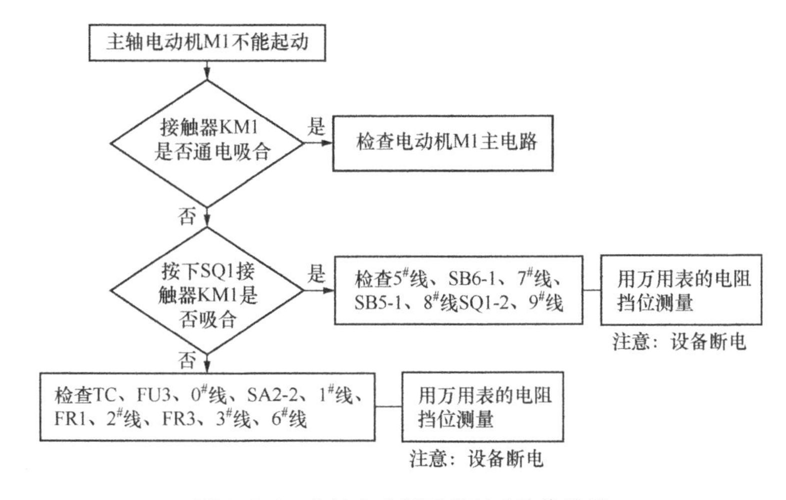

图 8.5.6 主轴电动机不能起动检修流程

2. 故障二

1）故障现象：工作台左右不能进给。

2）原因分析：工作台各个方向的开关是互相联锁的，每次只能有一个方向。但是这 6 个方向也有关联的地方，可通过其他方向进行判别分析。

3）检修流程：检修流程如图 8.5.7 所示。

注意：在用万用表欧姆挡测量 SQ5、SQ6 接触导通的情况时，应操作前后上下进给操作手柄，将 SQ3-2 或 SQ4-2 断开，否则会使电路通过导线 10→13→14→15→20→19 导线构成通路，误认为 SQ5 或 SQ6 接触良好，造成错误判断。

同理，在测量 SQ3、SQ4 时应将 SQ5 或 SQ6 断开。

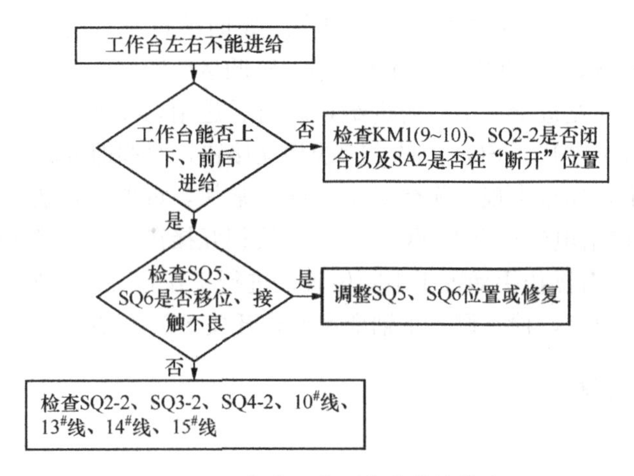

图 8.5.7　工作台左右不能进给检修流程

3. 故障三

1）故障现象：工作台不能快速进给。

2）原因分析：首先确定工作台正常进给能否实现。如果不能实现，按照故障二分析排除；如果能实现正常进给，说明快速进给回路存在问题。

3）检修流程：检修流程如图 8.5.8 所示。

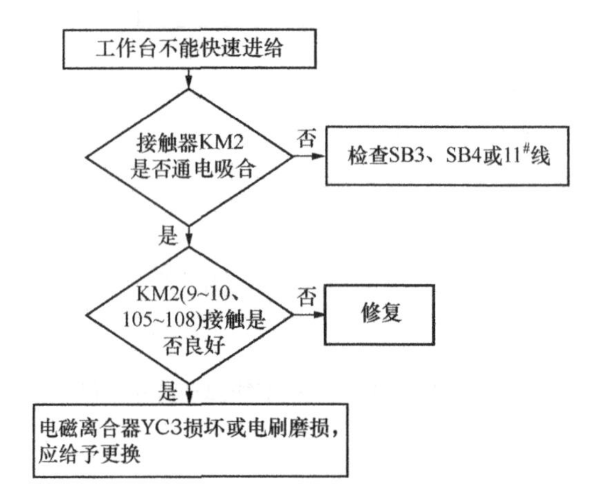

图 8.5.8　工作台不能快速进给检修流程

8.5.4　评分

评分细则见评分表。

“X62W 型万能铣床电气控制线路的检修”技能自我评分表

项　　目	技术要求	配分/分	评分细则	评分记录
设备调试	调试步骤正确	10	调试步骤不正确，每步扣 2 分	
	调试全面	10	调试不全面，每项扣 3 分	
	故障现象明确	10	不明确故障现象，每故障扣 2 分	
故障分析	在电气控制线路图上分析故障可能的原因，思路正确	30	错标或标不出故障范围，每个故障点扣 10 分	
			不能标出最小的故障范围，每个故障点扣 5 分	
故障排除	正确使用工具和仪表，找出故障点并排除故障	40	实际排除故障中思路不清楚，每个故障点扣 10 分	
			每少查出一次故障点扣 15 分	
			每少排除一次故障点扣 10 分	
			排除故障方法不正确，每处扣 5 分	
其他	操作有误，此项从总分中扣分		排除故障时，产生新的故障后不能自行修复，每个扣 10 分；已经修复，每个扣 5 分	
			损坏电动机，扣 10 分	
	超时，此项从总分中扣分		每超过 5min，扣 3 分	
安全、文明生产	按照安全、文明生产要求		违反安全、文明生产，从总分中扣 20 分	

思　考　题

1. X62W 型万能铣床中有哪些电气联锁措施？
2. X62W 型万能铣床进给无力，试分析可能的原因。
3. 工作台可以左右进给，而不能上下、前后进给，试分析故障原因。
4. X62W 万能铣床主轴电动机一起动，进给电动机就运转，而所有进给操作手柄在中间位置，试分析原因。

课题 8.6　T68 型卧式镗床电气控制线路的检修

学习目标

1. 了解 T68 型卧式镗床的基本结构。
2. 了解 T68 型卧式镗床电气控制线路的工作原理。
3. 会识读 T68 型卧式镗床控制系统的安装接线图与原理图。
4. 能独立完成 T68 型卧式镗床电气控制线路的故障检查及排除。

T68 型卧式镗床是一种精密加工机床，主要用于加工精确的孔和孔间距离要求精确的工件，不但可以实现镗孔、钻孔、扩孔和铰孔等加工，还能切削端面、内圆、外圆及平面等。其外观如图 8.6.1 所示，主要由床身、前立柱、主轴箱、镗头架、镗轴、平旋盘、后立柱、上下滑座、工作台、尾架等组成。

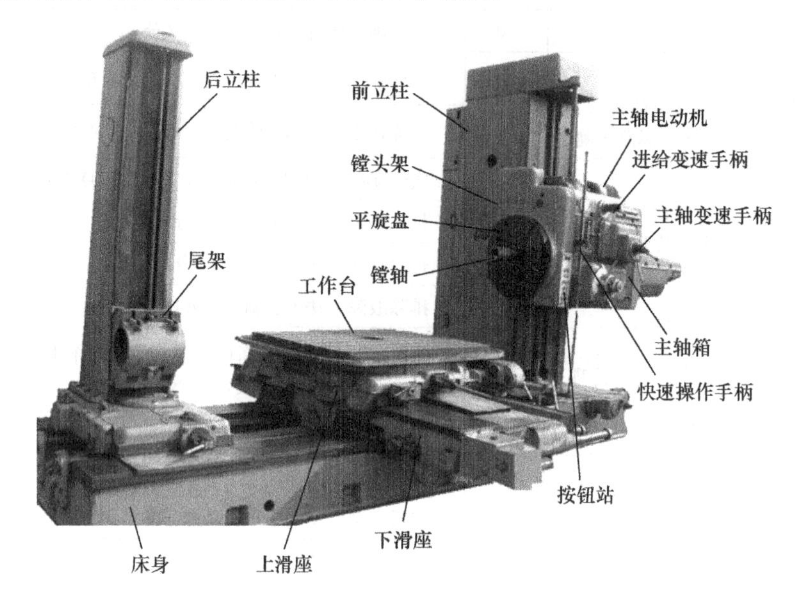

图 8.6.1　T68 型卧式镗床

T68 型卧式镗床主运动是镗轴或平旋盘的旋转运动，为适应各种工件加工工艺的要求，主轴调速范围宽，采用双速交流电动机驱动的滑移齿轮有级变速系统，为保证变速后齿轮啮合良好，变速后作变速冲动；进给运动有镗轴的轴向移动、平旋盘上刀具溜板的径向移动、工作台的横向及纵向移动、镗头架的垂直进给等，采用滑移齿轮有级变速系统，为保证变速后齿轮啮合良好，变速后作变速冲动；辅助运动有工作台的旋转、尾座的升降和后立柱的水平移动。

8.6.1　电气控制线路分析

T68 型卧式镗床的电气控制线路图如图 8.6.2 所示，接线图如图 8.6.3 所示。

1. 主电路分析

T68 型卧式镗床的主电路共有两台电动机。主轴电动机 M1 是双速电动机，用来驱动主轴和平旋盘的旋转运动和进给运动。接触器 KM1、KM2 实现正反转控制。接触器 KM3 实现制动控制切换。KM4 实现低速控制，使电动机定子绕组为△联结，此时的转速 n=1440r/min。KM5 实现高速控制，使电动机定子绕组为 YY 联结，此时的转速 n=2900r/min。热继电器 FR 作为过载保护。

快速进给电动机 M2 用来驱动主轴箱、工作台等快速进给运动，由接触器 KM6、KM7 控制，由于短时工作，不需过载保护。熔断器 FU2 作为短路保护。

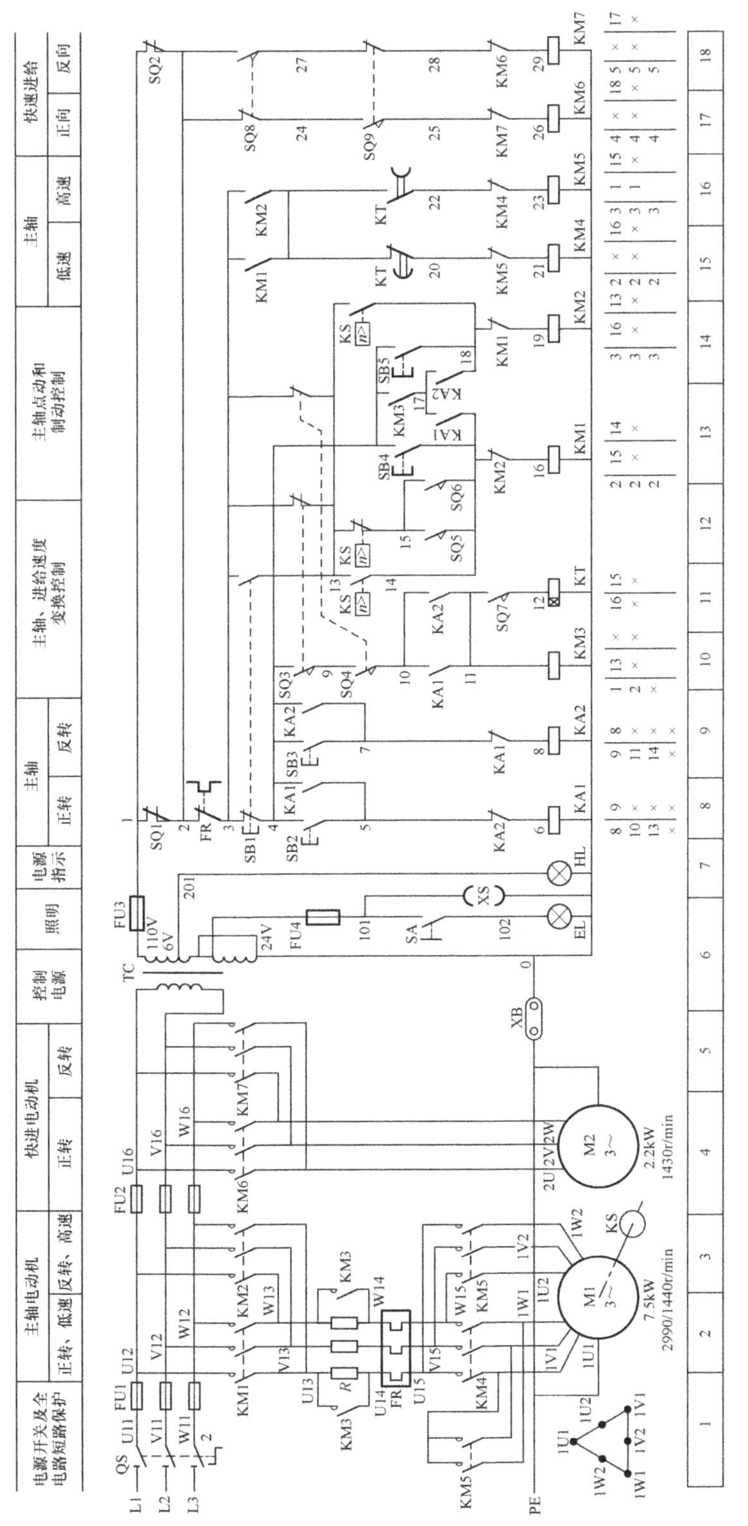

图 8.6.2　T68 型卧式镗床控制线路图

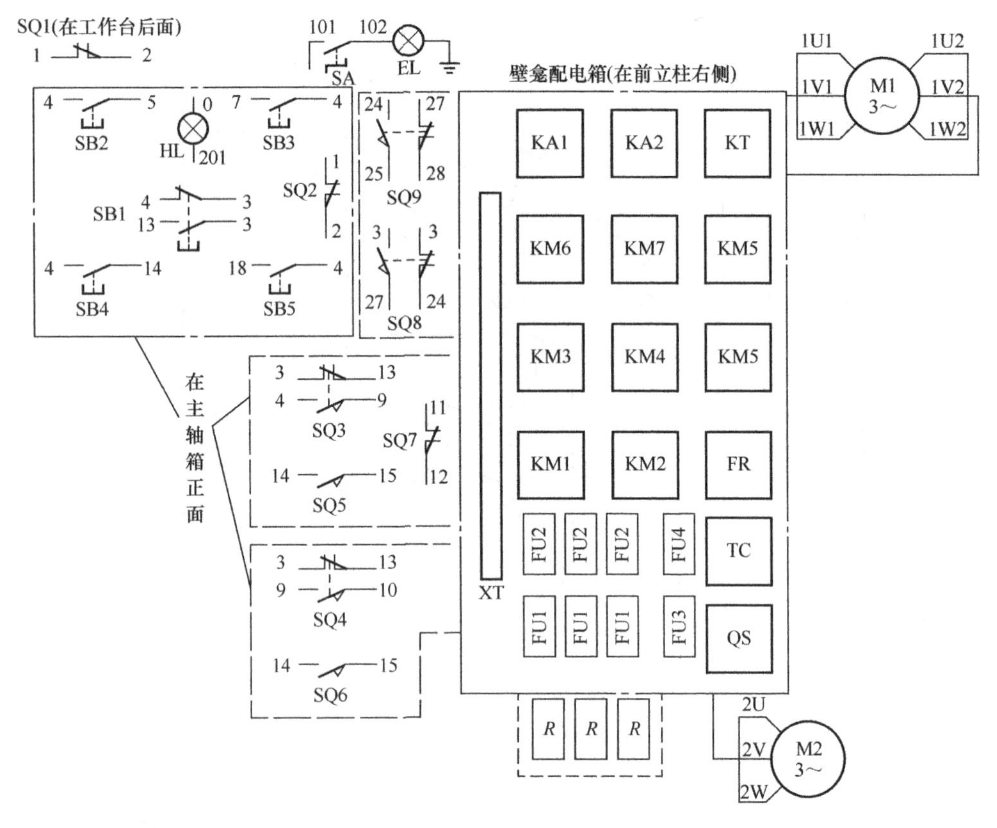

图 8.6.3　T68 型卧式镗床接线图

2. 控制电路分析

控制电路由控制变压器 TC 提供 110V 的控制电压，熔断器 FU3 作为电路短路保护。控制电路包括主电动机 M1 的正反转控制、制动控制、高低速控制、点动控制、变速冲动控制以及快速进给电动机 M2 的控制。主电动机起动时，各位置开关应处于相应通断状态。各位置开关的作用及工作状态说明如表 8.6.1 所示。

表 8.6.1　位置开关的作用及工作状态说明

位置开关	作　　用	工作状态
SQ1	工作台、主轴箱进给联锁保护	工作台、主轴箱进给时触点断开
SQ2	镗轴进给联锁保护	镗轴进给时触点断开
SQ3	主轴变速	主轴没有变速时，常开触点被压合，常闭触点断开
SQ4	进给变速	进给没有变速时，常开触点被压合，常闭触点断开
SQ5	主轴变速冲动	主轴变速后手柄推不上时触点被压合
SQ6	进给变速冲动	进给变速后手柄推不上时触点被压合
SQ7	高、低速转换控制	高速时触点被压合，低速时断开

续表

位置开关	作　　用	工作状态
SQ8	反向快速进给	反向快速进给时常开触点被压合，常闭触点断开
SQ9	正向快速进给	正向快速进给时常开触点被压合，常闭触点断开

3. 主轴电动机 M1 的控制

T68 镗床主轴是由双速电动机 M1 和机械滑移齿轮实现变速的，有十八种转速（r/min），分别是 25、32、40、50、64、80、100、125、160、200、250、315、400、500、630、800、1000、2000。十八种转速分别对应电动机的高低速转速。在电动机转速为 1440r/min 时，对应的主轴挡位转速（r/min）分别是 25、32、50、80、100、160、250、315、500、800、1000。在电动机转速为 2990r/min 时，对应的主轴挡位转速（r/min）分别是 40、64、125、200、400、630、2000。主轴电动机高低速的转换靠位置开关 SQ7 的通断实现。SQ7 装在主轴变速手柄的旁边，如图 8.6.4 所示的位置。主轴调速机构转动时推动撞钉，撞钉使 SQ7 相应接通或断开。因此，必须使 SQ7 的通断与转速标示牌指示值相符，否则会造成主轴转速比标示牌的指示值多一倍（低速时）或少一倍（高速时）。

图 8.6.4　主轴变速盘

图 8.6.4 所示的标示牌外圆数字是主轴转速，内圆数字是平旋盘转速，是主轴旋转还是平旋盘旋转取决于机械操作。在调整对应转速时只要调整好主轴对应的转速即可。

（1）主轴电动机 M1 正反转低速控制

将主轴变速手柄置于“低速”相应挡位，高、低速转换控制位置开关 SQ7 没有被压合，SQ7 常开触点（11 区）处于断开状态。

1）主轴正转低速控制过程。

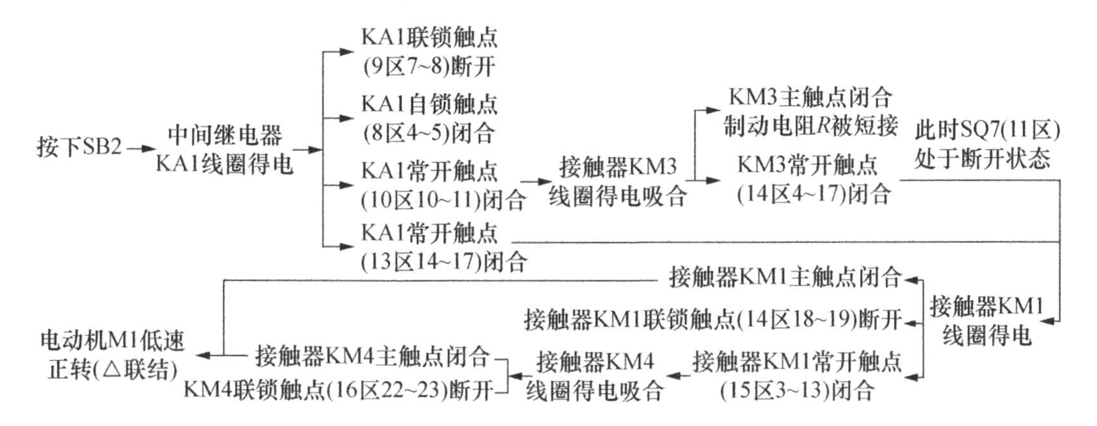

2）主轴电动机 M1 反转低速控制过程。

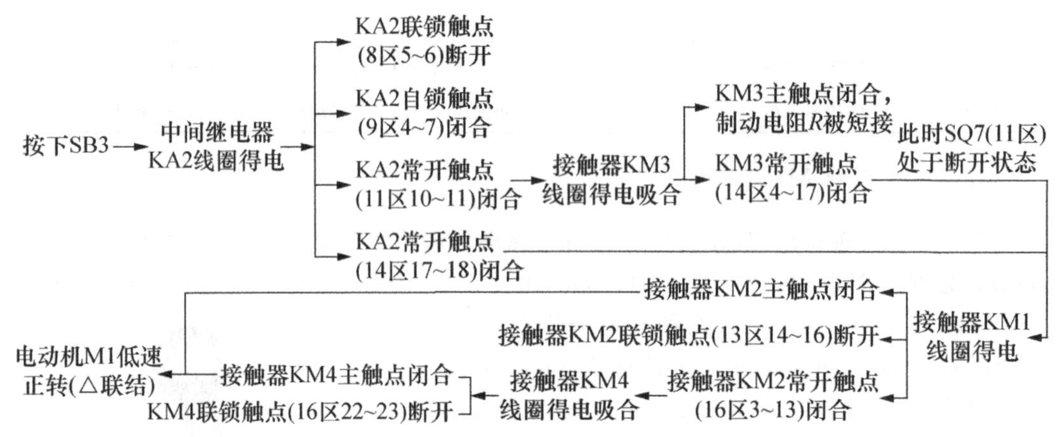

（2）主轴电动机 M1 正反转高速控制

将主轴变速手柄置于“高速”相应挡位，高、低速转换控制位置开关 SQ7 被压合，SQ7 常开触点（11 区）处于闭合状态。

1）主轴电动机 M1 正转高速控制过程。

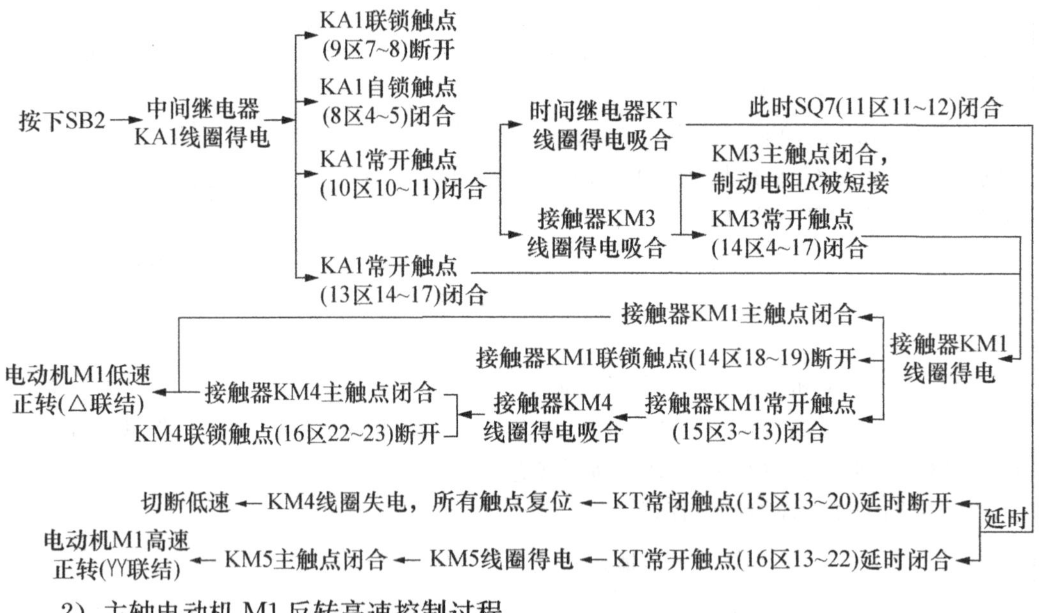

2）主轴电动机 M1 反转高速控制过程。

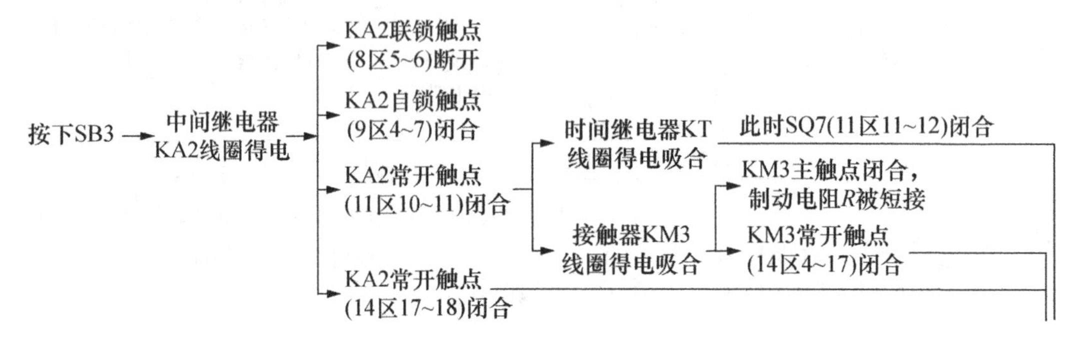

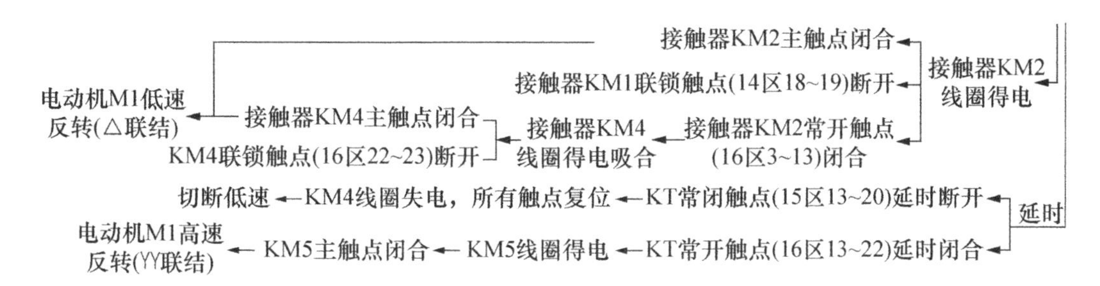

（3）主轴电动机 M1 停止制动控制

主电动机 M1 采用反接制动，由与主电动机 M1 同轴的速度继电器 KS 控制反接制动。

1）主轴正转的反接制动。以低速运转时为例。当低速正转起动后（见主轴正转低速控制过程），电动机 M1 转速达到 120r/min 以上时，速度继电器 KS 常闭触点（12 区 13～15）断开，KS 常开触点（14 区 13～18）闭合，为制动做好准备。控制过程如下。

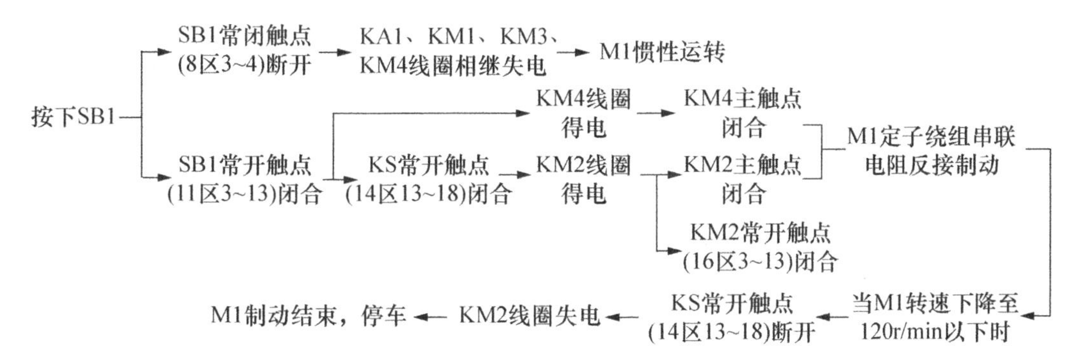

2）主轴反转的反接制动。以低速运转时为例。当低速反转起动后（见主轴反转低速控制过程），电动机 M1 转速达到 120r/min 以上时，速度继电器 KS 常开触点（12 区 13～14）闭合，为制动做好准备。控制过程如下。

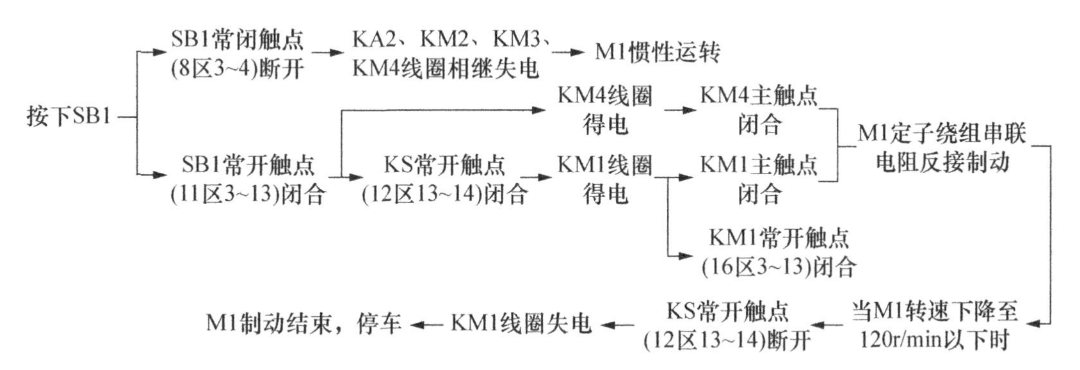

（4）主轴电动机 M1 点动控制

主轴点动控制按钮由 SB4（正转点动）、SB5（反转点动）控制，控制过程为

按下 SB4（SB5）→KM1（KM2）线圈得电→KM4 线圈得电→M1 串接 R 低速点动

(5) 主轴变速及进给变速控制

当主轴在工作过程中，如果要变速，可以不按停止按钮直接变速。设主轴在正转低速运行状态，此时速度继电器KS的常开触点（14区13～18）在闭合状态。将主轴变速操作手柄拉出，受主轴变速操作手柄压合的位置开关SQ3不再受压，SQ3常开触点（10区4～9）断开，SQ3常闭触点（13区3～13）闭合，电动机M1停车制动，过程为

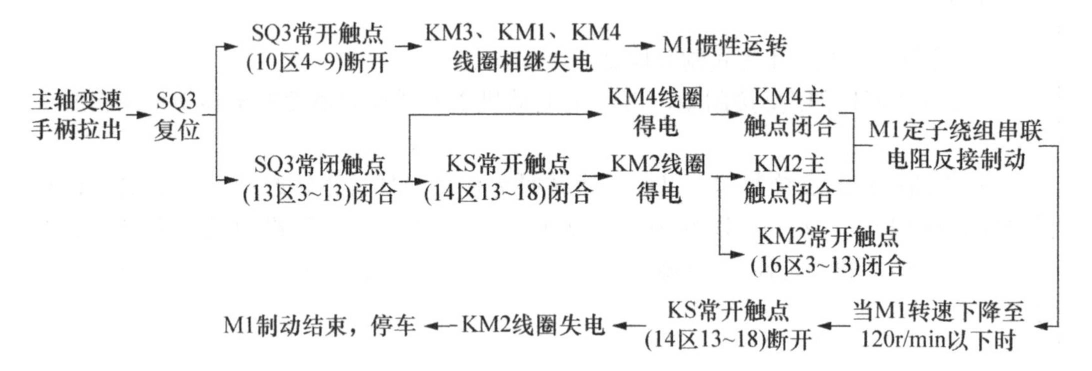

然后，转动变速手柄进行变速，变速后将手柄推进，位置开关SQ3被压合，SQ3常开触点（10区4～9）闭合，SQ3常闭触点（13区3～13）断开，接触器KM1、KM3、KM4线圈得电，电动机M1重新起动运行。

如果齿轮没有啮合好，主轴变速手柄就不能推进，此时SQ3仍没有被压合，而主轴变速冲动位置开关SQ5被压合，进行变速冲动，过程为

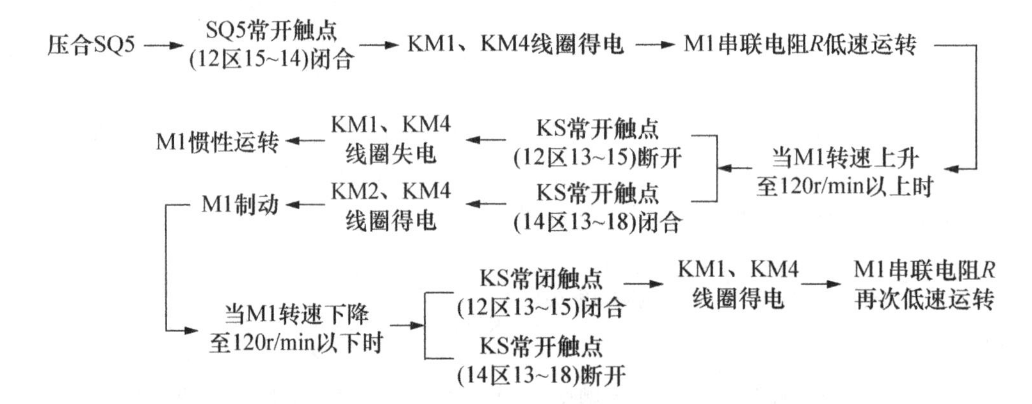

如此循环，直到齿轮啮合好，主轴变速手柄推上，SQ5复位断开，SQ3被压合，变速冲动才结束。

进给变速控制过程与主轴变速控制过程相同，只是在进给变速时拉出的操作手柄是进给变速操作手柄，相应动作的是位置开关SQ4，冲动位置开关是SQ6。

4. 快速进给进给电动机M2的控制

主轴的轴向进给、主轴箱（包括尾架）的垂直进给、工作台的纵向和横向进给等快速移动是由电动机M2通过与机械装置等的配合来完成的。快速进给手柄扳到正向移

动时，压合位置开关SQ9，接触器KM6线圈得电吸合，电动机M2正转，实现正向快速移动。快速进给手柄扳到反向移动时，压合位置开关SQ8，接触器KM7线圈得电吸合，电动机M2反转，实现反向快速移动。

5. 联锁保护

为了防止在工作台或主轴箱自动快速进给时又将主轴进给手柄扳到自动快速进给的误操作，采用了与工作台和主轴箱进给手柄有机械连接的位置开关SQ1（在工作台后面）。当操作手柄扳到工作台（或主轴箱）自动快速进给时，SQ1受压触点断开。同理，在主轴箱上装有一个位置开关SQ2（按钮站内），它与镗轴（主轴）进给手柄有机械连接，当镗轴进给时，SQ2受压触点断开。电动机M1、M2必须在位置开关SQ1、SQ2中有一个处于闭合状态时才可以起动。如果工作台（或主轴箱）在自动进给时（SQ1断开）时再将镗轴（主轴）扳到自动进给位置（SQ2也断开），则电动机M1、M2都自动停车，从而达到联锁保护的目的。

8.6.2　电气调试

1. 安全措施

调试过程中应做好防护措施，如有异常情况应立即切断电源。

2. 调试步骤

1）根据电动机功率，设定过载保护值。

2）接通电源，合上开关QS。

3）将主轴变速手柄置于高速挡位，按下起动按钮SB2或SB3，起动主轴电动机M1，观察主轴在低速时的旋转方向；当主轴电动机进入高速运转状态时，观察主轴在高速时的旋转方向与低速时的旋转方向是否相符；如不相符合，对调主轴电动机M1的1U1和1V1的相序，使主轴电动机高、低速的旋转方向一致。

当高、低速的旋转方向一致后，应当确认是否符合机械要求的方向，如不符合，对调U14和W14的相序。

4）将主轴变速手柄置于低速挡位，按下起动按钮SB2或SB3，使主轴电动机起动并达到额定转速。按下停止按钮SB1，此时主轴电动机应迅速制动停车。如果不能停车，仍然运转，说明速度继电器KS的两对常开触点（12区13～14、14区13～18）的接线相互接错，对调即可。

对调速度继电器常开触点接线时，KS常闭触点（12区13～15）也应对调到相应的常闭触点位置。

5）在主轴电动机停止状态进行主轴变速，观察主轴变速时是否有冲动现象，如没有，检查调整主轴变速冲动开关SQ5的位置。

6）在主轴电动机停止状态进行进给变速，观察进给变速时是否有冲动现象，如没有，检查调整主轴变速冲动开关SQ6的位置。

7）将工作台进给操作手柄扳到工作台自动进给位置，同时将镗轴进给操作手柄扳到自动进给位置。此时，按下起动按钮 SB2 或 SB3，控制回路中的接触器、继电器等都不能动作，如果动作，应调整 SQ1 和 SQ2 的位置，直到不能动作为止。

8）将快速进给手柄扳到正向（反向）移动，观察快速进给移动方向是否符合要求，如果与要求方向相反，对调快速进给电动机 M2 的相序。

8.6.3 常见电气故障

1. 故障一

1）故障现象：主轴电动机 M1 能低速起动，但不能高速运转。

2）原因分析：时间继电器 KT 和位置开关 SQ7 控制主轴电动机从低速向高速转换，出现这种故障现象后应着重考虑 KT 和 SQ7。

3）检修流程：检修流程如图 8.6.5 所示。

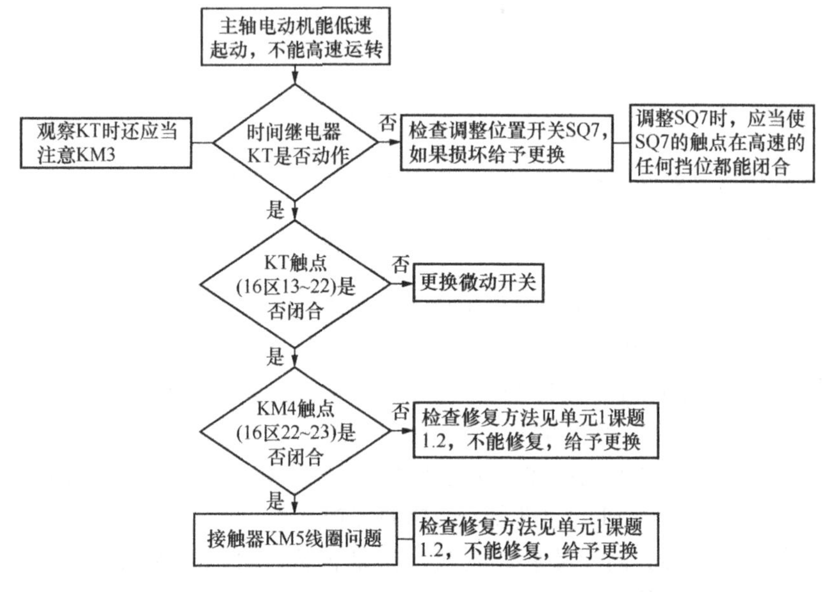

图 8.6.5　主轴电动机不能高速运转检修流程

2. 故障二

1）故障现象：主轴电动机 M1 正、反转速度都偏低。

2）原因分析：据控制线路图中的主电路可以看出，此故障是接触器 KM3 没有动作，主轴电动机 M1 串联电阻 R 运行。

3）检修流程：接触器 KM3 不工作，不可能是正反转中间继电器的触点同时损坏，大多是由于主轴变速位置开关 SQ3 或进给变速位置开关 SQ4 移位，SQ3（10 区 4～9）、SQ4（10 区 9～10）常开触点没有闭合而造成。如果 SQ3、SQ4 的常开触点闭合良好，故障则是接触器 KM3 的线圈损坏，应修复更换。

3. 故障三

1）故障现象：主轴电动机 M1 正转能起动，反转不能起动。

2）原因分析：出现这种故障可以先测试反转点动控制是否正常，如果正常，故障确定在 KA2 线圈及 KA1 常闭触点，或转向起动按钮 SB3 及连接导线部分。

3）检修流程：检修流程如图 8.6.6 所示。

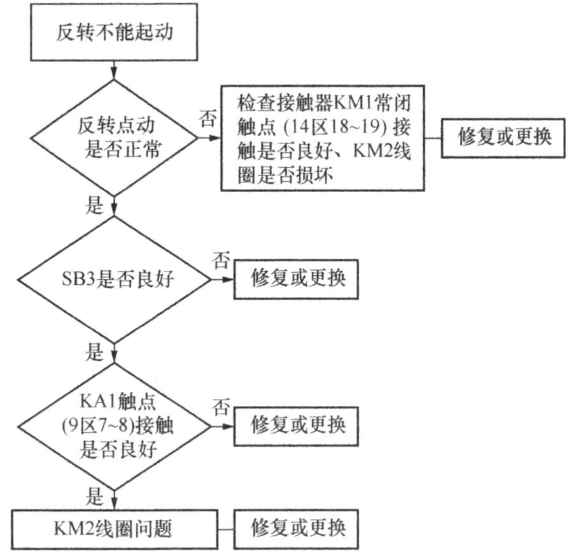

图 8.6.6　主轴电动机反转不能起动检修流程

4. 故障四

1）故障现象：主轴电动机 M1 正转能起动，但无制动。

2）原因分析：若反转起动正常，说明反转控制回路没有问题，故障可以确定是 KS 常开触点（14 区 13～18）没有闭合。检查时，首先将 13# 和 18# 线拆除，然后正向起动，用万用表电阻 $R\times1$ 挡位测量。如果电阻值很大，说明触点存在问题。

3）检修流程：调整、修复触点。

8.6.4　评分

评分细则见评分表。

“T68 型卧式镗床电气控制线路的检修”技能自我评分表

项　目	技术要求	配分/分	评分细则	评分记录
设备调试	调试步骤正确	10	调试步骤不正确，每步扣 2 分	
	调试全面	10	调试不全面，每项扣 3 分	
	故障现象明确	10	不明确故障现象，每故障扣 2 分	
故障分析	在电气控制线路图上分析故障可能的原因，思路正确	30	错标或标不出故障范围，每个故障点扣 10 分	
			不能标出最小的故障范围，每个故障点扣 5 分	
故障排除	正确使用工具和仪表，找出故障点并排除故障	40	实际排除故障中思路不清楚，每个故障点扣 10 分	
			每少查出一次故障点扣 15 分	
			每少排除一次故障点扣 10 分	
			排除故障方法不正确，每处扣 5 分	

续表

项　目	技术要求	配分/分	评分细则	评分记录
其他	操作有误，此项从总分中扣分		排除故障时，产生新的故障后不能自行修复，每个扣10分；已经修复，每个扣5分	
			损坏电动机，扣10分	
	超时，此项从总分中扣分		每超过5min，扣3分	
安全、文明生产	按照安全、文明生产要求		违反安全、文明生产，从总分中扣20分	

思　考　题

1. 双速电动机在高速起动时，为什么要先进入低速起动？
2. 位置开关SQ3、SQ4常开触点不闭合，会出现什么故障？
3. 照明电路正常，进给电动机M2工作正常，主轴电动机工作不正常，是什么原因？

课题8.7　15/3t桥式起重机电气控制线路的检修

学习目标

1. 了解15/3t桥式起重机的基本结构。
2. 了解15/3t桥式起重机电气控制线路的工作原理。
3. 会识读15/3t桥式起重机控制系统的安装接线图与原理图。
4. 能独立完成15/3t桥式起重机电气控制线路的故障检查及排除。

15/3t桥式起重机（俗称行车、天车）是起重设备中的一种，是用来起吊或放下重物并使重物在短距离内水平移动的起重设备。起重设备根据使用场合的不同分为车站、货场使用的门式起重机（龙门吊），码头、港口使用的旋转式起重机（码头吊），建筑工地使用的塔式起重机（塔吊），生产制造车间使用的桥式起重机等。桥式起重机在起重设备中具有一定广泛性和典型性。

15/3t桥式起重机外观及结构如图8.7.1所示，主要由大车（前后）和小车（左右）组成的桥架机构、主钩（15t）和副钩（3t）组成的升降机构（提升机构）两大部分组成。

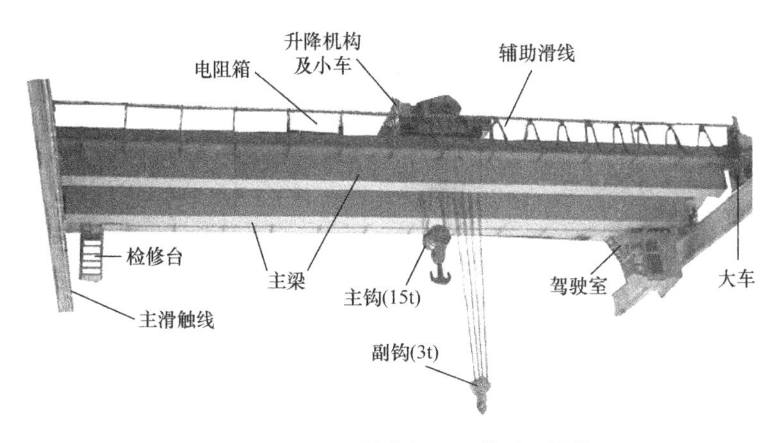

图 8.7.1　15/3t 桥式起重机外观及结构

8.7.1　桥式起重机安全要求事项

1）主钩用来提升不超过 15t 的工件，副钩除提升不超过 3t 的工件外，还可以协同主钩完成不超过主钩额定负载范围工件的吊运。绝对不允许主钩、副钩同时提升（起吊）两个工件。

2）为保证维修人员的安全，在驾驶室门盖、栏杆门上应装有安全开关。

3）为防止突然停电造成安全事故，所有电动机采用断电制动的电磁抱闸制动器。

4）为防止停电后突然供电造成的安全事故，必须保证操作开关、控制器在“0”位后才能起动供电。

5）起重机轨道和金属桥架必须安全、可靠地接地。

8.7.2　电气控制线路分析

15/3t 桥式起重机的电气控制线路图如图 8.7.2 所示。

1. 电源控制

从图 8.7.2 所示电气控制线路图可以看出，接触器 KM 的主触点控制整个桥式起重机。接触器 KM 的控制过程如下。

（1）起动前

在起动前，应使凸轮控制器手柄在“0”位，保证接触器 KM 线圈（11 区）回路中的零位联锁触头 AC1 - 7、AC2 - 7、AC3 - 7（均在 9 区）闭合良好。关好栏杆门、驾驶室门盖，使安全开关 SQ7、SQ8、SQ9（均在 10 区）也闭合良好，合上紧急开关 QS4（10 区）。

（2）起动

合上电源开关 QS1、QS2，按下起动按钮 SB（9 区），接触器 KM 线圈得电吸合并自锁，主触头（2 区）闭合，使 U12、V12 两相电源进入控制各电动机的凸轮控制器，W12 串联作为总短路和过载保护用的过流继电器 KA0 线圈后（W13）直接进入各电动机定子绕组。

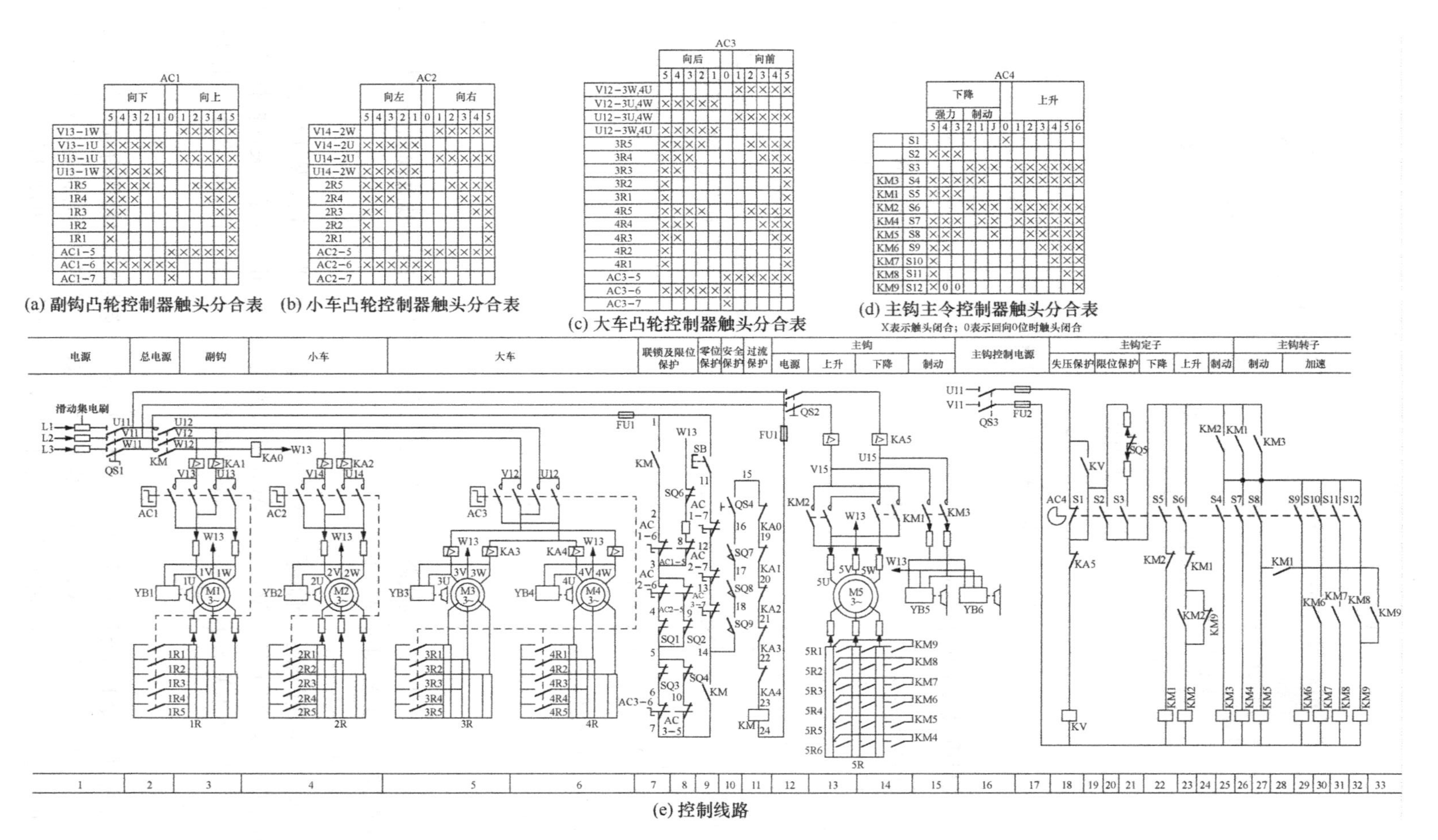

图 8.7.2 15/3t 桥式起重机控制线路图

按下按钮 SB 时的路径为

1→SB→AC1-7→AC2-7→AC3-7→14→SQ9→SQ8→SQ7
24←KM线圈←KA4←KA3←KA2←KA1←KA0←QS4

松开按钮 SB 时，自锁的路径为

1→KM(7区) 自锁触头→AC1-6→AC2-6→SQ1→SQ3→AC3-6
QS4←SQ7←SQ8←SQ9←14←KM(9区) 自锁触头
→KA0→KA1→KA2→KA3→KA4→KM(11区) 线圈→24

其中，SQ1、SQ2 为小车终端限位保护位置开关，SQ3、SQ4 为大车终端限位保护位置开关，SQ6 为副钩提升到位保护位置开关。

起重机是由滑触线供电的。滑触线有角钢、电缆、多级管道式（又称安全滑触线）等形式。角钢形式的滑触线虽然坚固耐用、寿命长，但由于自重和线路压降较大，且安全系数较低，现在一般不采用。电缆形式的滑触线虽然比较安全、简便、重量轻，但是容量有限。多级管道式滑触线集角钢式和电缆式的优点于一体，应用比较广泛，其外观及结构如图 8.7.3 所示。

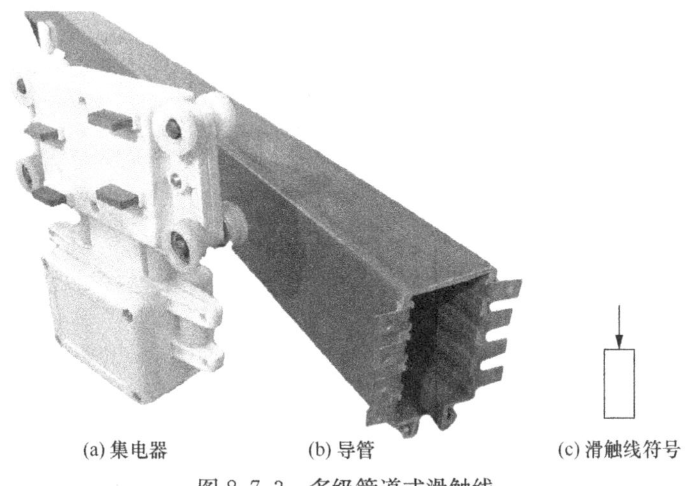

(a) 集电器　(b) 导管　(c) 滑触线符号

图 8.7.3　多级管道式滑触线

滑触线装置由导管、导电器两个主要部件及一些辅助组件构成。导管是一根半封闭的异形管状部件，是滑触线的主体部分。其内部可根据需要嵌设 2～9 根裸体导轨作为供电导线，各导轨间相互绝缘，并与外壳绝缘，从而保证供电的安全性，并在带电检修时有效地防止检修人员触电事故。集电器是在导管内运行的一组电刷壳架，由安置在用电机构（大车、小车、电动葫芦等）上的拔叉（或牵引链条等）带动，使之与用电机构同步运行，将通过导轨，电刷的电能传输到电动机或其他控制元件。导电器电刷的极数有 3～16 极不等，与导管中的导轨数相应。

2. 大车、小车、副钩的控制

桥式起重机的大车、小车、副钩拖动电动机功率较小，一般采用凸轮控制器控制，如图 8.7.2 所示。

M1 为副钩升降电动机，由凸轮控制器 AC1 控制正反转、调速和制动，由过流继电器 KA1 作为短路和过载保护。YB1 为电磁抱闸制动器电磁线圈。

M2 为小车移动电动机，由凸轮控制器 AC2 控制正反转、调速和制动，由过流继电器 KA2 作为短路和过载保护。YB2 为电磁抱闸制动器电磁线圈。

M3、M4 为大车移动电动机，由凸轮控制器 AC3 控制正反转、调速和制动。由于大车由两台电动机同时拖动，所以控制大车电动机的凸轮控制器 AC3 比 AC1 和 AC2 多了五副转子电阻控制触头，由过流继电器 KA3、KA4 分别作为两台电动机的短路和过载保护。YB3、YB4 为电磁抱闸制动器电磁线圈。

（1）电磁抱闸制动器

桥式起重机的各个机构尤其是提升机构必须具备可靠的制动器，起重机才能安全、准确地工作。桥式起重机采用的是双闸瓦制动器，有长行程和短行程两种，如图 8.7.4 所示，其结构如图 8.7.5 所示。制动器的抱闸是靠主弹簧 1 和框形拉杆 2 使左右制动臂 10、11 上的闸瓦 12、13 压向闸轮。副弹簧 7 的作用是使右制动臂 11 向外推，便于松闸。螺母 8 的作用是调节衔铁的行程。螺母 4 的作用是锁紧主弹簧或调整制动器。调整螺钉 9 可以使左右闸瓦松开时与闸轮间距相等。

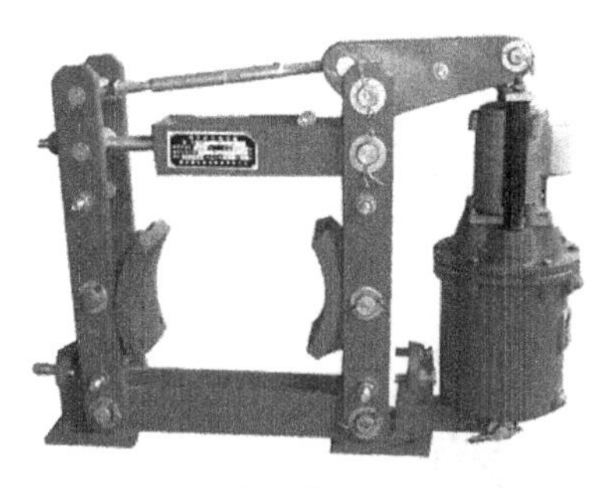

(a) 长行程式制动器　　(b) 短行程式制动器

图 8.7.4　制动器的形式及外观

当线圈得电后，电磁铁的衔铁向铁心方向吸合，推动推杆，压住主弹簧，左制动臂向外摆动，左闸瓦松开制动轮，同时副弹簧使右制动臂及右闸瓦松开制动轮，实现松闸。

（2）大车、小车、副钩的控制

大车、小车、副钩的控制过程相同，下面以副钩为例说明其控制过程。

1）凸轮控制器的触头。副钩凸轮控制器 AC1 共有 11 个位置 12 副触头，用来控制电动机 M1 在不同转速下的正反转。其中 V13-1W、V13-1U、U13-1U、U13-1W4 常开主触头用来换接控制电动机定子绕组电源相序，实现电动机正反转；5 对常开辅助触头 1R1～1R5 用来控制电动机转子电阻 1R 的切换；AC1-5 和 AC1-6 为正反转联锁触头；AC1-7 为零位联锁触头。触头分合情况见图 8.7.2（a）所示副钩凸轮控制器触点分合表。

2）上升控制。转动凸轮控制器 AC1 转至向上的“1”位时，AC1 的辅助常闭触头 AC1-5（8 区）闭合，AC1-6（7 区）和 AC1-7（9 区）断开。主触头 V13-1W、

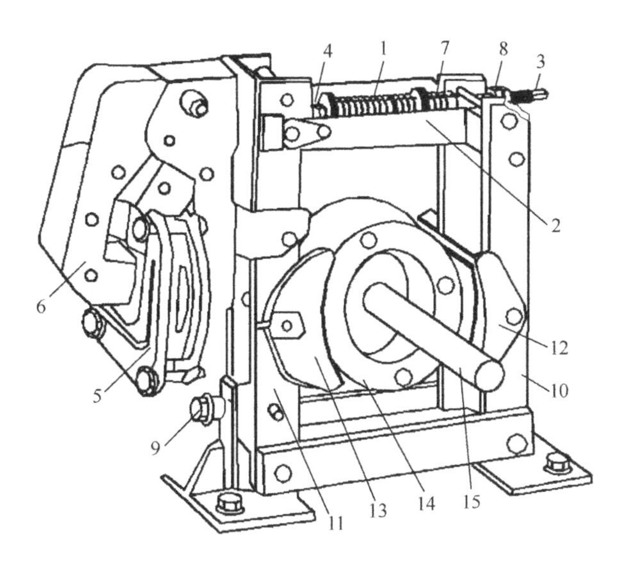

图 8.7.5 制动器的结构

1—主弹簧；2—框形拉杆；3—推杆；4—调整螺母；5—线圈；6—衔铁；7—副弹簧；8—锁紧螺母；9—调整螺钉；10、11—左、右制动臂；12、13—左、右闸瓦；14—闸轮；15—轴

U13-1U（3区）闭合，接通电动机M1正转电源，同时电磁抱闸制动器线圈YB1得电，闸瓦与闸轮分开，制动取消；由于凸轮控制器AC1的辅助常开触点1R1～1R5（2区）都处于断开状态，所以电动机M1的转子串接电阻1R全部电阻低速正转，带动副钩上升。继续转动凸轮控制器AC1，依次到“2”～“5”位时，AC1的辅助常开触点1R1～1R5（2区）依次闭合，逐级切除（短接）电阻1R5～1R1，电动机M1转速逐渐升高，直到额定转速。

3）下降控制。转动凸轮控制器AC1转至向下的“1”位时，AC1的辅助常闭触头AC1-6（7区）闭合，AC1-5（8区）和AC1-7（9区）断开。主触头V13-1U、U13-1W（3区）闭合，接通电动机M1反转电源，同时电磁抱闸制动器线圈YB1得电，闸瓦与闸轮分开，制动取消。电阻的切除与上升相同。考虑到负载的重力作用，在下降负载时应逐级下降，以免引起快速下降而造成事故。回退时也应逐级回退。

若停电或凸轮控制器转到“0”位时，电动机M1断电，同时电磁抱闸制动器线圈YB1也断电，M1迅速停转制动。

3. 主钩的控制

主钩拖动电动机M5是桥式起重机中功率最大的一台电动机，用来起吊大于3t的重物，采用主令控制器配合接触器控制。为提高主钩电动机运行的稳定性，保证转子电流三相平衡，采用三相平衡切除转子电阻的方式。

（1）主令控制器

当电动机容量较大、工作繁重、操作频繁、调速性能要求较高时，采用主令控制器。它主要用于起重机、轧钢机等生产机械控制站的遥远控制。其外观及结构如图8.7.6所示。

图 8.7.6 主令控制器

主令控制器的结构及动作原理基本上与凸轮控制器相同，一般由转轴、凸轮块、动触头及静触头、定位机构、支承件及手柄等组成，也是靠凸轮控制触点系统的通断。但它的触点小，操作轻便，允许每小时接电次数较多，适用于按顺序操作多个控制回路。其触点系统多为桥式触点，用银及其合金材料制成，共有 13 个位置 12 副触头，用来控制接触器线圈在不同情况下通电。其中，S1 为零位联锁触头，S2 为强力下降控制触头，S3 为制动下降和上升控制触头，S4 为制动控制触头，S5 为反转控制触头，S6 为正转控制触头，S7～S12 为控制电动机转子附加电阻 5R 的切换触头。

当主令控制器手柄旋转时，将带动凸轮块转动，当凸轮块转到推压小轮的位置，小轮带动支杆绕转轴旋转，支杆张开，使触点断开。在其他情况中，由于凸轮块离开小轮，触点是闭合的，这样只要安装一串不同形状的凸轮块，就可获得按一定顺序动作的触点。若这些触点用来控制电路，便可获得按一定顺序动作的电路。

由于主令控制器触头断弧能力及机械部分抗磨性的限制，凸轮盘的回转速度不得超过 60r/min。触头分合情况见图 8.7.2（d）所示主钩主令控制器触头分合表。

（2）主钩下降控制

主钩下降由 6 个挡位控制，有制动、制动下降和强力下降三种工作状态。其工作情况如下：

合上 QS1、QS2、QS3、SQ4 接通主电路，接通控制电路电源，主令控制器 AC4 置于“0”位，AC4 触头 S1（18 区）处于闭合状态，电压继电器 KV 线圈（18 区）得电吸合，其常开触头（19 区）闭合自锁，为主钩电动机 M5 起动控制做好准备。

1）制动。将主令控制器 AC4 扳到制动下降“J”挡，AC4 的常闭触头 S1（18 区）断开，常开触头 S3（21 区）闭合，将上升限位保护位置开关 SQ5 串入；S6（23 区）闭合，上升接触器 KM2 线圈（23 区）得电吸合，KM2 常闭触头（22 区）断开，KM2 主触头（13 区）和自锁触头（23 区）闭合，电动机 M5 定子绕组通入三相正序电源电压，KM2 常开辅助触头（25 区）闭合，为切除各级转子电阻 5R 的接触器 KM4～KM9 以及制动接触器 KM3 通电做准备；S7（26 区）、S8（27 区）闭合，接触器 KM4 线圈（26 区）、KM5 线圈（27 区）得电吸合，其主触头闭合（13、14 区），切除转子两级附加电阻 5R6 和 5R5。

此时，尽管电动机 M5 定子绕组通入正序三相电源电压，由于主令控制器 AC4 的触头 S4（25 区）没有闭合，接触器 KM3 线圈（25 区）不能得电吸合，使得电磁抱闸制动器 YB5（15 区）和 YB6（16 区）线圈也不能得电，电动机仍处于抱闸制动。

“J”挡制动状态是下降准备状态，其目的是将减速箱中的齿轮等传动部件啮合好，以免下放重物时突然快速运动而使传动机构等受到剧烈的冲击。

2）制动下降。在“J”挡位置时，继续将主令控制器AC4扳到下降“1”挡位置。此时，主令控制器AC4的触头S3、S6仍然闭合，保持上升限位保护位置开关SQ5串入，上升接触器KM2线圈得电吸合；S7仍然闭合，保持接触器KM4得电吸合，而S8断开，接触器KM5失电断开，只切除转子一级附加电阻5R6；由于S4的闭合，接触器KM3线圈（25区）得电吸合，电磁抱闸制动器YB5和YB6线圈得电，抱闸制动取消，电动机M5应正向运转提升重物。由于电动机转子回路中串接电阻级数多、阻值大（只切除一级电阻），电动机的电磁转矩相对较小，如果起吊的重物向下的负载拉力大于电动机的电磁转矩（物重），电动机M5运转在负载倒拉反接制动状态，低速下放重物（这是需要的状态）。反之，如果起吊的重物向下的负载拉力小于电动机的电磁转矩（物轻），电动机M5运转在电动状态，重物不但不能下放，反而会被提升（这是不需要的状态），这时必须把主令控制器AC4迅速扳到下一挡，即下降“2”挡位置。

当AC4扳到下降“2”挡位置时，主令控制器AC4的触头S3、S4、S6仍然闭合，而S7断开，使得接触器KM4线圈断电释放，M5转子附加电阻5R全部接入转子回路，电动机的电磁转矩相对减小，向下的负载拉力大于电磁转矩，重负载下降速度比“1”挡时加快。

在制动下降状态，操作人员可根据负载轻重情况及下降速度要求适当选择“1”挡或“2”挡下降。

3）强力下降。强力下降有3个挡位，即“3”“4”“5”挡位，在强力下降时，电动机M5定子绕组通入的是负序三相交流电压。

① 强力下降“3”挡。在“2”挡位置时，继续将主令控制器AC4扳到下降“3”挡位置。此时，AC4的触头S3断开，上升限位保护位置开关SQ5失去作用；S6断开，接触器KM2断电释放；S2闭合，控制电路电源由原来的S3改为触头S2控制。S5闭合，下降接触器KM1线圈（22区）得电吸合，电动机M5定子绕组通入三相负序电源电压；S4仍然闭合，电磁抱闸制动器线圈YB5和YB6仍然得电，制动仍然取消，电动机M5反向运转下降，下放重物。触头S7、S8闭合，接触器KM4、KM5闭合，切除转子两级附加电阻5R6和5R5。

② 强力下降“4”挡。在“4”挡位置时，除保持主令控制器AC4“3”位时的触点闭合工作状态外，又增加了触头S9的闭合，使得接触器KM6的线圈（29区）得电吸合，转子附加电阻5R4被切除。电动机M5进一步加速下降运行。

③ 强力下降“5”挡。在“5”挡位置时，除保持主令控制器AC4“4”位时的触点闭合工作状态外，又增加了触头S10、S11、S12的闭合，使得接触器KM7～KM9的线圈依次得电吸合，转子附加电阻5R3～5R1依次被切除。电动机M5旋转速度逐渐增加到最高速下降运行。

桥式起重机在实际运行中，操作人员要根据具体情况选择不同的挡位。在强力下降位置“5”挡时，仅适用于起重负载较小的场合。如果需要较低的下降速度或起吊负载较大的情况，就需要把主令控制器手柄扳回到制动下降位置“1”挡或“2”挡，进行反接制动下降，这时必然要通过“4”挡和“3”挡。为了避免在转换过程中可能产生过高的下降速度，在接触器KM9电路中常用辅助常开触头KM9（33区）自锁。同时，为了不影响提升调速，在该支路中再串联一个常开辅助触头 KM1（28 区），这样可以保证主令控制器由强力下降位置向制动下降位置转换时，接触器 KM9 线圈始终有电，只有扳至制动下降位置后接触器 KM9 线圈才断电。在主令控制器 AC4 触头分合表中可以看到，强力下降位置“4”挡、“3”挡上有“0”的符号，表示主令控制器 AC4 由“5”挡向“0”位回转时触头 S12 接通。如果没有以上联锁装置，在主令控制器由强力下降向制动下降位置转换时，若操作人员不小心，误把挡位停在“3”挡或“4”挡，则高速下降的负载速度不但得不到控制，反而使下降速度增加，很可能造成恶性事故。

另外，串接在接触器 KM2 支路中的 KM2 常开触头（23 区）与 KM9 常闭触头（24 区）并联，主要作用是当接触器 KM1 线圈断电释放后，只有在 KM9 线圈断电释放的情况下接触器 KM2 线圈才允许获电并自锁，这就保证了只有在转子电路中串接一定附加电阻的前提下才能进行反接制动，防止反接制动时造成直接起动而产生过大的冲击电流。

（3）主钩上升控制

转动主令控制器 AC4 至上升的“1”位时，AC4 的常闭触头 S1（18 区）断开，S3（21 区）闭合，将上升限位保护位置开关 SQ5 串入；S7（26 区）闭合，接触器 KM4 线圈（26 区）得电吸合，切除转子一级附加电阻 5R6；S4（25 区）闭合，使得接触器 KM3 线圈（25 区）得电吸合，电磁抱闸制动器 YB5 和 YB6 线圈得电，抱闸制动取消；S6（23 区）闭合，上升接触器 KM2 线圈（23 区）得电吸合，接通电动机 M5 正向电源电压运转，带动主钩上升。继续转动主令控制器 AC4，依次到“2”～“6”位时，AC4 的触头 S8～S12 依次闭合，逐级切除转子附加电阻 5R5～5R1，电动机 M5 转速逐渐升高，直到额定转速。

电压继电器 KV 用于实现主令控制器 AC4 的零位保护。

8.7.3 电气调试

1. 安全措施

调试过程中应做好防护措施，如有异常情况应立即拉下紧急开关 QS4 切断电源。

由于桥式起重机电气元件比较分散，又是高空作业，要充分利用好栅栏、安全带等安全防护用具，做好安全防护措施。还应当做好工具防坠落措施，以及在桥式起重机下设立安全隔离带，并有专人看护。每进行一个调试步骤，都要发布口令，确认接受口令人重复口令无误，做好安全防护措施后方可调试。调试过程中，起重机移动时人员不得走动。

2. 调试步骤

1）根据电动机功率调节过流继电器，设定保护值。

2）将所有控制器置于“0”位。

3）合上开关 QS1、QS4 后，按下起动按钮 SB，使接触器 KM 得电吸合，接通主电路电源和控制电路电源。

4）转动大车凸轮控制器 AC3 到向后方向“1”位，桥式起重机应向后方向移动，如果方向不正确，对调电动机 M3 和 M4 的电源相序。

如果起重机不移动，而桥架是扭曲动作的现象，说明大车两台拖动电动机 M3、M4 旋转方向不同，只需要对调 M3、M4 中任意一台电动机的相序，对调后通电再试，使大车行进方向与要求的方向相同。

方向调整后，转动大车凸轮控制器 AC3 到向后方向“1”位，使大车保持低速移动。按下位置开关 SQ3，此时接触器 KM 应立即断电释放，切断起重机电源。如果接触器 KM 不能断电释放，再按下位置开关 SQ4。按下 SQ4 后，接触器 KM 能断电释放，切断起重机电源，对调 SQ3 和 SQ4 的接线。对调导线时只对调导线，不要对调线号。

5）转动小车凸轮控制器 AC2 到向左方向“1”位，小车应向左移动，如果方向不正确，对调电动机 M2 的电源相序。

方向调整后，转动小车凸轮控制器 AC2 到向左方向“1”位，使小车保持低速移动。按下位置开关 SQ1，此时接触器 KM 应立即断电释放，切断起重机电源。如果接触器 KM 不能断电释放，再按下位置开关 SQ2。按下 SQ2 后，接触器 KM 能断电释放，切断起重机电源，对调 SQ1 和 SQ2 的接线。

6）转动副钩凸轮控制器 AC1 到向下方向“1”位，副钩应下降，如果方向不正确，对调电动机 M1 的电源相序。

注意：如果方向错误，将凸轮控制器立即回退到“0”位，以防副钩充顶、绞断钢丝绳。

7）将主令控制器 AC4 置于“0”位，合上 QS2、QS3，接通主钩主电路电源和控制电路电源。

8）转动主钩主令控制器 AC4 到向上方向“1”位，主钩应向上提升，如果方向不正确，对调电动机 M5 的电源相序。

9）制动器的调整。

① 调整主弹簧。调整主弹簧工作长度，从而改变制动力的大小。调整方法是：调整锁紧螺母 4，改变主弹簧的长度，调整后锁紧。主弹簧缩短，弹簧张力大，制动力就大。

② 调整衔铁行程。为保证闸皮逐渐磨损时的制动力矩不变，并可靠工作，必须保证制动电磁铁的行程有 3～5mm 的余量。调整方法是：用一个扳手夹住锁紧螺母 8，另一个扳手转动制动器弹簧推杆 3 的方头，使电磁铁的行程在允许范围内。

③ 调整闸轮与闸瓦间隙。把衔铁推在铁心上，使制动器松开，然后调节调节螺钉 9，使左右制动闸瓦 1 与闸轮间隙相等。

④ 制动距离。大车和小车的正常制动距离一般为 2～6m。如果制动距离过小，会使制动过急，造成冲击和吊钩不稳定；如果制动距离过大，会使吊钩不准或撞车。提升机构的制动距离一般为 50～100mm。

8.7.4 常见电气故障

桥式起重机结构复杂，工作环境比较恶劣，有些电气设备和元件密封条件差，且工作频繁，故障率高，为保证设备的可靠运行以及人身的安全，应经常性地维护、保养和检修。

1. 按下起动按钮 SB3，主接触器 KM 不吸合

当产生这种故障现象后，应按照各控制器是否在“0”，紧急开关 QS4 是否合上，熔断器 FU1 是否熔断，安全开关 SQ7、SQ8、SQ9 是否闭合的顺序检查。

如果上述都正常，则检查线路电压。将万用表转换开关旋到交流电压 500V 挡，首先测量熔断器 FU1 两端电压；如果没有电压，再测量电源开关 QS1 三相电压；如果不正常，说明三相电源引入滑触线前端的电源开关（不在控制线路图上）有故障，或滑触线上的集电器电刷磨损或接线松脱，应更换或接紧导线。

如果在一个车间共用一组滑触线的桥式起重机都出现这类故障现象，应该是三相电源引入滑触线前端的电源开关有问题。

2. 主接触器 KM 吸合后，过流继电器立即动作

分析电气控制线路图可知，主接触器 KM 闭合后，有两相电源经各自的过流继电器送入各个凸轮控制器，另一相经总过流继电器 KA0 后直接进入各个电动机的定子绕组。如果在没有任何操作的情况下过流继电器立即动作，说明某个凸轮控制器主触头或电动机定子绕组或电磁抱闸制动器线圈有接地短路现象。造成这些接地短路的主要原因是灰尘集结多，缺少日常维护保养。接地检查方法：

1）查看凸轮控制器主触头、电动机定子绕组和电磁抱闸制动器线圈是否有灼伤痕迹。发现灼伤痕迹后，通过兆欧表进一步判断确定。

2）将凸轮控制器主触头、电动机定子绕组和电磁抱闸制动器线圈从线路中断开，确实做到不能构成回路。

3）用兆欧表分别检查凸轮控制器主触头、电动机定子绕组、电磁抱闸制动器线圈。检查到接地点后进行绝缘处理修复。

使用兆欧表测量检查，一定要注意以下事项：

① 操作时应戴绝缘手套，人体不得接触被测端和兆欧表上的接线端。

② 应使用专用测量线，不可使用双股绞线或平行线。

③ 摇测时要两人操作，一人先将兆欧表摇到额定转速 120r/min，另一人将 L 线接在相应的相上，兆欧表指针稳定后读数。

④ 必须坚持“先摇后接，先撤后停”的原则。

3. 电动机不能输出额定功率，且转速缓慢

引起这种故障的可能原因有：制动器没有完全松开；转子电路中的附加电阻没有完全切除；机构存在卡住现象；电源电压下降。

解决方法：调整制动器；检查调整控制器触头；检查集电器电刷，消除电压下降的因素。

8.7.5 评分

评分细则见评分表。

“15/3t桥式起重机电气控制线路的检修”技能自我评分表

项目	技术要求	配分/分	评分细则	评分记录
设备调试	调试步骤正确	10	调试步骤不正确，每步扣2分	
	调试全面	10	调试不全面，每项扣3分	
	故障现象明确	10	不明确故障现象，每故障扣2分	
故障分析	在电气控制线路图上分析故障可能的原因，思路正确	30	错标或标不出故障范围，每个故障点扣10分	
			不能标出最小的故障范围，每个故障点扣5分	
故障排除	正确使用工具和仪表，找出故障点并排除故障	40	实际排除故障中思路不清楚，每个故障点扣10分	
			每少查出一次故障点扣15分	
			每少排除一次故障点扣10分	
			排除故障方法不正确，每处扣5分	
其他	操作有误，此项从总分中扣分		排除故障时，产生新的故障后不能自行修复，每个扣10分；已经修复，每个扣5分	
			损坏电动机，扣10分	
	超时，此项从总分中扣分		每超过5min，扣3分	
安全、文明生产	按照安全、文明生产要求		违反安全、文明生产，从总分中扣20分	

思考题

1. 制动电磁铁噪声大，是什么原因？怎样处理？
2. 15/3t桥式起重机中有哪些保护措施？
3. 桥式起重机为什么在起动前各控制器手柄都要置于“0”位？
4. 桥式起重机大车停车时，吊钩晃动较大，是什么原因？怎样处理？
5. 副钩电动机的转子附加电阻1R中的第一级电阻1R5断裂，会出现什么现象？
6. 主钩不能上升，可能的原因是什么？

主要参考文献

［1］王洪．机床电气控制［M］．北京：科学出版社，2009．

［2］李敬梅．电力拖动控制线路与技能训练［M］．3版．北京：中国劳动和社会保障出版社，2001．

［3］郑凤翼，郑丹丹．图解机械设备电气控制电路［M］．北京：人民邮电出版社，2006．

［4］愈艳，金国砥．工厂电气控制［M］．北京：机械工业出版社，2007．

［5］李学炎．电机与变压器［M］．3版．北京：中国劳动和社会保障出版社，2001．

［6］董桂桥．电力拖动控制与技能训练［M］．北京：机械工业出版社，2007．